增訂新版

Reinforced Concrete

科學技術叢書

鋼筋混凝土

蘇懇憲 著

三民書局

國家圖書館出版品預行編目資料

鋼筋混凝土／蘇懇憲著.－－修訂二版八刷.－－
臺北市: 三民, 2014
　　面；　公分.－－(科學技術叢書)

　ISBN 978–957–14–1042–5　(平裝)

　　1.鋼筋混凝土

441.557　　　　　　　　　　　　　　　82001057

© 　鋼筋混凝土

著 作 人	蘇懇憲
發 行 人	劉振強
著作財產權人	三民書局股份有限公司
發 行 所	三民書局股份有限公司
	地址　臺北市復興北路386號
	電話　(02)25006600
	郵撥帳號　0009998–5
門 市 部	(復北店)臺北市復興北路386號
	(重南店)臺北市重慶南路一段61號
出版日期	初版一刷　1979年2月
	修訂二版一刷　1993年2月
	修訂二版八刷　2014年3月
編 　 號	S 441430

行政院新聞局登記證局版臺業字第○二○○號

有著作權‧不准侵害

ISBN　978–957–14–1042–5　（平裝）

http://www.sanmin.com.tw　三民網路書店

編 輯 大 意

一、本書係遵照教育部頒訂之五年制工業專科學校土木科建築科鋼筋混凝土課程標準編著。

二、本書全一冊，足夠工業專科學校第四學年，每週三小時，一學年教學之用。並可供初學鋼筋混凝土者自習之用。

三、本書所用之中文名詞均以教育部公布之土木工程名詞為準。其未公布者，則依工程界所常用之名詞，或編者自行擬定。各名詞均附有英文原名以資對照。

四、目前國內土木建築工程界尚採用「工作應力設計法」為鋼筋混凝土結構設計之依據，惟自我國內政部民國六十三年二月十五日公布實施「建築技術規則」後，其主要內容著重於「強度設計法」。為了配合讀者瞭解設計方法發展背景，以及符合將來發展之需要，本書乃以兩種設計法同時並重予以介紹。

五、鋼筋混凝土結構設計須依結構理論之外，尚須符合設計規範之規定。本書各章之內容、公式之應用、例題之計算、設計之方法皆符合內政部民國七十八年十一月十三日公布實施之「建築技術規則」，並參酌美國混凝土學會之規範（ACI Code）。為便於讀者對於規範之更深領會，特將規範中之重要條文加以注譯。

六、本書各章重要公式之應用，及規範之規定，皆附例題予以說明，並於每章之後另附習題以供讀者練習而貫通。

七、本書計算題全部採用公制單位演算，以符合教育部之規定，並使讀者將來在工程界工作之便利。

八、本書之部分圖表摘錄自中國土木水利工程學會出版之《鋼筋混凝土設計手冊》，特此誌謝。

九、著者由於教學工作較忙，疏漏之處，尚祈學界先進，不吝指正。

著者　謹識

國立成功大學土木系

鋼 筋 混 凝 土

目 次

第一章 總 論

第二章 材 料

第三章　結構設計之概論

第四章　矩形梁之工作應力設計法

第五章　矩形梁之強度設計法

第六章　剪力、斜張力、裹握力及錨定

第十一章　柱之強度設計法

第十二章　基　礎

第十三章　牆

附　　錄

第 一 章
總 論

1-1 引 言

鋼筋混凝土之英文名稱爲 Reinforced Concrete，一般工程界人士均取英文單字之首字而以 R. C. 稱之。

一般言之，木材、鋼料以及鋼筋混凝土（包括預力混凝土）乃是土木建築結構物三種最主要之建造材料。輕質材料如鋁與塑膠等之使用也漸趨普遍。

本世紀初水泥工業之蓬勃發展，混凝土已被極廣泛之採用，正因其用量多，用途廣，在工程界愈顯其重要性，故混凝土之知識及發展，實爲今日土木建築工程師們不可或缺之基本知識。

混凝土係用水泥、砂、石子（礫石或碎石）加水拌合而成，具有可塑性，易於塑成各種需要之形狀，且有甚高之抗壓強度 (compressive strength)，故混凝土可稱爲一種人造石。唯純混凝土 (plain concrete) 具有極高之抗壓強度，但其抗拉強度 (tensile strength) 甚弱，約爲抗壓強度之10～15％左右，所以純混凝土只適用於結構物中承受純壓應力之桿件 (member)，事實上結構物中大部分桿件其內部發生之應力不只壓應力，同時也有拉應力，因混凝土對於拉應力不能勝任，致桿件之拉應力區域產生裂縫 (crack)，爲了彌補這種缺陷，可利用具有高度抗拉強度的鋼筋，放置在混凝土內之拉應力區域，令其承擔桿件內所生之拉

應力。充分利用混凝土和鋼筋兩大材料之特性，而構成鋼筋混凝土，並形成結構物之主要桿件。卽桿件內所生之壓應力完全由混凝土承擔，同時所生之拉應力完全由鋼筋承擔。

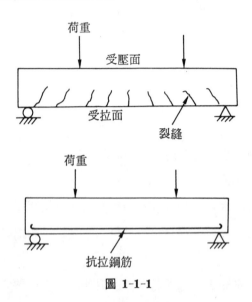

圖 1-1-1

1-2 鋼筋混凝土之發展過程

1756 年英人 John Smeaton 曾以石灰石與黏土之混合料燒煉磨碎後，可在水中凝結，具有強力之膠結性能， 當時稱之爲水硬石灰 (hydraulic lime)。

1760 年英人 James Parker 因燒含有黏土之石灰石，而得水硬性之粉末，稱爲派克水泥 (Parker cement，或稱羅馬水泥 Roman cement)，此爲天然水泥之起源。

1824 年，有水泥之父之稱的英人 Joseph Aspdin 以人工混合石灰與黏土，加以煅燒製成水泥，稱爲波特蘭水泥 (Portland cement)。

此後，在製造方面經無數的研究改進，得有今日之品質優良，產量

龐大之水泥。

二十世紀初，水泥工業已迅速發展，各地所產水泥品質相差懸殊，故 1904 年美國材料試驗學會（American Society of Testing Materials，簡稱 A. S. T. M.）乃將水泥品質，製訂詳細之規格，舉凡水泥之化學成分、細度、凝結時間、抗壓強度、抗拉強度、砂漿空氣含量、比重等均有詳細之規定。

混凝土之使用，雖已爲時甚久，然直至十九世紀初葉，混凝土之使用仍僅限於抗壓材料，因混凝土具有極高之抗壓強度，但其抗拉強度甚弱，故在混凝土內之受拉部分埋置鋼鐵材料，以混凝土抵抗壓力，以鋼鐵抵抗拉力，此即爲鋼筋混凝土之基本原理。

1850 年法人 Lambot 以混凝土製成小舟，經多次失敗後，乃在混凝土內加入鐵絲網，於 1854 年巴黎博覽會中展出而獲得專利。

1867 年法人 Monier 在砂漿內加入鐵絲網，研究製成花盆及水槽，效果頗佳，得有製造專利權。

1880 年德國一些工程師從事了結構物之強度試驗，並發表這方面的理論與計算方法。

1890 年美人 Ransome 在舊金山建造一幢長 312 呎的鋼筋混凝土二層建築物，從此在美國鋼筋混凝土之發展便非常迅速，許多歐洲的研究者亦陸續地發表理論及試驗上之結果。

二十世紀之始，有關鋼筋混凝土之設計程序、容許應力以及鋼筋加強等分成很多種不同之系統與方法而缺乏一致，故於 1903 年在美國成立了一個聯合委員會，才使鋼筋混凝土設計方面之應用漸趨統一。

1916 年到 1930 年，研究工作大體集中於承受軸載重之柱的性質以及潛變（creep）之影響。至 1930 年到 1940 年，承受偏心載重之柱、基礎以及梁之極限強度等受到特別的重視。

1950 年代學者們致力於預力混凝土（prestressed concrete）之研

究，而 1960 年代則集中於設計強度標準之探求，尤其是有關混凝土梁之剪力破壞。扭力與彎矩和剪力間之相互作用情形亦曾做了一番之研究。此後，有關強度與龜裂方面、耐震結構以及剪力牆之性質引起廣泛之研究興趣。1950 年以後有關鋼筋混凝土結構之研究確有迅速之發展。

1-3　鋼筋混凝土之用途

鋼筋混凝土的用途，範圍甚廣，凡須具有耐火性、耐久性及高應力的構造物皆用之。茲分類說明如下：

建築工程：十層至十二層以下的房屋，全部可用鋼筋混凝土建造。較高房屋，可改用鋼骨鋼筋混凝土，或鋼骨混凝土。

交通工程：路面、橋梁、隧道、涵洞、護堤、擋土牆、枕木。

水利工程：攔水壩、引水道、護堤、渡漕、渠道。

港灣工程：碼頭、防波堤、沉箱。

給水及污水工程：水池、水塔、水管、排水溝。

軍事工程：機場跑道、掩體、防空壕、防禦工事。

其他如電桿、基礎樁、船體等均可用鋼筋混凝土建造。

如上所述，鋼筋混凝土乃為一理想之構築材料，既能適合工程上之安全，且符合經濟及耐久之原則。

1-4　鋼筋混凝土之優點

1. 強度高：混凝土為優良之抗壓材料，鋼筋為優良之抗拉材料，取用兩者之長處，構築而成之桿件可承擔高應力。

2. 材料價廉：在鋼筋混凝土內使用量最多之砂石係為天然產料，

取材方便易得，工程用之鋼筋為鋼料中最廉價的材料，雖然水泥略為昂貴，但用量比例不多，在混凝土內之使用量約 10～15％左右。

3. 配合經濟：混凝土之配合比及鋼筋之使用量，可按各桿件承擔之應力高低而給予適當之調整，不浪費任何材料即可構造安全又經濟之桿件。

4. 造型容易：不受材料之市場尺寸及形狀之限制，即可建造任意形狀之構造物。又各桿件之接頭並無明顯界限。

5. 耐久：混凝土不易受風化作用，至於內部所置放鋼筋，因有適當厚度的混凝土為之保護，年久不致生銹。鋼筋混凝土構造物不需任何養護，即能維持久遠。

6. 耐火：混凝土是熱的不良導體，受急劇溫度變化不致爆裂破碎，其內部所有鋼筋皆有相當厚度的混凝土為之保護，亦不致有何影響。

7. 耐震：鋼筋混凝土構造物，因其自重大及各桿件均能連成一體關係，抵抗震動之能力亦甚強。

8. 施工容易：施工時不需特別熟練之工人。

1-5 鋼筋混凝土之缺點

1. 靜重較大：鋼筋混凝土之單位重量為 2400kg/m³（150♯/ft³）。由於靜重過大，高層建築及長跨徑之桿件往往受到限制，如何降低混凝土之重量，已有輕質混凝土之研究。預力混凝土之出現，仍為改進鋼筋混凝土靜重過大之缺點。但鋼筋混凝土對重力堰堤及重力擁壁等乃屬優點。

2. 品質之控制不易：影響混凝土品質之因素甚多，很難精確控制，尤其在工地拌合混凝土，其品質更難控制。例如骨材之石質、細

率、級配、顆粒形狀等對混凝土之強度均有影響。又拌合方法、拌合時間、搗固程度、養護方法亦影響混凝土強度，其中拌合水量之多寡影響混凝土之品質最鉅。

3. 施工繁雜：鋼筋混凝土結構物之施工，自搭建臨時工程、地下水之處理、基礎挖填土、材料之準備、模板、紮鋼筋、搭架、混凝土之拌合、輸送、搗固、養護、表面整修等，工作繁雜，工期較長，監工不易。

4. 改修及拆除困難：鋼筋混凝土結構具有整體性，各桿件均結合成爲一體，施工後若發現某部分有錯誤，欲改修或拆除均極爲困難。

5. 模板費用大：混凝土結構之形狀、大小及位置，全由模板所支配，每次澆置均需釘設模板，施工完畢，模板拆除，故釘設與拆除均花費相當多之工資。同時模板本身之損耗率亦高。

習　　題

1. 試述鋼筋混凝土之基本原理。
2. 美國材料試驗學會（A. S. T. M.）對於水泥品質，訂有那些規格?
3. 簡述鋼筋混凝土之用途。
4. 鋼筋混凝土構造物何故耐火?
5. 鋼筋混凝土構造物之耐震甚佳，其理由爲何?
6. 試述鋼筋混凝土之缺點。

第 二 章
材　　　料

2-1　水　　　泥

1. 水泥之製法: 水泥由英人 Aspdin 發明以來，經多年之研究改進及旋窰之發明，今已成爲物豐價廉之工程材料，水泥之主要原料爲含有石灰、二氧化矽、氧化鋁及少量之氧化鐵成分之原料，依適當之比例混合，送進旋窰以 1400～1500°C 之高溫煅燒而成水泥燒塊 (cement clinker)。並加入適量之凝結遲滯劑（石膏）磨粉而成。製法分爲乾式法 (dry process) 及濕式法 (wet process) 兩種。將原料石灰石、粘土等粉碎後送入旋窰內煅燒者稱爲乾式法，原料粉碎 後加水使 成半流體，送入旋窰內煅燒者稱爲濕式法。

2. 水泥之種類: 水泥種類很多，但以波特蘭水泥 (Portland cement) 用途最廣泛。標準波特蘭水泥按施工之需求可分爲五種。如表 2-1-1 所示。

表 2-1-1　波特蘭水泥之種類

類 型	名　　　稱	適　用　範　圍
I	普通水泥	沒有特殊性質要求之普通結構物
II	中度抗硫水泥	須有適當之硫酸鹽作用，或硬化中須有適度之熱量
III	早強水泥	須有較高之早期強度
IV	低熱水泥	須有較低之水化熱
V	抗硫水泥	對硫酸鹽有較高之抵抗力

現今水泥生產量最多者爲第一類型之普通波特蘭水泥，約佔 90% 以上，故通常所稱水泥均指普通波特蘭水泥而言。

當水泥與水拌合成爲泥漿時，則開始水化作用而逐漸硬化，經相當時間則喪失其粘性而變爲可塑性 (plastic)，此段過程稱爲水泥之凝結 (setting)。經長時間之硬化，其強度乃逐漸增加。使用波特蘭水泥之混凝土通常需要 14 天才能達到足够之強度，而得將梁版拆模及承受施工及其本身之重量，經過 28 天可以達到設計強度。

3. 水泥之強度：同一種水泥，其強度主要依據拌合水、溫度及材齡而不同，泥漿在軟混狀態之範圍內，拌合水量愈多則強度減低。氣溫 30°C 以下，溫度愈高則強度愈大，至於材齡增長則強度亦增大。混凝土所用水泥應符合中國國家標準 CNS61—R1 之規定，並適合規定工作之需要。如表 2-1-2 所示。

表 2-1-2 普通波特蘭水泥之標準最低強度

強　度	抗 拉 強 度 (kg/cm²)			抗 壓 強 度 (kg/cm²)		
材　齡	3 天	7 天	28天	3 天	7 天	28天
規定值	10.6	19.3	24.6	84	148	246
實際值	28.6	45.1	67.0	112	213	389

2-2 骨 料

當製造混凝土時，與水泥及水拌合之砂、礫石、碎石以及其他類似的材料都稱爲骨料 (aggregate，又稱粒料)。

骨料在一般混凝土內約佔有 75% 之體積，因此其性質對於硬化之

混凝土有相當顯著之影響，骨料之品質不但會影響混凝土之強度，同時對於混凝土之耐久性（durability）及水密性（water-tight）亦有很大的影響。欲製造優良混凝土，如何選擇優良性質之骨料乃為考慮之主要因素。混凝土所用骨料應符合中國國家標準 CNS1240—A56 之規定。所謂優良骨料應具有下列之性質：

(a) 質地潔淨，不含雜質及有害物。

(b) 耐久性大，即能抵抗氣象作用，又不因吸收水分及溫度變化之影響而體積膨脹。

(c) 化學性安定，即不氧化、不溶解，或不參與水泥水化作用之化學反應。

(d) 顆粒堅硬、強固，即密度大，對衝擊、荷重及磨損之抵抗性大。

(e) 顆粒之形狀略為方形或球形，又具有與泥漿附著力大之表面組織。

(f) 級配良好，即顆粒大小之混合要均勻。

(g) 具有所要之單位體積重量。

(h) 如為耐火混凝土時，則應具有耐火性。

按我國建築技術規則第 339 條，或美國混凝土學會（American Concrete Institute, 簡稱 ACI) ACI Code—3.3.2 項之規定，骨料之最大粒徑，不得大於兩模板間最小淨距 1/5，或樓版厚度之 1/3，亦不得大於鋼筋間，或鋼筋束間，或預力線管間，或鋼筋與模版間最小淨距之 3/4。但如能確認施工良好，不致有空隙或蜂窩現象發生，經監造人同意得予變更上述之限制。

2-3　拌合水

按建築技術規則第 340 條，混凝土所用之水須清潔，不含油、酸、鹼、鹽、有機物及其他對混凝土與鋼筋有害之物質，預力混凝土及混凝土埋設鋁物時，必須無氯離子。

若用非飲用水，應先製出砂漿方試體（5 公分立方體），其 7 天及 28 天強度不得小於以飲用水製出砂漿方試體者之 90/100。砂漿方試體之試驗法，應依中國國家標準 CNS1010—R73 之水硬性水泥砂漿抗壓強度試驗法。

2-4　摻合劑

除了水泥、粗細骨料和水以外，於拌合混凝土之前或拌合中可加入另一種材料以改進混凝土之性質，而使其於應用時達到更佳及更經濟之效果，此種材料即是所稱之摻合劑 (admixtures)。

摻合劑依使用之目的，具有下列作用之性質:

> (a) 工作度促進劑: 在不增加含水量的情況下增進工作度，或於同一工作度下減少含水量，如矽灰 (pozzolans)。

> (b) 硬化促進劑: 促進早期強度形成之速率，如氯化鈣（$CaCl_2$）。

> (c) 輸氣劑: 增進混凝土對凍結融解之耐久性、水密性及體積變化之抵抗性，如 pozzolith, vinsol resin 等。

> (d) 分散劑: 分散水泥之顆粒，增進工作度，pozzolith 乃為分散劑之一種。

> (e) 膨脹劑: 使混凝土內之泥漿產生膨脹，減少粗料或水平鋼

筋下面之水膜，增大附着強度，如鋁粉末。

(f) 防水劑: 減少毛細管水之流動，增進混凝土之水密性。防水劑種類甚多，各廠產品之名稱不一。

(g) 骨料鹼性反應控制劑: 控制因鹼與某些骨料成分起化學反應而產生之膨脹。

輸氣劑可能是最廣泛使用之摻合劑，其次，分散劑之用量亦相當多，摻合劑之使用應按建築技術規則第 344 條之規定。

2-5 混 凝 土

所謂混凝土乃指水泥、水、砂及石子按適當之比例拌合所凝成的一種人造石。水泥與水拌合後由於水化作用具有硬化之性質，謂之膠結物 (cementing material)，砂及石子被膠結物粘結而成混凝土 (concrete)。

混凝土之品質與材料品質、材料配合、拌合程度、澆置、搗固方法、模板之優劣、澆置後之期間、硬化中之含水量，以及溫度等有很大的關係。因此欲製造優良品質之混凝土，必須先瞭解影響混凝土品質之各種因素。

1. 混凝土之組成: 研討混凝土之性質，通常分為兩大階段討論。即分為未硬化混凝土和已硬化混凝土。未硬化混凝土通常稱為新拌混凝土 (fresh concrete)，此際骨料視為懸掛於水泥漿 (cement paste) 之中，水泥漿量必須足夠包裹骨料顆粒及填塞骨料之空隙。支配新拌混凝土工作度 (workability) 之因素，即有水泥漿之流動性、骨料之級配、骨料之形狀、水泥漿量與骨料量之比等等。拌合過軟或過硬之混凝土易生材料分離，或形成蜂窩現象 (honeycombing)，而不能達到施工之目的，故水泥、水、骨料之配合必須按工程上之需求，而選擇適當之配合

比。

　　已硬化混凝土之體積，係為骨料及硬化水泥漿所合成，並含有少量之自由水及空氣在內。如**表 2-5-1** 所示。

表 2-5-1 *混凝土之組成*

←─空氣─→		←────── 固　　　體 ──────→		
空 氣 及 自 由 水	水泥水化之 水泥結合水	骨　　　料		
		細 骨 料	粗 骨 料	
←────── 膠 結 物 ──────→		←──── 礦物質填充料 ────→		

　　2. 混凝土之配合: 混凝土之配合 (mix proportion) 乃指製造混凝土之各種材料比率，在最經濟之基本原則下，選定水泥、細骨料和粗骨料之使用量，使拌合之混凝土獲得所需之工作度、耐久性及強度。一般混凝土之配合比例，係以重量或體積的比值表示，例如水泥、砂及石子之比例為 1:2:4，或 1:3:6 等 。但上述之配合比例並沒指明拌合水量之多少，因此採用每袋水泥（或製造 1m³ 之混凝土）所需要的水量、砂重及石子重之表示法。

　　每包水泥所用之拌合水量的比值 ， 稱為水灰比 (water-cement ratio)，用水愈多則水灰比愈大， 易使施工中產生材料分離， 又硬化後之混凝土空隙增多，減少混凝土之強度。若用水過少，則施工時混凝土不易流動， 卽工作度不佳， 故選擇適宜之水灰比是配合設計之主要工作。

　　選定配合比例，務須注意下列需要:

　　　(a) 適合施工軟度之範圍內，力求少用拌合水量，卽應製造坍度 (slump) 最小之混凝土。

　　　(b) 在施工許可情形下，儘可能使用較大粒徑之粗骨料，使顆

粒間之空隙減少，則砂漿之需要量可減少、節省水泥量。

(c) 對氣象作用及化學作用等所引起之破壞及侵蝕作用均具有高度抵抗之耐久性。

(d) 具有設計載重下所需之強度。

混凝土之配合比應符合建築技術規則第 347 條之規定，至於配合法可參照建築技術規則第 348 及 349 條之方法，但重要工程應依照配合設計求出正確之配合比。

3. *混凝土之拌合與施工*：拌合 (mixing) 之目的在使配合材料均勻混合，並使混凝土獲得均勻的稠度，適合於施工之要求。工地拌合須用拌合機，按規定容量及速度轉動，全部材料裝進後，至少須轉動拌合一分半鐘始可傾出使用。在大都市內施工，多半利用預拌混凝土 (ready-mixed concrete)。預拌混凝土應符合中國國家標準 CNS3090—A99 之規定。

混凝土自拌合機傾出後，須儘快輸送至應用位置澆置 (placing)，避免輸送時間過長而致材料分離或失去可塑性，澆置時須保持適當速度，使混凝土經常保持塑性，易於流動至鋼筋間隙。澆置後應用手工具或振動器 (vibrators) 振動而搗實之，以避免蜂窩之形成。

混凝土最後之強度依其澆置後初期之水分及溫度而定，因此在最初七天內應作適當之養護 (curing)，即保持濕潤，並維持約 10°C 之溫度。

混凝土之拌合、輸送、澆置和養護應符合建築技術規則第 354，355，356 和 357 條之規定。

4. *混凝土之品質*：論述混凝土的性質，一般皆指抗壓強度、耐久性及水密性等三項而言，這三項性質都有密切之相互關係，抗壓強度高的混凝土，其耐久性及水密性亦佳，故混凝土試驗的最主要項目為其抗壓強度之測驗。於鋼筋混凝土結構設計、抗壓強度之應用最為廣泛，其

他抗拉、抗彎、抗剪及握裹等強度可由抗壓強度來推算。

　　混凝土抗壓強度試驗係採用高度 爲其直徑兩倍的 圓柱體， 通常是 15cmϕ×30cm 爲試體， 試體之澆製應符合中國國家標準 CNS1231—A47之規範。養護 28 天後在試驗機上求此標準試體的極限抗壓強度，此抗壓強度 f'_c 乃爲鋼筋混凝土結構設計之依據。 混凝土圓柱試體抗壓強度之試驗法應符合中國國家標準 CNS1232—A48 之規範。

　　混凝土之耐久性係指混凝土對於濕度、溫度之變化，凍結融解作用及酸類、鹽類之化學侵蝕等之抵抗能力。使用輸氣劑之混凝土，由於水密性增大之故，對於凍結融解作用之抵抗高。混凝土試體抵抗凍融試驗法應符合中國國家標準 CNS1169—A36 之規範。

　　混凝土之水密性係指混凝土對於吸水及透水之抵抗性，導致吸水及透水之原因很多，如拌合水量過多、施工不良、搗實不足等等。但以水灰比影響水密性最大，故在工作度許可範圍內應盡可減少水灰比。

　　5. 混凝土之強度: 混凝土強度可直接代表混凝土品質之優劣，影響混凝土抗壓強度之主要項目如下:

　　A. 材料之品質:

　　(a) 水泥之品質: 包括化學成分、物理性質。

　　(b) 骨料之品質: 包括顆粒硬度、形狀、表面狀態。

　　(c) 拌合水之品質: 潔淨，不含雜物及有害物。

　　B. 材料之配合:

　　(a) 骨料顆粒之混合比例: 卽級配。

　　(b) 水泥量與骨料量之比例: 卽配合比。

　　(c) 水泥量與拌合水量之比例: 卽水灰比。

　　(d) 工作度: 按施工條件之不同，選擇適當之工作度。

　　C. 處理方法:

　　(a) 製造方法: 拌合方法與時間、搗實方式。

(b) 養護: 養護中之溫度與濕度。

(c) 材齡: 澆置後時間長短。

(d) 試體: 試體之形狀及尺寸。

(e) 試驗方法: 施壓荷重之速率。

　　影響混凝土強度以水灰比爲最主要之因素，抗壓強度與水灰比之關係如 圖 2-5-1 所示。

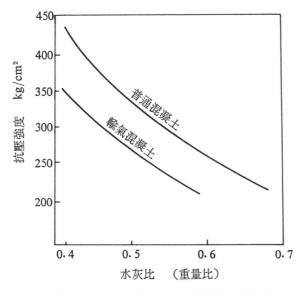

圖 2-5-1　水灰比與 28 天抗壓強度之關係

　　混凝土之抗拉強度約爲抗壓強度之 10～15％ ， 抗拉強度在鋼筋混凝土桿件設計中不予考慮。由於抗拉強度在試驗中不易精確求得，故常以劈裂試驗（split test）或彎曲試驗代替之。

　　劈裂試驗係將圓柱試體橫向放置，由上下方向加壓，其破壞荷重設爲 P，則劈裂圓柱強度 f_{sp} 爲:

$$f_{sp} = \frac{2P}{\pi dL},$$

d——圓柱試體之直徑

L——圓柱試體之長度

$$f_{sp} = (1.6 \sim 1.8) \sqrt{f_c'}$$

抗拉強度　$f_t = (0.5 \sim 0.7) f_{sp}'$

混凝土之抗彎強度 (flexural strength) 或破裂模數 (modulus of rupture) 係依據中國國家標準 CNS1233—A49 或 CNS1234—A50 而求得。

$$破裂模數　f_r = 2 \sqrt{f_c'}$$

混凝土之抗剪強度約爲抗壓強度之 35~80%，抗壓強度愈大時，其百分數值愈小。鋼筋混凝土桿件所生之剪應力，其中一部分可由混凝土所承擔。

6. 混凝土之應力與應變：　當結構物承受載重時，　其變形的情形依其材料之應力與應變關係而定。混凝土剛開始受壓時，而應變在 0.00045 以內，其應力與應變成正比，故此部分爲一彈性直線，若應變超過 0.0005 則爲非彈性行爲。

由不同 f_c' 值之混凝土試體，在正常載重之下試驗所得之應力應變曲線如 圖 2-5-2 所示，由圖中可知強度較低之混凝土之延性(ductility)較強度高者爲大，而且混凝土之最大應力發生於應變 0.0015 至 0.002 之間，混凝土破壞時之極限應變則在 0.003 至 0.008。ACI Code—10.2.3 項規定混凝土之最大可用應變爲 0.003。

混凝土並非完全彈性體，其應力與應變亦不成一定之比例。當應力增加時，應力與應變之比將略爲減低，即應變之增加比應力爲快。在最

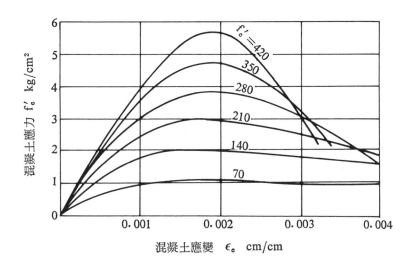

圖 2-5-2　混凝土之應力—應變曲線

小荷重下，混凝土仍有一永久變形，但在許用應力 (allowable stress) 以內，爲應用上之便利計，視其應力與應變間有一定之比值，此比值稱爲彈性模數 (modulus of elasticity)。

即　$E_c = \dfrac{f_c}{\epsilon_c}$

E_c——混凝土之彈性模數

f_c——混凝土之應力

ϵ_c——混凝土之應變

　　圖 2-5-3 代表混凝土之典型應力與應變曲線。彈性模數有初始模數 (initial modulus)、正切模數 (tangent modulus) 和正割模數 (secant modulus) 三種，　應力與應變曲線原點的切線之斜率稱爲初始模數，$0.5 f'_c$ 點的切線之斜率稱爲正切模數，曲線上 $0.5 f'_c$ 點與原點連線之斜率稱爲正割模數，在應用上一般以正割模數計算之。

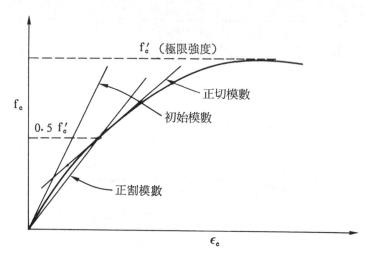

圖 2-5-3 混凝土之應力與應變曲線

影響彈性模數之因素甚多，如混凝土強度、材齡、骨料品質、水泥品質、測定模數時荷重之速率、試體形狀等。為在應用上之方便，建築技術規則第 376 條訂有計算彈性模數之公式。

$$E_c = 4,270 \ w^{\frac{3}{2}} \sqrt{f'_c} \ kg/cm^2$$

式中之 w 為混凝土之單位重，以 kg/m^3 表示，f'_c 為混凝土 28 天之抗壓強度，以 kg/cm^2 表示。一般混凝土之 $w=2,300kg/m^3$，則

$$E_c = 15,000 \sqrt{f'_c} \ kg/cm^2$$

若按美國 ACI 規範：$E_c = 57,000 \sqrt{f'_c} \ \#/in^2$。

7. 混凝土之潛變與收縮：當混凝土承受一不變的持續載重時，則混凝土依然仍沿時間的增長而持續變形，此種現象稱為潛變 (creep)。但持續載重過程中，此種變形的增加速度隨著時間而漸趨緩慢，在 2 至 5 年內此種潛變才會漸漸停止，其總變形可能達到短期載重之彈性變形

的 1.5 至 3 倍。高強度混凝土的潛變較低強度混凝土爲小。

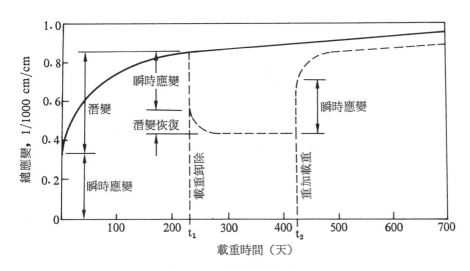

圖 2-5-4　典型潛變曲線

圖 2-5-4 示一典型之潛變與載重時間之關係，若混凝土承受不變的持續載重時，其潛變情形如圖中之實線所示。 若載重於時間 t_1 卸除，除了立卽產生的彈性恢復之外，另有長期性的潛變恢復，但仍保留一部分的殘留變形無法復原。 若在時間 t_2 重加載重，則立卽產生彈性瞬時應變後，接著產生潛變之變形。

混凝土爲了保持適當之工作度，其拌合水量往往較眞正水化所需要者爲多，若澆置後暴露於空氣中，則部分水分被發散，而使混凝土產生體積變化，此種現象稱爲收縮 (shrinkage)。 大部分的收縮，皆產生於開始保養的幾個月內，混凝土的收縮現象應加以適當之控制，以免產生不易察覺的有害裂縫。

混凝土遇熱則膨脹，遇冷則收縮，此種體積變化易生裂痕，引起有害應力，故必須設置有效的伸縮接縫。混凝土的熱膨脹係數約爲 10^{-5}/°C

或 $5.5 \times 10^{-6} /{}^{\circ} F$。

8. 輕質混凝土：為減輕結構物桿件之自重，而以輕質骨料製成之氣乾比重 2.0 以下之混凝土稱為輕質混凝土 (light-weight aggregate concrete)。 輕質骨料有天然產之火山礫石、火山砂，有人造之膨脹粘土、膨脹頁岩、蛭石、眞珠岩等燒成物，還有副產物之煤碴、膨脹爐碴、溶融飛灰等等。輕質骨料之吸水量極大，以重量百分數計，有些達 100% 以上者。 輕質混凝土之重量為輕質混凝土諸性質中最重要者，且其重量亦與強度、熱傳導率、耐久性、透水性及收縮等性質有密切的關係。

2-6 鋼 筋

1. 鋼筋之種類：鋼筋混凝土構造物所用之鋼筋約可分為下列數種。

A. 光面鋼筋 (plain bar)：表面光滑而無花紋者，現今工程上已不多用，多半用於建築物之鐵窗或欄杆等之裝設。按斷面形狀而分，有三種：

(a) 圓鋼筋 (round bar)

(b) 方鋼筋 (square bar)

(c) 扁鋼筋 (flat bar)

一般多採用圓鋼筋，因便於加工及處理，並易購得。

B. 變形鋼筋 (deformed bar)：為增加混凝土與鋼筋間之裏握力 (bond)，將鋼筋表面輾成凹凸花紋，花紋之形式因出品工廠而不同，但要符合標準規格。變形鋼筋比較光面鋼筋約增加 25% 之握裏力。

(a) 方扭鋼筋 (twisted bar)

(b) 竹節鋼筋 (corrugated bar)

現今工程上所用之鋼筋均爲竹節鋼筋。

C. 特殊鋼筋:

(a) 鋼線網 (wire fabric): 係用粗細鋼線織成，粗線用於承擔應力，細線則用於固定粗線之位置。

(b) 網眼鋼 (expanded metal): 乃將鋼板刻成斷續縫，張開如網。

這些鋼筋一般用於版、路面、薄壁等工程。

2. 鋼筋之尺寸: 爲工程使用上之方便，鋼筋尺寸之大小，訂有統一的標準，按中國國家標準 CNS 之規定，如 **表 2-6-1** 所示。

表 2-6-1　*圓竹節鋼筋之標準尺寸*

編　號 （分）	單位重量 kg/m	標　稱　尺　寸		
		直徑(mm)	斷面積(mm²)	周長(mm)
2	0.249	6.35	31.67	19.95
3	0.559	9.53	71.33	29.94
4	0.994	12.7	126.68	39.90
5	1.55	15.9	198.56	49.95
6	2.24	19.1	286.52	60.00
7	3.05	22.2	387.08	69.74
8	3.98	25.4	506.71	79.80
9	5.06	28.7	646.93	90.16
10	6.41	32.2	814.33	101.16

此外，尚有工程界常以整數表示鋼筋直徑，如 **表 2-6-2** 所示。

表 2-6-2

直徑 ϕ mm	單位重量（kg/m）	斷面積（mm²）	周長（mm）
9	0.499	63.6	23.3
13	1.042	132.7	40.8
16	1.578	201.1	50.3
19	2.226	283.5	59.7
22	2.984	380.1	69.1
25	3.853	490.8	78.5
28	4.834	615.8	88.0
32	6.313	804.2	100.5

若按美國材料試驗學會（A.S.T.M.）之規格，如表 2-6-3 所示。

表 2-6-3

編　號 （號）	單位重量 （磅／呎）	標　稱　尺　寸		
		直徑（吋）	斷　面　積 （平　方　吋）	周長（吋）
3	0.376	0.375	0.11	1.178
4	0.668	0.500	0.20	1.571
5	1.043	0.625	0.31	1.963
6	1.502	0.750	0.44	2.356
7	2.044	0.875	0.60	2.749
8	2.670	1.000	0.79	3.142
9	3.400	1.128	1.00	3.544
10	4.303	1.270	1.27	3.990
11	5.313	1.410	1.56	4.430
14	7.65	1.693	2.25	5.32
18	13.60	2.257	4.00	7.09

多種鋼筋組合之斷面積及周長如表 2-6-4 所示。

表 2-6-4　多種鋼筋組合之斷面積及周長

表中上行數字：斷面積 A_s（或 A_s'）cm^2
下行數字：周長 Σ_0 cm

表中 0 5 欄內之數字爲一種鋼筋數量自 1 至 10 之組合。
表中 1 2 3 4 5 欄內之數字爲兩種鋼筋，每種數量自 1 至 5 之組合。
一種鋼筋：
$\Sigma_0 = $ 周長
兩種鋼筋：
$\Sigma_0 = \dfrac{4A_s}{D} \cdot D$ 爲較大鋼筋之直徑

#		0	0	5	#	1	2	3	4	5
4	1		1.27	7.62	3	1.98	2.69	3.40	4.11	4.82
			4.0	23.9		6.24	8.47	10.71	12.94	15.18
	2		2.54	8.89		3.25	3.96	4.67	5.88	6.09
			8.0	27.9		10.24	12.47	14.71	16.94	19.18
	4		3.81	10.16		4.52	5.23	5.94	6.65	7.36
			12.0	31.9		14.24	16.47	18.71	20.94	23.18
	4		5.08	11.43		5.79	6.50	7.21	7.92	8.63
			16.0	35.9		18.24	20.47	22.71	24.94	27.18
	5		6.35	12.70		7.06	7.77	8.48	9.19	9.90
			20.0	39.9		22.24	24.47	26.71	28.94	31.18
5	1		1.98	11.88	4	3.25	4.52	5.79	7.06	8.33
			5.0	30.0		8.18	11.37	14.57	17.76	20.96
	2		3.96	13.86		5.23	6.50	7.77	9.04	10.31
			10.0	35.0		13.16	16.35	19.55	22.74	25.94
	5		5.94	15.84		7.21	8.48	9.75	11.02	12.29
			15.0	40.0		18.14	21.33	24.53	27.72	30.92
	4		7.92	17.82		9.19	10.46	11.73	13.00	14.27
			20.0	45.0		23.12	26.31	29.51	32.70	35.90
	5		9.90	19.80		11.17	12.44	13.71	14.98	16.25
			25.0	50.0		28.10	31.30	34.49	37.69	40.88
6	1	6	2.85	17.0	5	4.83	6.81	8.99	10.77	12.75
			6.0	36.0		10.12	14.26	18.41	22.55	26.70
	2		5.70	19.95		7.68	9.66	11.64	13.62	15.60
			12.0	42.0		16.08	20.23	24.38	28.52	32.67
	3		8.55	22.80		10.53	12.51	14.49	16.47	18.45
			18.0	48.0		22.05	26.20	30.35	34.49	38.64
	4		11.40	25.65		13.38	15.36	17.34	19.32	21.30
			24.0	54.0		28.02	32.17	36.31	40.46	44.61
	5		14.25	28.50		16.23	18.21	20.19	22.17	24.15
			30.0	60.0		33.99	38.14	42.28	46.43	50.57

#		1	2	3	4	5
3		2.69	3.40	4.11	4.82	5.53
		6.77	8.55	10.34	12.13	13.91
		4.67	5.38	6.09	6.80	7.51
		11.75	13.53	15.32	17.11	18.89
		6.65	7.36	8.07	8.78	9.49
		16.73	18.52	20.30	22.09	23.87
		8.63	9.34	10.05	10.76	11.47
		21.71	23.50	25.28	27.07	28.86
		10.61	11.32	12.03	12.74	13.45
		26.69	28.48	30.26	32.05	33.84
4		4.12	5.39	6.66	7.93	9.20
		8.63	11.29	13.95	16.61	19.27
		6.97	8.24	9.51	10.78	12.05
		14.60	17.26	19.92	22.58	25.24
		9.82	11.09	12.36	13.63	14.90
		20.57	23.22	25.88	28.54	31.20
		12.67	13.94	15.21	16.48	17.75
		26.53	29.19	31.85	34.51	37.17
		15.52	16.79	18.06	19.33	20.60
		32.50	35.16	37.82	40.48	43.14

#		1	2	3	4	5
4		5.15	6.42	7.69	8.96	10.23
		9.28	11.57	13.86	16.14	18.43
		9.03	10.30	11.57	12.84	14.11
		16.27	18.56	20.85	23.14	25.42
		12.91	14.18	15.45	16.72	17.99
		23.26	25.55	27.84	30.13	32.41
		16.79	18.06	19.33	20.60	21.87
		30.25	32.54	34.83	37.12	39.41
		20.67	21.94	23.21	24.48	25.75
		37.24	39.53	41.82	44.11	46.40

#		0	0	5	#	1	2	3	4	5	#	1	2	3	4	5	#	1	2	3	4	5
7	1	7	3.88	23.28	6	6.73	9.58	12.48	15.28	18.13	5	5.86	7.84	9.82	11.80	13.78	4	5.15	6.42	7.69	8.96	10.23
			7.0	41.8		12.13	17.26	22.40	27.53	32.67		10.56	14.13	17.69	21.26	24.83		9.28	11.57	13.86	16.14	18.43
	2		7.76	27.16		10.61	13.46	16.31	19.16	22.01		9.74	11.72	13.70	15.68	17.66		9.03	10.30	11.57	12.84	14.11
			13.9	48.8		19.12	24.25	29.39	34.52	39.66		17.55	21.12	24.68	28.25	31.82		16.27	18.56	20.85	23.14	25.42
	3		11.64	31.04		14.49	17.34	20.19	23.04	25.89		13.62	15.60	17.58	19.56	21.54		12.91	14.18	15.45	16.72	17.99
			20.9	55.8		26.11	31.24	36.38	41.51	46.65		24.54	28.11	31.68	35.24	38.81		23.26	25.55	27.84	30.13	32.41
	4		15.52	34.92		18.37	21.22	24.07	26.92	29.77		17.50	19.48	21.46	23.44	25.42		16.79	18.06	19.33	20.60	21.87
			27.9	62.8		33.10	38.23	43.37	48.50	53.64		31.53	35.10	38.67	42.23	45.80		30.25	32.54	34.83	37.12	39.41
	5		19.40	38.80		22.25	25.10	27.95	30.80	33.65		21.38	23.36	25.34	27.32	29.30		20.67	21.94	23.21	24.48	25.75
			34.9	69.7		40.09	45.23	50.36	55.50	60.63		38.52	42.09	45.66	49.23	52.79		37.24	39.53	41.82	44.11	46.40
8	1	8	5.07	30.42	7	8.95	12.83	16.71	20.59	24.47	6	7.92	10.77	13.62	16.47	19.32	5	7.05	9.03	11.01	12.99	14.97
			8.0	47.9		14.09	20.20	26.31	32.43	38.54		12.47	16.96	21.45	25.94	30.43		11.10	14.22	17.34	20.46	23.57
	2		10.14	35.49		14.02	17.90	21.78	25.66	29.54		12.99	15.84	18.69	21.54	24.39		12.12	14.10	16.08	18.06	20.04
			16.0	55.9		22.08	28.19	34.30	40.41	46.52		20.46	24.94	29.43	33.92	38.41		19.09	22.20	25.32	28.44	31.56
	3		15.21	40.56		19.09	22.97	22.85	30.73	34.61		18.06	20.91	23.76	26.61	29.46		17.19	19.17	21.15	23.13	25.11
			23.9	63.8		30.06	36.17	42.28	48.39	54.50		28.44	32.93	37.42	41.91	46.39		27.07	30.19	33.31	36.43	39.54
	4		20.28	45.63		24.16	28.04	31.92	35.80	39.68		23.13	25.98	28.83	31.68	34.53		22.26	24.24	26.22	28.20	30.18
			31.9	71.8		38.05	44.16	50.27	56.38	62.49		36.43	40.91	45.40	49.89	54.38		35.06	38.17	41.29	44.41	47.53
	5		25.35	50.70		29.23	33.11	36.99	40.87	44.75		28.20	31.05	33.90	36.75	39.60		27.33	29.31	31.29	33.27	35.25
			39.9	79.8		46.03	52.14	58.25	64.36	70.47		44.41	48.90	53.39	57.87	62.6		43.04	46.16	49.28	52.39	55.51
9	1	9	6.48	38.70	8	11.52	16.59	21.66	26.73	31.80	7	10.33	14.21	18.09	21.97	25.85	6	9.30	12.15	15.00	17.85	20.70
			9.01	54.1		16.06	23.12	30.19	37.25	44.32		14.40	19.80	25.21	30.62	36.03		12.36	16.93	20.91	24.88	28.85
	2		12.90	45.15		17.97	23.04	28.11	33.18	38.25		16.78	20.66	24.54	28.42	32.30		15.75	18.60	21.45	24.30	27.15
			18.0	63.1		25.04	32.11	39.18	46.24	53.31		23.39	28.79	34.20	39.61	45.02		21.95	25.92	29.89	33.87	37.84
	3		19.35	51.60		24.42	29.49	34.56	39.63	44.70		23.23	27.11	30.99	34.87	38.75		22.20	25.05	27.90	30.75	33.60
			27.0	72.1		34.03	41.10	48.17	55.23	62.30		32.38	37.78	43.19	48.60	54.01		30.94	34.91	38.88	42.86	46.83
	4		25.80	58.05		30.87	35.94	41.01	46.08	51.15		29.68	33.56	37.44	41.32	45.20		28.65	31.50	34.35	37.20	40.05
			36.1	81.1		43.02	50.09	57.16	64.22	71.29		41.37	46.77	52.18	57.59	63.00		39.93	43.90	17.87	51.85	55.82
	5		32.25	64.50		37.32	42.39	47.46	52.53	57.60		36.13	40.01	43.89	47.77	51.65		35.10	37.95	40.80	43.65	46.50
			45.1	90.2		52.01	59.08	66.15	75.21	80.28		50.35	55.76	61.17	66.58	71.98		48.92	52.89	56.86	60.84	64.81
10	1	10	8.17	49.02	9	14.62	21.07	27.52	33.97	40.42	8	13.24	18.31	23.38	28.45	33.52	7	12.05	15.93	19.81	23.69	27.57
			10.1	60.9		18.11	26.09	34.08	42.07	50.06		16.40	22.68	28.95	35.23	41.51		14.92	19.73	24.53	29.34	34.14
	2		16.34	57.19		22.79	29.24	35.69	42.14	48.59		21.41	26.48	31.55	36.62	41.69		20.22	24.10	27.98	31.86	35.74
			20.3	71.0		28.22	36.21	44.20	52.19	60.17		26.51	32.79	39.07	45.35	51.63		25.04	29.85	34.65	39.46	44.26
	3		24.51	65.36		30.96	37.41	43.86	50.31	56.76		29.58	34.65	39.72	44.79	49.86		28.32	32.27	36.15	40.03	43.91
			30.4	81.2		38.34	46.33	54.32	62.30	70.29		36.63	42.91	49.19	55.47	61.75		35.16	39.96	44.77	49.57	54.38
	4		32.68	73.53		39.13	45.58	52.03	58.48	64.93		37.75	42.82	47.89	52.96	58.03		36.56	40.44	44.32	48.20	52.08
			40.6	91.3		48.46	56.45	64.43	72.42	80.41		46.75	53.03	59.31	65.59	71.86		45.28	50.08	54.89	59.69	64.50
	5		40.85	81.70		47.30	53.75	60.20	66.65	73.10		45.92	50.99	56.06	61.13	66.20		44.73	48.61	52.49	56.37	60.25
			50.7	101.5		58.58	68.56	74.55	82.54	90.53		56.87	63.15	69.42	75.70	81.98		55.39	60.20	65.00	69.81	74.61
11	1	11	10.10	60.60	10	18.27	26.44	34.61	42.78	50.95	9	16.55	23.00	29.45	35.90	42.35	8	15.17	20.24	25.31	30.38	35.45
			11.2	67.5		20.41	29.54	38.76	47.80	56.93		18.49	25.70	32.90	40.11	47.32		16.95	22.61	28.28	33.94	39.61
	2		20.20	70.70		28.37	36.54	44.71	52.88	61.05		26.65	33.10	39.55	46.00	52.45		25.27	30.34	35.41	40.48	45.55
			22.5	78.7		31.70	40.83	49.95	59.08	68.21		29.78	36.98	44.19	51.40	58.60		28.23	33.90	39.56	45.23	50.89
	3		30.30	80.80		38.47	46.64	54.81	62.98	71.15		36.75	43.20	49.65	56.10	62.55		35.37	40.44	45.51	50.58	55.65
			33.7	90.0		42.98	52.11	61.24	70.37	79.50		41.06	48.27	55.47	62.68	69.89		39.52	45.18	50.85	56.51	62.18
	4		40.40	90.90		48.57	56.74	64.91	73.08	81.25		46.85	53.30	59.75	66.20	72.65		45.47	50.54	55.61	60.68	65.75
			45.0	101.2		54.27	63.40	72.52	81.65	90.78		52.35	59.56	66.76	73.97	81.17		50.80	56.47	62.13	67.80	73.46
	5		50.50	101.00		58.67	66.84	75.01	83.18	91.35		56.95	63.40	69.85	76.30	82.75		55.57	60.64	65.71	70.78	75.85
			56.2	112.5		65.55	74.68	83.81	92.94	102.07		63.63	70.84	78.04	85.25	92.46		62.09	67.75	73.42	79.08	84.75

3. 鋼筋之等級: 鋼筋按照鋼料品質分爲三類，軟鋼、中硬鋼及硬鋼。各等級鋼質之抗拉強度如表 2-6-5 所示。

表 2-6-5

等　級 強　度	軟　鋼	中 硬 鋼	硬　鋼
抗拉強度 kg/mm²	39～53	50～63	56以上
最小屈服點 kg/mm²	23	28	35

若按美國材料試驗學會而分，則分爲四級，如表 2-6-6 所示。

表 2-6-6

等　　　級	屈服強度 f_y (ksi)	極限強度 f_u (ksi)
構　造　鋼	33	55
中　級　鋼	40	70
硬　　　鋼	50	80
鋼　　　軌	50～60	90

4. 鋼筋之應力與應變: 鋼筋可視爲一完全彈性體，在彈性限度 (elastic limit) 內，其應力與應變成正比例。超過彈性限度則應力之增加緩慢，但應變卻增加甚速。鋼筋之應力與應變關係如圖 2-6-1 所示。

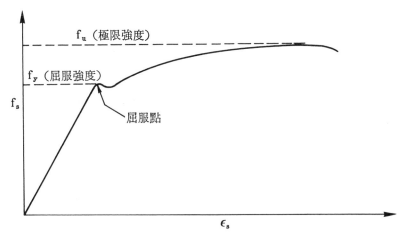

圖 2-6-1

$$E_s = \frac{f_s}{\epsilon_s}$$

E_s——鋼筋之彈性模數

f_s——鋼筋之應力

ϵ_s——鋼筋之應變

　　雖然鋼筋之鋼質有多種，但每種鋼質之彈性模數相差不大，在應用上之方便，建築技術規則第 376 條訂為 $E_s = 2,040,000 \ \text{kg/cm}^2$。

　　若按美國 ACI 規範：$E_s = 29,000,000 \ \#/\text{in}^2$。

　　5. 鋼筋之施工：澆置混凝土時，鋼筋表面必須清潔，無泥垢油脂及影響粘著力之表層。鋼筋排紮均須支墊並紮牢於準確位置，並須防止因施工移動而超出容許公差規定，此項規定應符合建築技術規則第 364 條。為易於澆置混凝土，每根鋼筋之間應保持適當之距離，鋼筋間距應符合建築技術規則第 365 條之規定。為增加裹握力，通常在鋼筋末端彎成鈎形，彎曲工作必須冷彎以免破壞鋼質，部分埋置混凝土之鋼筋，必

須先行彎好規定尺寸，不得部分埋置混凝土後再行彎曲。鋼筋彎鈎應符合建築技術規則第 362 條之規定。

2-7 彈性模數比

在應力分析或斷面設計計算時， 常常用到混凝土及鋼筋 之彈 性模數。因此以 n 符號表示鋼筋彈性模數與混凝土彈性模數之比。

即 $n = \dfrac{E_s}{E_c}$

按規範之規定: $E_c = 15,000\sqrt{f'_c}$ kg/cm², $E_s = 2,040,000$ kg/cm²

當 $f'_c = 175$ kg/cm²(2,500psi); $n = 10$

$f'_c = 210$ kg/cm²(3,000psi); $n = 9$

$f'_c = 280$ kg/cm²(4,000psi); $n = 8$

$f'_c = 350$ kg/cm²(5,000psi); $n = 7$

習　　題

1. 水泥之種類有那幾種?

2. 普通波特蘭水泥之主要原料有那幾種?

3. 普通波特蘭水泥之主要化學成分爲何?

4. 水泥中加入少許之石膏之目的何在?

5. 水泥之細度與水泥品質有何關係?

6. 那些因素可影響水泥之凝結時間?

7. 何謂水化作用?

8. 何謂風化作用? 對於水泥品質有何關係?

9. 優良骨料應具有那些條件?

10. 何謂骨料之級配? 與混凝土有何關係?

11. 建築技術規則對於拌合水之規定如何?

12. 何謂摻合劑? 使用摻合劑之目的何在?

13. 選定混凝土之配合比率,應注意那些項目?

14. 簡述影響混凝土抗壓強度之有關項目。

15. 何謂優良混凝土?

16. 鋼筋分爲那些等級? 其強度如何?

17. 何謂彈性模數? 建築技術規則對於混凝土及鋼筋之彈性模數訂爲多少?

18. 簡述混凝土之潛變與收縮。

19. 試繪混凝土、鋼筋之應力與應變關係曲線。

第 三 章
結構設計之概論

3-1 引　言

近三十年來，鋼筋混凝土的分析與設計理論有兩種不同的方法，卽工作應力設計法 (working stress design method, 簡稱 WSD)，及極限強度設計法 (ultimate strength design method, 簡稱 USD)。

自 1900 至 1960 年代工作應力法乃是主要之設計原理，於 1956年 ACI 規範中，極限強度法首次同意採用作爲一種變通的設計方法，自從 1963 年以來很快地逐漸採用極限強度法，而在規範中成爲重要之一部分，及至 1971 年 ACI 規範則大部分摒棄工作應力法而改以極限強度法。

按 1971 年 ACI 規範將兩種設計法之名稱略作更改，工作應力設計法改爲交替設計法 (alternate design method)，極限強度設計法改爲強度設計法 (strength design method)。

3-2 工作應力設計法

該法之設計理論是以彈性力學之原理爲依據，結構桿件之設計是在載重作用時，其應力不超過規定之容許值。一般鋼筋混凝土結構物所承受之載重包括靜載重 (dead load)、活載重 (live load)、風力、雪

及地震等作用力，靜載重乃指結構物之自重和作用於結構物上之固定載重，活載重則按結構物之用途而不同，規範內訂有各種結構物之最小活載重，至於風力、雪及地震作用力則因結構物之座落地區而分為不同之等級。上述這些載重可能眞正作用於結構物，故通稱為工作載重（working loads）或資用載重（service loads）。

容許應力（allowable stress）乃是指材料之某一上限應力，其值訂為設計時之最大許用應力，任何桿件在載重作用下所生之應力不得超過容許應力。依據建築技術規則第 441 條之規定，混凝土之容許壓應力不得大於規定壓力強度（f'_c）之 45 %，鋼筋之屈服應力（f_y）若為 2800～3500kg/cm² 時，其容許拉應力不得超過 1400kg/cm²，鋼筋之屈服應力若為 4200kg/cm²，其容許拉應力不得超過 1700kg/cm²。

工作應力設計法有以下幾項缺點:

(a) 設計之容許應力是指工作載重下之材料許用應力而言，一般言之，活載重之變化很大，不若靜載重之固定，所以不易求得一個簡單的方法估算各種載重下各應力之可靠程度。

(b) 潛變與收縮主要是因時間而變，很難以彈性方法計算之。

(c) 混凝土之應力與應變關係並非一直到破壞強度皆為正比，所以若以 f'_c 值之某一百分數為容許應力，則所隱含之安全係數並不確定。

3-3 強度設計法

該法之設計乃考慮到混凝土應力與應變之非線性關係的特性，並兼顧到載重變化之超載現象，結構桿件之設計是將工作載重乘以載重因數作為設計載重，而將桿件設計為足夠的極限強度。載重因數值由於各種

載重而不同，一般稱爲超載因數 (overload　factor)，卽設計載重等於超載因數乘以工作載重。

依據建築技術規則第 413 條之規定，各種設計載重應依下式計算。

$$U = 1.4D + 1.7L \text{————(1)}$$

$$U = 0.75(1.4D + 1.7L + 1.7W) \text{————(2)}$$

或　　$$U = 0.9D + 1.3W$$

$$U = 0.75(1.4D + 1.7L + 1.87E) \text{————(3)}$$

$$U = 1.4D + 1.7L + 1.7H \text{————(4)}$$

U——設計載重（極限載重）

D——實際靜載重

L——規定活載重

W——規定風載重

E——地震橫力

H——側向土壓力

上式中以第 (1) 式最爲常用，其中靜載重的超載因數爲 1.4，活載重的超載因數爲 1.7。

依強度設計法所設計之結構桿件的強度是爲標稱強度 (nominal strength)，基於考慮到安全之因數，實際上應用之強度，卽設計強度 (design　strength) 應略小於標稱強度，因此將標稱強度乘以一因數後得可用設計強度，此因數稱爲減強因數 (undercapacity factor)，一般以 ϕ 符號表示之。ϕ 值依桿件及作用力之不同而異，依據建築技術規則第 414 條之規定，ϕ 值規定如下：

撓曲桿件　　　　　　　　　$\phi = 0.90$

軸拉力　　　　　　　　　　$\phi = 0.90$

剪力、斜張力、握裹力、扭力　$\phi = 0.85$

螺箍筋之壓力桿件 $\phi = 0.75$

環箍筋之壓力桿件 $\phi = 0.70$

混凝土承載力 $\phi = 0.70$

受彎矩之無筋混凝土 $\phi = 0.65$

　　設 M_n, V_n, P_n 表示彎矩、剪力、軸力之標稱強度，M_u, V_u, P_u 表示彎矩、剪力、軸力之設計強度，

$$則 \quad M_u = \phi M_n \quad 或 \quad M_n = \frac{M_u}{\phi}$$

$$V_u = \phi V_n \quad 或 \quad V_n = \frac{V_u}{\phi}$$

$$P_u = \phi P_n \quad 或 \quad P_n = \frac{P_u}{\phi}$$

3-4 工作應力設計法之基本假設

　　在工作應力設計法中對於彎曲桿件之斷面設計，有下列之四點基本假設。

　　(a) 當桿件彎曲後，原為一平面的斷面依然為一平面，即應變隨斷面之有效高度直線變化。

　　(b) 混凝土和鋼筋在彈性限度內，應力與應變都成正比例。

　　(c) 混凝土不受張力，斷面之張力完全由鋼筋來承受。

　　(d) 混凝土和鋼筋之間無滑動產生，其間的裏握力完全存在。

　　在這四點假設中，第一點假設是為正確的，第二點假設若應力低於混凝土 28 天之抗壓強度 (f'_c) 一半值之下，假設之道理尚可存在，第三點假設實際上混凝土能承受一些張力，但其值太小，為易於計算起見，常忽略之，第四點假設應力在工作載重範圍內，研討裏握問題實為

很好之假設。

3-5　強度設計法之基本假設

在強度設計法中對於彎曲與軸力桿件之斷面設計，應基於下列之假設，並符合平衡規定且與應變相合。

(a) 桿件之強度滿足應力平衡及應變相合。

(b) 鋼筋與混凝土之應變假設與其至中立軸之距離成正比。

(c) 混凝土最外緣受壓面之容許最大應變爲 0.003。

(d) 混凝土之抗拉強度可忽略不計。

(e) 鋼筋之彈性模數爲 $2.04 \times 10^6 \text{kg/cm}^2$。

(f) 桿件斷面之混凝土壓應力可視爲矩形應力分布，混凝土之應力強度爲 $0.85 f'_c$，應力分布之深度 $a = \beta_1 x$，x 爲中立軸至受壓面最外緣之距離，β_1 值可由下式求得，

當　$f'_c \le 280 \text{kg/cm}^2$ 時，$\beta_1 = 0.85$

$f'_c > 280 \text{kg/cm}^2$ 時，$\beta_1 = 0.85 - 0.05 \left(\dfrac{f'_c - 280}{70} \right)$

（卽 f'_c 每增加 70kg/cm² ，則 β_1 減少 0.05）

3-6　安全規定

結構物或其各部桿件之設計強度，必須能負荷比正常使用下所預期者較大之載重值，其超出之強度乃是基於考慮到某些因素之變化，這些因素可區分爲兩大類，卽超載因素與強度不足因素。由於結構物用途之

變更，或於計算過程中過分減化而低估了載重之影響，或建造之順序及方法皆可導致超載現象。材料品質、施工技術、桿件尺寸及監工疏嚴皆可導致強度不足之因素。

於工作應力設計法中，一向以屈服應力與容許應力之比表示安全係數（safety factor），此法使整個結構物或各結構桿件具有相同之安全係數。但桿件之極限強度與工作載重間之比例卻有極大的變化，因此當考慮到極限強度時，以「安全係數」來表示桿件之安全程度已無多大意義。

極限強度與工作載重比例上之變化無常，乃為促成強度設計法迅速取代工作應力設計法之主要原因，於強度設計法中，有關安全因素是以超載因數U與減強因數 ϕ 兩者來表示，這兩因數仍相輔相成，同是在於提供足夠的安全條件。

安全規定之目的在於限制結構物失敗之或然率，並提供較為經濟之設計，當然，假如經濟原則不需考慮，失敗之或然率自然可使之為零。為了獲得恰當之安全因數，對於某些有關事項必須確立其相對重要性，以作為設計之依據，諸如：

　　(a) 結構物失敗後對人畜、財物可能造成之災害程度。

　　(b) 技術與監工之可靠性。

　　(c) 預期的超載程度及其大小。

　　(d) 某桿件對整個結構之重要性。

　　(e) 失敗前得到預先警告之可能性。

就上述各項目之相對重要性定出個別所佔的百分比，再按各項目之實際狀況，即可適當地定出各種情形之安全因數。

表 **3-6-1**　工作應力設計法之混凝土容許應力

說　明	符　號	公　式	容 許 應 力　kg/cm²				
			混凝土強度 f'c　kg/cm²				
			140	175	210	280	350
彈性模數比	n	E_s/E_c	12	10	9	8	7
撓曲應力	f_c						
最外纖維壓應力	f_c	$0.45f'_c$	63.0	78.8	94.5	126.0	157.6
最外纖維拉應力	f_c	$0.42\sqrt{f'_c}$	4.97	5.56	6.09	7.03	7.95
（用於純混凝土							
基腳與牆）							
承壓應力 （全部面積承壓）	f_c	$0.30f'_c$	42.0	52.5	63.0	76.0	105.0

3-7　建築規範

鋼筋混凝土結構是由混凝土與鋼筋兩種不同的材料所組成，其各桿件之強度分析雖大部分符合理論，但一部分乃是由試驗導出，這種半理論性之原理與方法仍不斷地隨著在理論與試驗兩方面之研究結果而作修訂。美國混凝土學會就是一個將各會員專家的研究成果撰寫成文的編輯機構，由該學會發行建築規範（building code）作為設計工作之依據，其最新版本為 1988 年之《鋼筋混凝土建築規範》（*Building Code Requirement for Reinforced Concrete,* ACI 318-88）。

ACI 規範為美國混凝土學會所訂設計標準之一種，其內容一部分為條款式之規範，詳細地提供合理的設計與施工方法，一部分為實務方

面的規範，提供一些必要之資料。依法採用之建築規範，其目的在於規定適當之安全條件，以防對人命造成損害。我國內政部公布之建築技術規則是我國法令之一，因此，鋼筋混凝土構造物之設計，除遵從力學原理外應嚴受建築技術規則之約束。

我國之建築技術規則之部分條文乃參酌 ACI 規範，並增減部分內容以符合當地之各種實際情況，訂有建築技術規則，在民國 63 年 2 月 15 日由內政部公布實施。有關建築構造之規範分為六章共 495 條。此外，中國土木水利工程學會混凝土工程研究會出版之規範：

  (a)《鋼筋混凝土建築設計規範》（土木 401-59）

  (b)《鋼筋混凝土建築施工規範》（土木 402-58）

3-8 計算內容

幾乎所有的鋼筋混凝土之計算問題，按其內容性質可分為兩大類，即分析題目 (analysis problem) 及設計題目 (design problem)。凡是題目中已知桿件斷面之尺寸、鋼筋量及材料之強度，而求解該桿件斷面所能擔負之強度，或已知載重下，求解作用於斷面之應力等皆屬於分析題目。若是已知作用於桿件之載重或彎矩及材料之強度，而求解桿件斷面之尺寸及鋼筋量等皆屬於設計題目，有時斷面之尺寸亦已知，而僅求解鋼筋量，此仍是設計題目。

分析題目和設計題目之計算公式及步驟頗有差異，因此解答題目之前，應先明察題目之性質。

3-9 設計手冊

本書之編寫並非為專應實際工作或設計上之使用，而是使讀者對鋼

筋混凝土之基本規定、觀念與原理之充分瞭解。一般在設計工作方面有許多種手冊可資利用，如 ACI 出版之《工作應力法鋼筋混凝土設計手冊》(*Reinforced Concrete Design Handbook*)、《強度設計法設計手冊》(*Strength Design Method, Design Handbook*)、《鋼筋混凝土結構標準實用手冊》(*Manual of Standard Practice for Detailing of Reinforced Concrete Structures*)、混凝土鋼鐵學會 (Concrete Reinforcing Steel Institute) 出版之《CRSI 設計手冊》等。這些書籍包含有許多的圖表，設計者不必經繁雜之計算過程，直接由手冊中之圖表查得所要之資料。

我國中國土木水利工程學會混凝土工程 研究會 出版之 設計手冊，(a)《鋼筋混凝土設計手冊，工作應力法》（土木 403-60），(b)《鋼筋混凝土設計手冊，強度設計法》（土木 404-64）兩冊專供設計工作之用。其他尚有幾册由日文書翻譯之手冊亦值得參考利用。

3-10　尺寸與公差

設計者對於尺寸、淨距及鋼筋位置等應求準確，以不超逾其容許公差為原則，該公差即為圖面尺寸的容許差異。

鋼筋混凝土桿件如梁、柱、牆等，其尺寸一般都以公分之偶數倍設計，至於薄版則可採用公分之整數倍，而較大體積的桿件，如基礎的平面尺寸等可依 8 公分的倍數調整。

梁、柱、版及牆之容許公差為＋1cm，及－0.5cm，混凝土基腳之平面尺寸的容許公差為＋5cm 及－1cm，厚度為－5％。桿件強度之減強因數 ϕ 即因考慮到數種公差可能同時存在，而對 強度發生 顯著之折減。

撓曲桿件、牆及壓力桿件內之鋼筋置放位置，其有效深度（自混凝

土壓力面至拉力鋼筋中心之距離）及淨保護層之容許公差如下：

有效深度 d （cm）	有效深度及保護層之公差 （cm）
d ＜20	0.6
20＜ d ＜60	1.0
d ＞60	1.3

但扣除公差後之保護層不得低於原定值之 1/3。

縱向鋼筋之端點及彎屈點之公差為±5cm，但桿件之不連續端點處公差則為±1cm。

3-11 計算精度及單位

鋼筋混凝土結構設計之計算不需很高的精確度，計算尺的精度已够實際需要。通常的失敗皆由於低估拉力，或對於結構物受載重下之性質缺乏瞭解，或計算者的錯誤所造成，而非由於計算過程中有效數字太少所致。爲了一致和便於覆查起見，所有之計算皆採用三位有效數字。

設計之計算過程中，常有多種單位同時使用，計算者往往不留意單位之變換，致所得之答案錯誤甚大，爲避免此由粗心大意造成之錯誤，並便於覆查起見，最好採用統一的單位，一般常用之單位如下：

類　　　別	公　制　單　位	英　制　單　位
斷面尺寸	公分，　cm	吋，　in
桿件長度	公尺，　m	呎，　ft(′)
斷面積	平方公分，cm²	平方吋，in²
單位體積重量	噸／立方公尺，t/m³	千磅／立方呎，kcf(k/ft²)
應　力	公斤／平方公分，kg/cm²	磅／平方吋，psi(#/in²)
單位面積載重	公斤／平方公尺，kg/m²	磅／平方呎，psf(#/ft²)
軸載重、總載重	噸，　t	千磅，k
均布載重	噸／公尺，t/m	千磅／呎，k/ft(ᵏ/′)
彎　矩	公尺—噸，m-t	呎—千磅，′-k

3-12 載　　重

　　鋼筋混凝土結構物所承受之載重有多種，但多半結構物至少承受靜載重和活載重兩種。

　　除非有指明之固定載重，一般靜載重乃指結構物之自重，鋼筋混凝土之單位體積重量爲 2,400 公斤／立方公尺，因此任一大小尺寸之桿件自重均可求得。如梁斷面之寬度爲 b cm，高度爲 h cm，則該梁每單位長度（m）之自重爲 $\dfrac{bh}{10,000}$ (2,400) 公斤。如樓版之厚度爲 t cm，則該版每單位面積（m²）之自重爲 $\dfrac{t}{100}$ (2,400) 公斤。

　　至於活載重應按規範之規定值或按實際載重情形而定，建築物構造之活載重，按建築技術規則第17條之規定如下：

樓 版 用 途 類 別	載重（kg/m²）
1. 住宅、旅館客房、病房。	200
2. 教室。	250
3. 辦公室、商店、餐廳、圖書閱覽室、醫院手術室及固定座位之集會堂、電影院、戲院、歌廳與演藝場等。	300
4. 博物館、健身房、保齡球館、太平間、市場及無固定座位之集會堂、電影院、戲院、歌廳與演藝場等。	400
5. 百貨商場、拍賣商場、舞廳、夜總會、運動場及看臺、操練場、工作場、車庫、臨街看臺、太平樓梯與公共走廊。	500
6. 倉庫、書庫。	600
7. 走廊、樓梯之活載重應與室載重相同，但供公眾使用人數眾多者如教室、集會堂等之公共走廊，樓梯每平方公尺不得少於 400 公斤。	
8. 屋頂陽臺之活載重得較室載重每平方公尺減少 50 公斤，但供公眾使用人數眾多者，每平方公尺不得少於 300 公斤。	

習　　題

1. 簡述工作應力設計法之設計理論。

2. 簡述強度設計法之設計理論。

3. 試述工作應力設計法之基本假設。

4. 試述強度設計法之基本假設。

5. 何謂超載因數？其使用目的何在？

6. 何謂減強因數？其使用目的何在？

7. 鋼筋混凝土結構設計，應符合那種規則？

8. 如何區別應力分析與斷面設計之題目？

9. 如何選取活載重之大小？

第 四 章
矩形梁之工作應力設計法

4-1 引 言

　　承受彎曲力矩 (bending moment) 作用之撓曲桿件，一般稱爲梁 (beam)，梁在鋼筋混凝土構造物中可說是基本而主要之桿件，尤其在鋼筋混凝土建築物中，是爲構架 (frame) 之主要桿件之一。 依據梁之基本原理及公式亦可應用於解其他桿件之問題，如版、柱及基腳等，因此讀者首先必須充分瞭解梁之性質。

　　有關梁之計算諸問題可分爲兩大類，卽斷面應力分析及斷面設計，本章之主要內容乃針對這兩大問題分別予以詳盡之說明。又按梁斷面之配筋而分，則有單鋼筋斷面及複鋼筋斷面兩種。因此本章之內容歸納爲四大部分，卽是單鋼筋斷面之應力分析、單鋼筋斷面之設計、複鋼筋斷面之應力分析及複鋼筋斷面之設計。讀者欲得事半功倍，則要有系統的徹底瞭解上述之四大部分。

4-2 梁之種類

　　說明梁之種類須由斷面形狀、 斷面配筋及端支承等 情形 而予以分類。

　　1. 依斷面形狀及配筋而分

(a) 單鋼筋矩形梁 (singly reinforced rectangular section): 斷面爲矩形，斷面內僅配置有抗拉鋼筋者，如圖 4-2-1(a)。

(b) 複鋼筋矩形梁(doubly reinforced rectangular section): 斷面爲矩形，斷面內不僅配置有抗拉鋼筋，且於抗壓面內配置有抗壓鋼筋者，如圖 4-2-1(b)。

(c) 單鋼筋丁形梁 (singly reinforced T-section): 斷面如英文字母之 T 形，斷面內僅配置有抗拉鋼筋者，如圖 4-2-1(c)。

(d) 複鋼筋丁形梁 (doubly reinforced T-section): 斷面爲 T 形，斷面內不僅配置有抗拉鋼筋，且於抗壓面內配置有抗壓鋼筋者，如圖 4-2-1(d)。

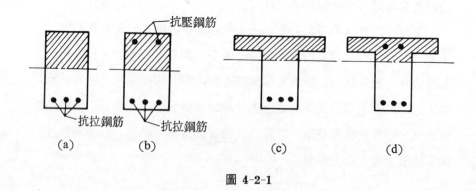

圖 4-2-1

2. 依端支承情況而分

(a) 簡單支承梁 (simply supported beam，又稱簡支梁): 如圖 4-2-2，梁之兩端有二個支點，且梁在支點上可自由滑動或彎曲者。

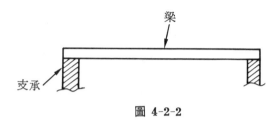

圖 4-2-2

(b) 懸臂梁 (cantilever beam)：如圖 **4-2-3**，梁之一端為固定端 (fixed end)，另一端為自由端 (free end) 者。

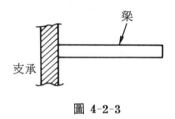

圖 4-2-3

(c) 外伸梁 (overhanging beam)：如圖 **4-2-4**，梁之一端或兩端伸出支點而成懸臂者。

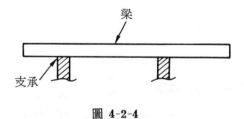

圖 4-2-4

(d) 連續梁 (continuous beam)：如圖 **4-2-5**，梁由三個以上之支承而構成兩個以上之跨徑者。

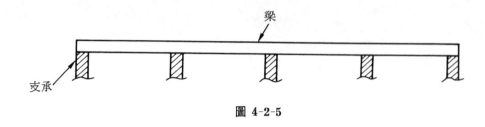

圖 4-2-5

4-3 符 號

梁斷面之應力分析或設計計算式所用之符號如下:

b ── 矩形梁之寬度。

d ── 矩形梁之有效深度 (effective depth), 自梁抗壓面外緣至抗拉鋼筋中心之距離。

h ── 矩形梁之總高度。

f'_c ── 混凝土 28 天之抗壓強度。

f_c ── 混凝土之壓應力。

f_s ── 鋼筋之拉應力。

ϵ_c ── 混凝土之應變。

ϵ_s ── 鋼筋之應變。

E_c ── 混凝土之彈性模數, f_c/ϵ_c。

E_s ── 鋼筋之彈性模數, f_s/ϵ_s。

n ── 鋼筋與混凝土之彈性模數比 (modular ratio), E_s/E_c。

n·a ── 中立軸 (neutral axis), 通過斷面重心之軸, 該軸上之應力與應變均為零。

C ── 梁斷面內抗壓面積之總壓力。

T——梁斷面內抗拉鋼筋之總拉力。

M——梁所受之彎曲力矩 (bending moment)。

M_c——由混凝土抗壓面積計算而得之抵抗力矩 (resisting moment)。

M_s——由鋼筋抗拉力計算而得之抵抗力矩。

k ——設計常數(design constant)，中立軸至抗壓面外緣之距離與有效深度之比值。

kd——理想斷面中立軸之位置，即中立軸至抗壓面外緣之距離。

j ——設計常數，抵抗力矩之力臂與有效深度之比值。

jd——理想斷面抵抗力矩之力臂。

A_s——抗拉鋼筋之總斷面積。

A_s'——抗壓鋼筋之總斷面積。

ρ ——鋼筋比 (steel ratio)、鋼筋面積與梁之有效面積之比，A_s/bd。

4-4 中立軸

通過梁斷面之應力或應變等於零之軸稱爲中立軸，中立軸把斷面分成兩部分，假若梁向下彎曲時，中立軸上方部分爲受壓面積，所生壓應力由混凝土及抗壓鋼筋擔負，下方則爲受拉部分，所生拉應力完全由抗拉鋼筋擔負。如圖 4-4-1 所示。

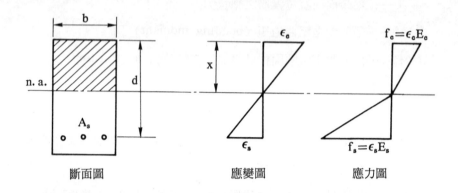

圖 4-4-1

　　鋼筋混凝土梁係為兩種不同性質之材料所構成 之不均質 梁 （non-homogeneous section)，故斷面之中立軸並不通過其重心，每作梁斷面應力分析計算時，首先應求出斷面中立軸之位置，其解法有下列兩種方法。

　　1. 依據應變圖及虎克氏定律 (Hooke's law)

由應變圖　$\dfrac{\epsilon_c}{\epsilon_s} = \dfrac{x}{d-x}$

據虎克氏定律　$\epsilon_c = \dfrac{f_c}{E_c}, \qquad \epsilon_s = \dfrac{f_s}{E_s}$

$$\therefore \quad \frac{f_c}{f_s} = \frac{E_c x}{E_s(d-x)} \text{————(1)}$$

因　$C = \dfrac{1}{2}f_c bx, \quad T = A_s f_s$

又　$C = T$

$$\therefore \quad \frac{f_c}{f_s} = \frac{2A_s}{bx} \text{————(2)}$$

(1) 式＝(2) 式 　　　$\dfrac{E_c x}{E_s(d-x)} = \dfrac{2A_s}{bx}$

$$\dfrac{x}{n(d-x)} = \dfrac{2A_s}{bx}$$

或 　　$\dfrac{bx^2}{2} = nA_s(d-x)$

由上式之二次方程式解出 x，則得知中立軸之位置。

2. 依據變形截面法 (transformed section method)

將不同質之鋼筋混凝土梁斷面，使用等量混凝土 (equivalent concrete) 取代鋼筋，則斷面變換為全混凝土之均質梁 (homogeneous section)，其中立軸必經斷面重心。如圖 4-4-2 所示。

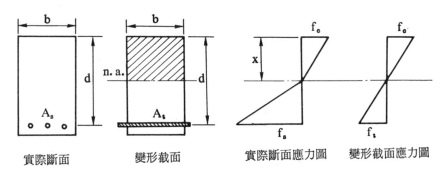

實際斷面　　　變形截面　　　實際斷面應力圖　　變形截面應力圖

圖 4-4-2

A_s——實際斷面之鋼筋面積。

A_t——變形截面之等量混凝土面積。

f_s——實際斷面之鋼筋應力。

f_t——變形截面之等量混凝土應力。

兩種不同斷面必須滿足兩個基本條件，第一個基本條件為兩種斷面之總拉力必須相等，第二個基本條件為兩種斷面之單位變形必須相同。

$$總拉力 \quad A_s f_s = A_t f_t \quad 或 \quad \frac{f_s}{f_t} = \frac{A_t}{A_s}$$

$$單位變形 \quad \frac{f_s}{E_s} = \frac{f_t}{E_c} \quad 或 \quad \frac{f_s}{f_t} = \frac{E_s}{E_c} = n$$

$$\therefore \quad \frac{f_s}{f_t} = \frac{A_t}{A_s} = n$$

$$A_t = nA_s$$

$$f_t = \frac{f_s}{n}$$

由此可知，等量混凝土之面積爲實際鋼筋面積之 n 倍，又等量混凝土之應力爲實際鋼筋應力之 $\frac{1}{n}$ 倍。

通過變形截面之重心卽爲中立軸之位置，由變形截面圖，抗壓面積對於中立軸之力矩，等於等量混凝土面積對於中立軸之力矩。

$$卽 \quad \frac{bx^2}{2} = A_t (d - x)$$

$$或 \quad \frac{bx^2}{2} = nA_s (d - x)$$

由上式之二次方程式解出 x，則得知中立軸之位置。

例題 已知 b＝30cm，d＝60cm，$A_s = 4$-#10， n＝9，試求該斷面之中立軸位置。

解法 1.

依據斷面應變及虎克氏定律

$$\frac{x}{n(d - x)} = \frac{2A_s}{bx}$$

$$A_s = 4(8.14) = 32.56 cm^2$$

$$\frac{x}{9(60-x)}=\frac{2(32.56)}{30x}$$

$$30x^2+586.1x-35165=0$$

$$x=25.83cm$$

解法 2.

依據變形截面法

$$\frac{bx^2}{2}=nA_s(d-x)$$

$$\frac{30x^2}{2}=9(32.56)(60-x)$$

$$30x^2+586.1x-35165=0$$

$$x=25.83cm$$

除上述之兩種計算方法之外，尚有查表法得中立軸之位置，查表法之步驟，參照圖 4-4-3:

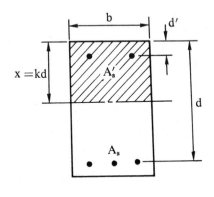

圖 4-4-3

(1) 計算　$m=n\rho+\rho'(2n-1)$

式中　$\rho=\dfrac{A_s}{bd}$，　$\rho'=\dfrac{A_s'}{bd}$

表 4-4-1　矩形斷面之係數 k （分析用）

$$k = \sqrt{m^2 + 2q} - m$$

步驟: 計算 m 及 q，選 k 值

公式內　$m = n\rho + \rho'(2n - 1)$

$\qquad q = n\rho + \rho'(2n - 1)\dfrac{d'}{d}$

m	.03	.04	.05	.06	.07	.08	.09	.10	.11	.12	.13	.14	.15	.16	.17	.18	.19	.20	.21	.22	.23
																		q			
.06	.192	.229	.262	.292																	
.07	.185	.221	.254	.283	.311																
.08	.178	.214	.246	.276	.303	.328															
.09	.171	.207	.239	.268	.295	.320	.344														
.10	.165	.200	.232	.261	.287	.312	.336	.358													
.11	.159	.193	.225	.253	.280	.305	.328	.351	.372												
.12	.153	.187	.218	.247	.273	.298	.321	.343	.364	.384											
.13	.147	.181	.212	.240	.266	.291	.314	.336	.357	.377	.396										
.14	.142	.176	.206	.234	.260	.284	.307	.329	.349	.370	.389	.407									
.15	.137	.170	.200	.227	.253	.277	.300	.322	.342	.362	.382	.400	.418								
.16	.133	.165	.194	.222	.247	.271	.293	.315	.336	.355	.374	.393	.411	.428							
.17	.128	.160	.189	.216	.241	.265	.287	.308	.329	.349	.367	.386	.404	.421	.437						
.18	.124	.155	.184	.210	.235	.259	.281	.302	.322	.342	.361	.379	.397	.414	.430	.446					
.19	.120	.151	.179	.205	.230	.253	.275	.296	.316	.335	.354	.372	.390	.407	.423	.439	.455				
.20	.116	.146	.174	.200	.224	.247	.269	.290	.310	.329	.348	.366	.383	.400	.416	.432	.448	.463			
.21	.113	.142	.170	.195	.219	.242	.263	.284	.304	.323	.341	.359	.377	.393	.410	.426	.441	.456	.471		
.22	.109	.138	.165	.190	.214	.237	.258	.278	.298	.317	.335	.353	.370	.387	.403	.419	.435	.450	.464	.479	
.23	.106	.135	.161	.186	.209	.231	.253	.273	.292	.311	.329	.347	.364	.381	.397	.413	.428	.443	.458	.472	.486
.24	.103	.131	.157	.181	.205	.226	.247	.268	.287	.306	.324	.341	.358	.374	.391	.406	.422	.436	.451	.465	.479
.26	.097	.124	.149	.173	.196	.217	.238	.257	.276	.295	.312	.330	.346	.363	.378	.394	.409	.424	.438	.452	.466
.28	.092	.118	.142	.165	.187	.208	.228	.248	.266	.284	.302	.319	.335	.351	.367	.382	.397	.412	.426	.440	.454
.30	.087	.112	.136	.158	.180	.200	.220	.239	.257	.274	.292	.308	.325	.340	.356	.371	.386	.400	.414	.428	.442
.32	.083	.107	.130	.152	.172	.192	.211	.230	.248	.265	.282	.298	.314	.330	.345	.360	.375	.389	.403	.416	.430
.34	.079	.102	.124	.145	.166	.185	.204	.222	.239	.256	.273	.289	.305	.320	.335	.350	.364	.378	.392	.405	.419
.36	.075	.098	.119	.140	.159	.178	.196	.214	.231	.248	.264	.280	.295	.311	.325	.340	.354	.368	.381	.395	.408
.38	.072	.094	.114	.134	.153	.172	.190	.207	.224	.240	.256	.271	.287	.301	.316	.330	.344	.358	.371	.384	.397
.42	.066	.086	.106	.124	.142	.160	.177	.194	.210	.225	.241	.256	.270	.285	.299	.312	.326	.339	.352	.365	.378
.46	.061	.080	.098	.116	.133	.150	.166	.182	.197	.212	.227	.241	.255	.269	.283	.296	.309	.322	.335	.347	.360
.50	.057	.074	.092	.108	.125	.140	.156	.171	.186	.200	.214	.228	.242	.255	.268	.281	.294	.306	.319	.331	.343
.54	.053	.070	.086	.102	.117	.132	.147	.161	.175	.189	.203	.216	.229	.242	.255	.267	.280	.292	.304	.315	.327
.58	.050	.065	.081	.096	.110	.125	.139	.152	.166	.179	.192	.205	.218	.230	.242	.255	.266	.278	.290	.301	.312
.62	.047	.061	.076	.090	.104	.118	.131	.144	.157	.170	.183	.195	.207	.219	.231	.243	.254	.266	.277	.288	.299
.66	.044	.058	.072	.085	.099	.112	.125	.137	.150	.162	.174	.186	.198	.209	.221	.232	.243	.254	.265	.276	.286
.70	.042	.055	.068	.081	.094	.106	.119	.131	.143	.154	.166	.178	.189	.200	.211	.222	.233	.243	.254	.264	.275
.74	.039	.052	.065	.077	.089	.101	.113	.125	.136	.147	.159	.170	.181	.191	.202	.213	.223	.233	.244	.254	.264

m	.24	.26	.28	.30	.32	.34	.36	.38	.40	.42	.44	.46	.48	.50	.52	.54	.56	.58	.60	.62	.64
											q										
.24	.493																				
.26	.480	.507																			
.28	.467	.494	.519																		
.30	.455	.481	.506	.531																	
.32	.443	.469	.494	.518	.542																
.34	.432	.457	.482	.506	.529	.552															
.36	.421	.446	.470	.494	.517	.540	.562														
.38	.410	.435	.459	.483	.506	.528	.550	.571													
.42	.390	.415	.438	.461	.484	.505	.527	.548	.568	.588											
.46	.372	.395	.418	.441	.463	.484	.505	.526	.546	.565	.585	.604									
.50	.354	.378	.400	.422	.443	.464	.485	.505	.525	.544	.563	.582	.600	.618							
.54	.338	.361	.383	.404	.425	.446	.466	.485	.505	.524	.542	.561	.579	.596	.614	.631					
.58	.324	.345	.367	.388	.408	.428	.448	.467	.486	.505	.523	.541	.559	.576	.593	.610	.627	.643			
.62	.310	.331	.352	.372	.392	.412	.431	.450	.468	.487	.504	.522	.539	.557	.573	.590	.607	.623	.639	.655	
.66	.297	.318	.338	.358	.377	.396	.415	.433	.452	.469	.487	.504	.521	.538	.555	.571	.587	.603	.619	.634	.650
.70	.285	.305	.325	.344	.363	.382	.400	.418	.436	.453	.470	.487	.504	.521	.537	.553	.569	.585	.600	.615	.630
.74	.274	.293	.312	.331	.350	.368	.386	.404	.421	.438	.455	.471	.488	.504	.520	.536	.551	.567	.582	.597	.612

若單鋼筋矩形梁，$\rho' = 0$，m＝np

(2) 計算　$\rho = n\rho + \rho'(2n-1)\dfrac{d'}{d}$

若單鋼筋矩形梁，　$\rho' = 0$，q＝nρ

(3) 由 m 及 q 查**表 4-4-1** 得 k 值

$$k = \sqrt{m^2 + 2q} - m$$

(4) 中立軸之位置 x＝kd

解法 3.

依據查表法

$\rho = \dfrac{A_s}{bd} = \dfrac{32.56}{30(60)} = 0.0181$

$\rho' = \dfrac{A_s'}{bd} = 0$

m＝nρ＝9(0.0181)＝0.1629

q＝nρ＝0.1629

$k = \sqrt{m^2 + 2q} - m = \sqrt{(0.1629)^2 - 2(0.1629)} - 0.1629$

　＝0.4307

x＝kd＝0.4307(60)＝25.84 cm

4-5　平衡條件

當梁承受彎矩時，中立軸把斷面劃分為抗壓及抗拉兩部分。由平衡條件得知，梁斷面內之總壓力等於總拉力，又作用於梁斷面之彎曲力矩等於斷面內之抵抗力矩，如**圖 4-5-1** 所示。

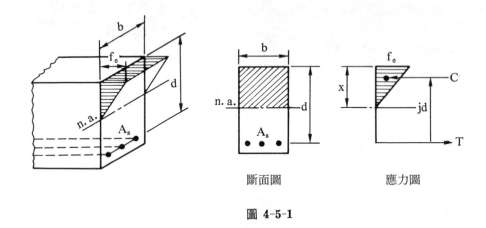

斷面圖 應力圖

圖 4-5-1

(a) 混凝土之總壓力＝鋼筋之總拉力

$$C = T$$

$$C = \frac{1}{2}f_c x b, \qquad T = A_s f_s$$

(b) 作用於斷面之彎曲力矩＝斷面之抵抗力矩

$$M = M_c \ \text{或} \ M_T$$

$$M = C \cdot jd \ \text{或} \ T \cdot jd$$

當梁不承受任何載重時，斷面內 C 和 T 均為零，C 和 T 之大小取決於載重。已知梁斷面所能承受之最大載重，不得使混凝土應力超過容許應力，亦不得使鋼筋應力超過容許應力。

4-6 單鋼筋矩形梁之斷面應力分析

梁斷面之應力分析問題，若按其問題形式大致可分為兩類，第一類為已知斷面尺寸、鋼筋量及材料強度，而求解該斷面所能負荷之最大安

全強度。 第二類爲已知斷面尺寸、 鋼筋量及材料強度， 而求解該斷面在某載重作用下斷面所生之應力。由應力圖及平衡條件可解應力分析問題。

第一類問題之計算步驟： b ， d ， A_s, f'_c 及 f_s 皆爲已知。

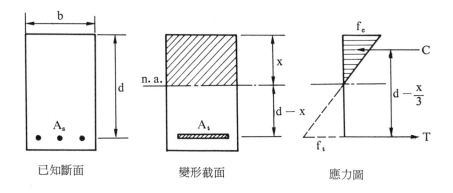

已知斷面　　　　　變形截面　　　　　應力圖

（1）據變形截面法求解中立軸之位置。

$$\frac{bx^2}{2} = nA_s(d - x)$$

（2）判斷已知斷面是由混凝土或由鋼筋所控制， 其方法有二：

方法一，分別求解混凝土及鋼筋所能負荷之最大強度，

$$C = \frac{1}{2}f_c xb \qquad 式中之 \quad f_c = 0.45f'_c$$

$$T = A_s f_s$$

若　 C＞T， 斷面由鋼筋所控制，

T＞C， 斷面由混凝土所控制。

方法二，先令 $f_c = 0.45f'_c$， 由應力圖求解 f_t，

$$f_t = \frac{d - x}{x} \cdot f_c$$

若　$f_t < f_s/n$，則斷面由混凝土所控制，

$$C = \frac{1}{2}f_c x b$$

若　$f_t > f_s/n$，則斷面由鋼筋所控制。

$$T = A_s f_s$$

(3) 斷面所能負荷之最大安全力矩，

若斷面由鋼筋控制，　$M = T\left(d - \frac{x}{3}\right)$

若斷面由混凝土控制，$M = C\left(d - \frac{x}{3}\right)$

第二類問題之計算步驟：　b，d，A_s, f'_c，f_s 及彎曲力矩皆爲已知。

(1) 據變形截面法求解中立軸之位置。

$$\frac{bx^2}{2} = nA_s(d - x)$$

(2) 求解彎曲力矩作用之下，對於混凝土所生之應力，

因　$M = C\left(d - \frac{x}{3}\right) = \frac{1}{2}f_c x b\left(d - \frac{x}{3}\right)$

$\therefore$　$f_c = \dfrac{2M}{xb\left(d - \frac{x}{3}\right)}$，但 f_c 不得大於 $0.45f'_c$

(3) 求解彎曲力矩作用之下，對於鋼筋所生之應力，

因　$M = T\left(d - \frac{x}{3}\right) = A_s f_s\left(d - \frac{x}{3}\right)$

$\therefore$　$f_s = \dfrac{M}{A_s\left(d - \frac{x}{3}\right)}$，但 f_s 不得大於已知之 f_s

例題 1　已知 b＝30cm，d＝52cm，A_s＝3-#7，f'_c＝210kg/cm²，

f_s＝1,400kg/cm²，試求該斷面所能負荷之最大安全彎矩。

解

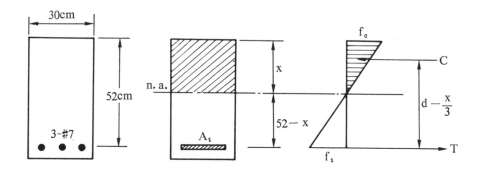

因　f'_c＝210kg/cm²，n＝9

A_t＝nA_s＝9（3×3.87）＝104.5cm²

(1) 中立軸之位置，

$$\frac{30x^2}{2}＝104.5(52-x)$$

$$30x^2＋209x－10,867＝0$$

$$x＝15.87cm$$

(2) 混凝土及鋼筋所能負荷之最大強度，

按規範，容許 f_c＝0.45f'_c＝0.45(210)＝94.5kg/cm²

$$C＝\frac{1}{2}(94.5)(15.87)(30)/1,000＝22.5t$$

$$T＝(3×3.87)(1,400)/1,000＝16.3t$$

(3) 斷面所能負荷之最大安全彎矩，

因　C＞T，斷面由鋼筋控制

$$M = T\left(d - \frac{x}{3}\right) = 16.\,3\left(52 - \frac{15.\,87}{3}\right)/100 = 7.\,61\text{m-t}$$

例題 2　已知 b $=30$cm, d $=52$cm, $A_s = 4$ -#9, $f'_c = 210$kg/cm²,

$f_s = 1,\,400$kg/cm², 作用於該斷面之彎曲力矩M $=13.\,5$m-t,

試求該斷面之混凝土及鋼筋所生之應力。

解

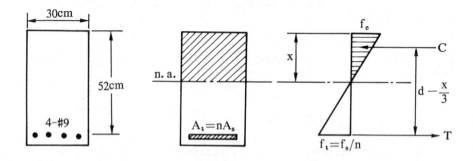

因　$f'_c = 210$kg/cm², n $= 9$

$A_t = 9\,(\,4 \times 6.\,47) = 232.\,9$cm²

(1) 中立軸之位置,

$$\frac{30x^2}{2} = 232.\,9(52 - x\,)$$

$$30x^2 + 465.\,8x - 24,\,221.\,6 = 0$$

$$x = 21.\,69\text{cm}$$

(2) 彎曲力矩作用下之混凝土應力,

$$f_c = \frac{2M}{xb\left(d - \dfrac{x}{3}\right)}$$

$$= \frac{2\,(13.\,5\times100,\,000)}{21.\,69\,(30)\left(52-\dfrac{21.\,69}{3}\right)}$$

$$=92.\,68\text{kg/cm}^2<0.\,45\text{f}'_c \quad 可$$

(3) 彎曲力矩作用下之鋼筋應力,

$$f_s = \frac{M}{A_s\left(d-\dfrac{x}{3}\right)}$$

$$= \frac{13.\,5(100,\,000)}{25.\,88\left(52-\dfrac{21.\,69}{3}\right)}$$

$$=1,\,165\text{kg/cm}^2<1,\,400\text{kg/cm}^2 \quad 可$$

該斷面在彎曲力矩 M=13.5m-t 作用下, 混凝土及鋼筋所生之實際應力均小於容許應力, 卽表示斷面安全。

4-7 鋼筋不足,理想和鋼筋過量之斷面

任意之鋼筋混凝土梁斷面, 按斷面尺寸與鋼筋量之配合恰當與否, 構成三種情況之斷面, 卽爲鋼筋不足之斷面(underreinforced section), 理想之斷面 (ideally reinforced section) 和鋼筋過量之斷面(overreinforced section)。

1. 鋼筋不足之斷面

斷面尺寸稍大, 而鋼筋量少, 則該斷面在某載重作用下, 鋼筋應力先到達容許應力,卽斷面之強度由鋼筋所控制者,是爲鋼筋不足之斷面。

即 $\begin{cases} 實際 \ f_c < 容許 \ f_c \\ 實際 \ f_s = 容許 \ f_s \end{cases}$ 或 $\begin{array}{l} 實際\ f_c \ \ \ 容許\ f_c \\ \overline{實際\ f_s} < \overline{容許\ f_s} \end{array}$

2. 理想之斷面

　　斷面尺寸與鋼筋量之配合恰當，則該斷面在某載重作用下，混凝土應力與鋼筋應力同時到達容許應力，卽斷面之強度由混凝土或由鋼筋均可決定者，是爲理想之斷面。

$$卽 \begin{cases} 實際\ f_c=容許\ f_c \\ 實際\ f_s=容許\ f_s \end{cases} 或 \quad \frac{實際\ f_c}{實際\ f_s}=\frac{容許\ f_c}{容許\ f_s}$$

　　3. 鋼筋過量之斷面

　　斷面尺寸稍小，而鋼筋量多，則該斷面在某載重作用下，混凝土應力先到達容許應力，卽斷面之強度由混凝土所控制者，是爲鋼筋過量之斷面。

$$卽 \begin{cases} 實際\ f_c=容許\ f_c \\ 實際\ f_s<容許\ f_s \end{cases} 或 \quad \frac{實際\ f_c}{實際\ f_s}>\frac{容許\ f_c}{容許\ f_s}$$

例題 1　已知 $b=30cm$, $d=52cm$, $A_s= 3 - \#7$, $f_c'=210kg/cm^2$,

　　　　　$f_s=1,400kg/cm^2$，試求該斷面所能負荷之最大安全彎矩。

解

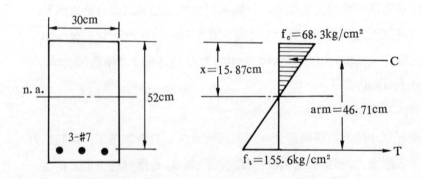

$$f_c'=210kg/cm^2, \quad n=9$$

$$容許\ f_c=0.45f_c'=0.45(210)=94.5kg/cm^2$$

容許 $f_s=1,400kg/cm^2$ 或容許 $f_t=\dfrac{f_s}{n}=\dfrac{1,400}{9}=155.6kg/cm^2$

3 -#7 之 $A_s=3(3.87)=11.61cm^2$

$$\frac{bx^2}{2}=nA_s(d-x)$$

$$\frac{30x^2}{2}=9(11.61)(52-x)$$

$$30x^2+209x-10,867=0$$

$$x=15.87cm$$

先令 $f_c=94.5kg/cm^2$

由應力圖，$f_t=\dfrac{d-x}{x}\cdot f_c$

$$=\frac{52-15.87}{15.87}(94.5)$$

$$=215.1kg/cm^2>容許\ f_t\quad 不可$$

反之，令 $f_t=155.6kg/cm^2$

由應力圖，$f_c=\dfrac{x}{d-x}\cdot f_t$

$$=\frac{15.87}{52-15.87}(155.6)$$

$$=68.3kg/cm^2<容許\ f_c\quad 可$$

即該斷面在最大彎矩作用下允許產生之 $f_c=68.3kg/cm^2$，$f_t=155.6kg/cm^2$，亦就是實際 $f_c<$容許 f_c，但實際 $f_s=$容許 f_s，斷面由鋼筋所控制，是爲鋼筋不足之斷面。

$$C=\frac{1}{2}f_c xb=\frac{1}{2}(68.3)(15.87)(30)/1,000=16.3t$$

或　$T=A_s f_s=A_s(nf_t)=11.61(9)(155.6)/1,000=16.3t$（核算）

最大安全彎矩 $M=C(arm)=C\left(d-\dfrac{x}{3}\right)$

$$=16.3(46.71)/100=7.61m\text{-}t$$

例題 2　已知 b＝30cm，　d＝52cm，　A_s＝ 3 -#9，　f'_c＝210kg/cm²，

f_s＝1,400kg/cm²，試求該斷面所能負荷之最大安全彎矩。

解

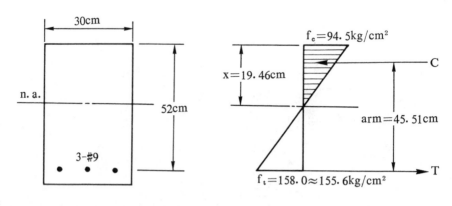

$$f'_c＝210kg/cm²,　n＝9$$

容許 f_c＝0.45f'_c＝94.5kg/cm²

容許 f_s＝1,400kg/cm² 或容許　f_t＝$\dfrac{f_s}{n}$＝155.6kg/cm²

3 -#9 之 A_s＝ 3 (6.47)＝19.41cm³

$$\dfrac{30x^2}{2}＝9(19.41)(52-x)$$

$$30x^2＋349.4x－18,167.7＝0$$

$$x＝19.46cm$$

先令 f_c＝94.5kg/cm²

由應力圖，$f_t＝\dfrac{d-x}{x}\cdot f_c$

$$＝\dfrac{52-19.46}{19.46}(94.5)＝158.0kg/cm²≈容許 f_t$$

卽該斷面在最大彎矩作用下允許產生之 f_c＝94.5kg／cm²，　f_t＝

155.6kg/cm^2 ，亦就是實際 f_c＝容許 f_c，同時實際 f_s＝容許 f_s，該斷面是爲理想之斷面。

$$C = \frac{1}{2}(94.5)(19.46)(30)/1,000 = 27.6\text{t}$$

或 $T = 19.41(9)(155.6)/1,000 = 27.2\text{t}$ （核算）

最大安全彎矩 $M = 27.2(45.51)/100 = 12.4\text{m-t}$

例題 3 已知 $b=30\text{cm}$, $d=52\text{cm}$, $A_s= 3-\#10$, $f'_c=210\text{kg/cm}^2$, $f_s=1,400\text{kg/cm}^2$，試求該斷面所能負荷之最大安全彎矩。

解

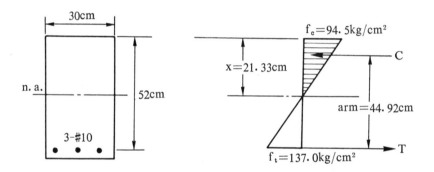

$f'_c=210\text{kg/cm}^2$, $n = 9$

容許 $f_c=0.45f'_c=94.5\text{kg/cm}^2$

容許 $f_s=1,400\text{kg/cm}^2$ 或容許 $f_t=\dfrac{f_s}{n}=155.6\text{kg/cm}^2$

$3-\#10$ 之 $A_s= 3(8.14)=24.42\text{cm}^2$

$$\frac{30x^2}{2} = 9(24.42)(52-x)$$

$$30x^2+439.7x-22,857.1= 0$$

$$x = 21.23 \text{cm}$$

先令 $f_c = 94.5 \text{kg/cm}^2$

由應力圖, $f_t = \dfrac{d-x}{x} \cdot f_c$

$$= \frac{52-21.23}{21.23}(94.5)$$

$$= 137.0 \text{kg/cm}^2 < \text{容許 } f_t \text{ 可}$$

卽該斷面在最大彎矩作用下允許產生之 $f_c = 94.5 \text{ kg/cm}^2$, $f_t = 137.0 \text{kg/cm}^2$, 亦就是實際 $f_c = $ 容許 f_c, 實際 $f_s < $ 容許 f_s, 斷面由混凝土所控制, 是爲鋼筋過量之斷面。

$$C = \frac{1}{2}(94.5)(21.23)(30)/1,000 = 30.1 \text{t}$$

或 $\quad T = 24.42(9)(137.0)/1,000 = 30.1 \text{t}$ (核算)

最大安全彎矩 $M = 30.1(44.92)/100 = 13.5 \text{m-t}$

4-8 單鋼筋矩形梁之斷面設計

梁斷面之設計問題, 乃已知載重大小或彎矩大小, 及材料之強度, 而設計斷面尺寸及鋼筋量。 由此設計計算而 得之斷面必爲一理想 斷面 (ideally reinforced section), 按理想斷面之條件, 當最大彎矩作用於斷面時, 實際 $f_c = $ 容許 f_c, 同時實際 $f_s = $ 容許 f_s。

實際上, 欲得眞正之理想鋼筋混凝土斷面較不易, 因斷面寬度和高度各值在習慣上均採用公分之整數, 並且斷面內之鋼筋係由標稱尺寸之鋼筋配置, 因此實際採用之斷面與設計而得之理想斷面並不完全一致。

欲得理想斷面之設計方法如下, 圖 **4-8-1** 爲理想斷面及其應力圖, 令中立軸之位置 $\quad x = kd, \quad k = \dfrac{x}{d}$

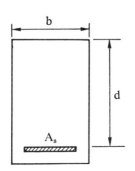 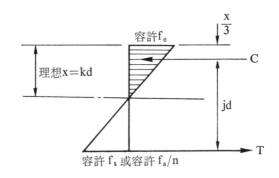

圖 4-8-1

由應力圖，　$\dfrac{x}{d} = \dfrac{容許\ f_c}{容許\ f_c + 容許\ f_s/n}$

$$\therefore\quad k = \dfrac{容許\ f_c}{容許\ f_c + 容許\ f_s/n}$$

彎矩力臂　$jd = d - \dfrac{x}{3} = d - \dfrac{kd}{3}$

$$\therefore\quad j = 1 - \dfrac{k}{3}$$

令鋼筋比　$\rho = \dfrac{A_s}{bd},\quad A_s = \rho bd$

總壓力　$C = \dfrac{1}{2}(容許\ f_c)(kd)(b)$

總拉力　$T = A_s(容許\ f_s) = \rho bd(容許\ f_s)$

由平衡條件　$C = T$

$$\dfrac{1}{2}(容許\ f_c)(kd)(b) = \rho bd(容許\ f_s)$$

$$\therefore\quad \rho = \dfrac{k\,(容許\ f_c)}{2\,(容許\ f_s)}$$

外力作用之彎曲力矩＝斷面之抵抗力矩

$$M = C \cdot jd = \frac{1}{2}(\text{容許 } f_c)(kd)(b)(jd)$$

$$= \frac{1}{2}(\text{容許 } f_c)kjbd^2$$

令 $\qquad R = \frac{1}{2}(\text{容許 } f_c)kj$

則 $\qquad M = Rbd^2$

由上式 $bd^2 = \dfrac{M}{R}$ 可得斷面之尺寸， 矩形之形狀應使 $b = \frac{1}{2}d \sim \frac{2}{3}d$ 為佳。

同時 $\quad M = T \cdot jd = A_s(\text{容許 } f_s)jd$

$\therefore \quad A_s = \dfrac{M}{(\text{容許 } f_s)jd} \quad$ 或 $\quad A_s = \rho bd$

由上兩式可得斷面所需之鋼筋量。

上列之 k, j, ρ, R 四個符號稱為設計常數 (design constant)，在此特別強調這四個設計常數僅適用於理想斷面之設計，這些常數與斷面尺寸及鋼筋量毫無關係，而僅與材料強度有關，故在題目已知之條件下則可分別求得。

設計理想斷面之 b, d, A_s 各值，其計算步驟可歸納如下：

(1) 由已知 f_c 及 f_s，分別求得 k, j, ρ, R

(2) 由 $\dfrac{M}{R}$ 求得 bd^2

(3) b， d 值均為未知數，故先假設一 b 值，則 $d = \sqrt{\dfrac{M}{Rb}}$

假設之 b 值與求得之 d 值，以符合 $b = \frac{1}{2}d \sim \frac{2}{3}d$ 為宜，

(4) 當 b， d 值決定後，由 ρbd 求得 A_s， 或由 $\dfrac{M}{(\text{容許 } f_s)jd}$ 求得 A_s，兩種求得之 A_s 必定相同。

將較常用之理想斷面設計常數列出如**表 4-8-1**。

例題 1 已知彎曲力矩 $M=15m\text{-}t$，$f'_c=210kg/cm^2$，$f_s=1,410kg/$
cm^2，設計斷面之大小 b， d 及鋼筋量 A_s。

解

$$f'_c=210kg/cm^2，\quad n=9$$

容許 $f_c=0.45f'_c=0.45(210)=94.5kg/cm^2$

容許 $f_s=1,410kg/cm^2$

(1) 求解理想斷面之設計常數（或查表）

表 4-8-1

f'_c	f_c	n	k	j	ρ	R
			$f_s=1,410$	$a=0.0122$		
175	78.8	10	0.359	0.880	0.0100	12.45
210	94.5	9	0.376	0.875	0.0126	15.55
280	126.0	8	0.417	0.861	0.0186	22.62
350	157.5	7	0.439	0.854	0.0245	29.53
			$f_s=1,690$	$a=0.0149$		
175	78.8	10	0.318	0.894	0.0074	11.20
210	94.5	9	0.335	0.888	0.0094	14.06
280	126.0	8	0.374	0.875	0.0139	20.62
350	157.5	7	0.395	0.868	0.0184	27.00

備註: f'_c, f_c, f_s, R 之單位為 kg/cm^2，$f_c=0.45f'_c$

$a=\dfrac{f_s}{100,000}$ （j 之平均值），用於計算 $A_s=\dfrac{M}{ad}$

M 之單位為 m-t

$$k = \frac{94.5}{94.5 + 1,410/9} = 0.376$$

$$j = 1 - \frac{0.376}{3} = 0.875$$

$$\rho = \frac{0.376 \ (94.5)}{2 \ (1,400)} = 0.0126$$

$$R = \frac{1}{2}(94.5)(0.376)(0.875) = 15.55 \text{kg/cm}^2$$

(2) 求解斷面之大小

所需　$bd^2 = \frac{15(100,000)}{15.55} = 96,463 \text{cm}^3$

試設　$b = 32 \text{cm}$

則　　$d = \sqrt{\frac{96,463}{32}} = 54.9 \text{cm}$

於此 b 和 d 值符合 $b = \frac{1}{2} d \sim \frac{2}{3} d$

(3) 求解鋼筋量

所需　$A_s = 0.0126(32)(54.9) = 22.14 \text{cm}^2$

或　　$A_s = \frac{15(100,000)}{1,410(0.875)(54.9)} = 22.14 \text{cm}^2$

例題 2　已知簡支梁之跨徑 $l = 10\text{m}$，作用於梁上之均布靜載重 $w_D = 1.5\text{t/m}$（不包括梁自重），均布活載重 $w_L = 2.8\text{t/m}$ $f_c' = 280\text{kg/cm}^2$，$f_s = 1,690\text{kg/cm}^2$，設計斷面之大小 b，d 及鋼筋量 A_s。

解

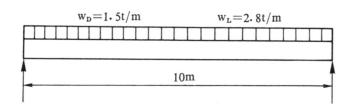

$$f'_c = 280 \text{kg/cm}^2, \quad n = 8$$

容許　$f_c = 0.45(280) = 126 \text{kg/cm}^2$

容許　$f_s = 1,690 \text{kg/cm}^2$

(1) 求解理想斷面之設計常數（或查表）

$$k = \frac{126}{126 + 1,690/8} = 0.374$$

$$j = 1 - \frac{0.374}{3} = 0.875$$

$$\rho = \frac{0.374(126)}{2(1,690)} = 0.0139$$

$$R = \frac{1}{2}(126)(0.374)(0.875) = 20.62 \text{kg/cm}^2$$

(2) 求解斷面之大小

梁承受之載重除已知之靜載重及活載重之外，尚包含梁本身之自重，於此梁斷面大小未知，無法計算正確之梁自重，故由載重大小及跨徑依經驗而取一假設值。

估計梁本身之自重爲 1.0t/m

作用於簡支梁中央之最大彎矩$M = \frac{1}{8} wl^2$

$$M = \frac{1}{8}(1.0 + 1.5 + 2.8)(10)^2 = 66.25 \text{m-t}$$

所需 $bd^2 = \dfrac{66.25(100,000)}{20.62} = 321,290cm^3$

選 取 b	30	38	46
需 要 d	104	92	84

上列三組矩形之尺寸，以 b＝46cm， d＝84cm 爲最佳

將梁之有效深度換算爲總深度而計算梁自重，以便核算梁自重是否與假設值符合。

本例題中， 作用之彎矩尙算很大， 故需要較多之鋼筋量，假設斷面內之鋼筋排列爲兩層，則梁斷面之總深度爲有效深度、淨保護層、鋼箍直徑、鋼筋直徑、兩層鋼筋淨間距一半之總和， 如圖 4-8-2,

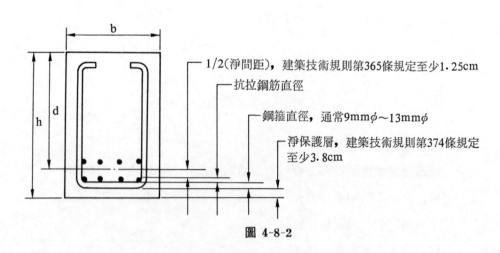

1/2(淨間距)，建築技術規則第365條規定至少1.25cm

抗拉鋼筋直徑

鋼箍直徑，通常9mmϕ～13mmϕ

淨保護層，建築技術規則第374條規定至少3.8cm

圖 4-8-2

假設梁底外緣至鋼筋之斷面重心距離爲 10cm,

故梁之總深度 h＝d＋10＝84＋10＝94cm

擬取梁斷面爲 46cm×94cm

(3) 核算梁自重

鋼筋混凝土之單位體積重量爲 2.4t/m³

故梁自重 $\dfrac{46(94)}{10,000}(2.4)=1.03$t/m，與假設值相近　可

決定採用梁斷面爲 46cm×94cm

(4) 求解鋼筋量

所需　$A_s=\dfrac{66.25(100,000)}{1,690(0.875)(84)}=53.33$cm²

採用 4-#9 和 4-#10 鋼筋並且排置成兩層，$A_s=58.44$cm 選擇鋼筋排置時，應考慮梁寬之尺寸，各種鋼筋組合所需要之最小梁寬參照表4-8-2，4-#10 所需要之最小梁寬爲 33cm。

(5) 檢核斷面

按慣例，通常設計完成後，乃需作斷面之應力分析計算以確實其安全性。

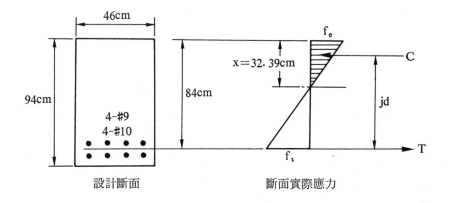

圖 4-8-3

表 4-8-2　多種鋼筋組合所需之最小梁寬

梁寬（cm）以使用 10mmφ 鋼筋爲準
擱柵梁寬按表值減 5cm

（圖示）40mm　梁　10mm；20mm　擱柵梁　3mm

c＝最小淨距不得小於鋼筋直徑或粗粒料最大尺寸之 $1\frac{1}{3}$ 倍，亦不得小於 2.5mm。

表中 | 0 | 5 | 欄內之數字爲一種鋼筋數量自 1 至 10 之組合。

表中 | 1 | 2 | 3 | 4 | 5 | 欄內之數字爲兩種鋼筋，數量自 1 至 5 之組合。

單一鋼筋（欄 0 5）

#	數量	#	0	5
3或4	1	3或4	—	30
	2		15	34
	3		19	38
	4		23	42
	5		27	45
5	1	5	—	32
	2		15	37
	3		20	41
	4		24	44
	5		28	48
6	1	6	—	34
	2		17	38
	3		20	43
	4		25	47
	5		29	51
7	1	7	—	36
	2		17	41
	3		22	46
	4		27	51
	5		32	55
8	1	8	—	38
	2		18	43
	3		23	48
	4		28	53
	5		33	58
9	1	9	—	42
	2		19	47
	3		24	53
	4		30	58
	5		36	65
10	1	10	—	46
	2		20	52
	3		27	58
	4		33	65
	5		39	71
11	1	11	—	50
	2		20	67
	3		28	64
	4		36	71
	5		42	79

兩種鋼筋組合（欄 1 2 3 4 5）

主鋼筋 5，配 #4

#	1	2	3	4	5
4 (1)	15	19	23	27	30
(2)	19	23	27	30	34
(3)	24	28	32	36	39
(4)	28	32	36	39	43
(5)	32	36	39	43	47

主鋼筋 6

配 #5：

#	1	2	3	4	5
5 (1)	17	20	24	28	33
(2)	20	24	29	33	37
(3)	25	29	33	37	42
(4)	29	33	38	42	46
(5)	34	38	42	46	51

配 #4：

#	1	2	3	4	5
4 (1)	15	19	23	27	30
(2)	20	24	28	32	36
(3)	24	28	32	36	39
(4)	29	33	37	41	44
(5)	33	37	41	44	48

主鋼筋 7

配 #6：

#	1	2	3	4	5
6 (1)	17	22	25	30	34
(2)	22	25	30	34	39
(3)	27	30	36	39	44
(4)	30	36	39	44	48
(5)	36	41	44	50	53

配 #5：

#	1	2	3	4	5
5 (1)	17	20	24	29	33
(2)	22	25	29	33	38
(3)	25	30	34	38	42
(4)	30	34	39	43	47
(5)	36	39	43	48	52

配 #4：

#	1	2	3	4	5
4 (1)	17	20	24	28	32
(2)	20	24	28	32	36
(3)	25	29	33	37	41
(4)	30	34	38	42	46
(5)	36	39	43	47	51

主鋼筋 8

配 #7：

#	1	2	3	4	5
7 (1)	18	22	27	32	37
(2)	23	27	32	36	42
(3)	28	32	37	42	47
(4)	33	37	42	47	52
(5)	38	42	47	52	57

配 #6：

#	1	2	3	4	5
6 (1)	17	22	25	30	34
(2)	22	27	30	36	39
(3)	27	30	36	41	44
(4)	32	37	41	46	50
(5)	37	42	46	51	55

配 #5：

#	1	2	3	4	5
5 (1)	17	20	24	29	33
(2)	22	25	29	34	38
(3)	27	30	34	39	43
(4)	32	36	39	41	48
(5)	37	41	44	50	53

主鋼筋 9

配 #8：

#	1	2	3	4	5
8 (1)	18	23	28	33	38
(2)	24	29	34	39	44
(3)	29	34	39	44	50
(4)	36	41	46	51	56
(5)	41	46	51	56	61

配 #7：

#	1	2	3	4	5
7 (1)	18	23	28	32	37
(2)	23	28	33	38	42
(3)	29	34	38	43	48
(4)	34	39	44	50	53
(5)	41	46	50	55	60

配 #6：

#	1	2	3	4	5
6 (1)	18	23	27	32	36
(2)	23	28	32	38	41
(3)	29	33	38	42	47
(4)	34	39	43	48	52
(5)	41	44	50	53	58

主鋼筋 10

配 #9：

#	1	2	3	4	5
9 (1)	19	25	30	37	42
(2)	25	32	37	43	48
(3)	32	38	43	50	55
(4)	38	44	50	56	61
(5)	44	51	56	62	67

配 #8：

#	1	2	3	4	5
8 (1)	19	24	29	34	39
(2)	25	30	35	41	46
(3)	32	37	42	47	52
(4)	38	43	48	53	58
(5)	44	50	55	60	65

配 #7：

#	1	2	3	4	5
7 (1)	19	24	28	33	38
(2)	25	29	34	39	44
(3)	32	36	41	44	50
(4)	38	42	47	52	57
(5)	44	48	53	58	64

主鋼筋 11

配 #10：

#	1	2	3	4	5
10 (1)	20	27	34	41	47
(2)	28	34	41	47	53
(3)	36	42	48	55	62
(4)	41	48	55	61	67
(5)	48	56	62	69	76

配 #9：

#	1	2	3	4	5
9 (1)	20	25	32	37	43
(2)	27	32	38	43	50
(3)	34	39	46	51	57
(4)	41	47	52	58	64
(5)	48	53	58	65	71

配 #8：

#	1	2	3	4	5
8 (1)	19	24	29	34	39
(2)	25	30	36	41	46
(3)	33	38	43	48	53
(4)	41	46	51	56	61
(5)	47	52	57	62	67

本設計例題，採用梁斷面尺寸及鋼筋量如圖 **4-8-3**，

$$\frac{46x^2}{2} = 8\,(58.44)(84 - x)$$

$$46x^2 + 935x - 78,543.3 = 0$$

$$x = 32.39\text{cm}$$

最大　$C = \frac{1}{2}(126)(32.39)(46)/1,000 = 93.87\text{t}$

最大　$T = 58.44(1,690)/1,000 = 98.76\text{t}$

故斷面所能抵抗之最大安全彎矩，

$$M = 93.87\left(84 - \frac{32.39}{3}\right)/100 = 68.72\text{m-t} > 66.25\text{m-t}\ \text{可}$$

4-9　複鋼筋矩形梁之斷面應力分析

　　複鋼筋梁之斷面應力分析比較單鋼筋梁之斷面應力分析複雜甚多，其原因乃於如何求解正確之中立軸位置。在應力分析計算之第一步驟是求解斷面中立軸之位置，一般以變形截面法求解中立軸之位置可謂最簡便的方法，但複鋼筋梁斷面之中立軸求解有兩種條件之限制。未確定抗壓鋼筋應力與鋼筋容許應力何者爲小之前，以變形截面法求解中立軸位置未必正確。

　　設 f_{c1} 爲抗壓鋼筋所在位置之混凝土應力，則 $2nf_{c1}$ 爲抗壓鋼筋之應力，當 $2nf_{c1} <$ 容許 f_s 時，可應用變形截面法求解中立軸之位置。若 $2nf_{c1} >$ 容許 f_s 時，則應用混凝土總壓力與抗壓鋼筋總壓力之和，等於抗拉鋼筋總拉力之條件求解中立軸之位置。

　　(1) 設 $2nf_{c1} <$ 容許 f_s，由變形截面法求解中立軸之位置。

由圖 **4-9-1** 之變形截面, $\dfrac{bx^2}{2}+(2n-1)A_s'(x-d')=nA_s(d-x)$

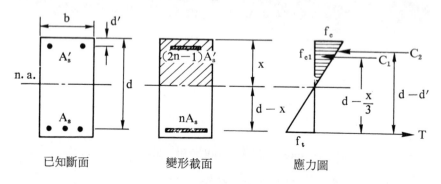

已知斷面　　　　變形截面　　　　應力圖

圖 **4-9-1**

解此方程式得中立軸之位置。

由圖 **4-9-1** 之應力圖求解 f_{c1}, 但必先確定斷面究竟由混凝土或由鋼筋所控制。

令　$f_s=$ 容許 f_s, 而求出 f_c, 若 $f_c<$ 容許 f_c

則　$f_{c1}=\dfrac{x-d'}{x}\cdot f_c$

若求得之 $f_c>$ 容許 f_c, 斷面是為鋼筋過量之斷面。

則　$f_{c1}=\dfrac{x-d'}{x}$ (容許 f_c)

當 f_{c1} 值決定之後, 比較 $2nf_{c1}$ 和容許 f_s 何者為小。

設 $2nf_{c1}<$ 容許 f_s, 則由變形截面法求解中立軸之 位置是為正確。

若 $2nf_{c1}>$ 容許 f_s, 則應由下列 (2) 項之方法求解中立軸之位置。

$$\left.\begin{array}{l} C_1=\dfrac{1}{2}f_c bx \\[3mm] C_2=(2n-1)A_s'f_{c1} \end{array}\right\} \quad C_1+C_2=C$$

$T=A_s f_s,$　檢核 $C=T$

已知複鋼筋斷面所能抵抗之彎矩

$$M = C_1\left(d - \frac{x}{3}\right) + C_2(d - d')$$

(2) 設 $2nf_{c1} >$ 容許 f_s，由 $C_1 + C_2 = T$ 求解中立軸之位置。

事實上，未求得中立軸位置之前，f_{c1} 為未知數，根本無法作 $2nf_{c1}$ 與容許 f_s 之比較，因此，無論 $2nf_{c1}$ 與容許 f_s 何者為小，皆先以變形截面法求解中立軸之位置，然後比較 $2nf_{c1}$ 與容許 f_s，確定應以何種方法求解中立軸之位置。

由平衡條件　$C_1 + C_2 = T$

$$\frac{1}{2}f_c bx + (f_s - f_{c1})A_s' = A_s f_s$$

上式中之　$f_c =$ 容許 f_c

C_2 項內之　$f_s =$ 容許 f_s，$f_{c1} = \dfrac{x - d'}{x}$(容許 f_c)

T 項內之　$f_s = n \cdot \dfrac{d - x}{x} \cdot$ (容許 f_c)

$$\therefore \quad \frac{1}{2}(容許\,f_c)bx + \left[容許\,f_s - \frac{x - d'}{x}(容許\,f_c)\right]A_s'$$

$$= A_s n \frac{d - x}{x}(容許\,f_c)$$

解此方程式得中立軸之位置，

$$\left.\begin{array}{l} C_1 = \dfrac{1}{2}(容許\,f_c)bx \\[2mm] C_2 = (容許\,f_s - f_{c1})\,A_s' \end{array}\right\} \quad C_1 + C_2 = C$$

$T = A_s f_s$，檢核 $C = T$

已知複鋼筋斷面所能抵抗之彎矩

$$M = C_1\left(d - \frac{x}{3}\right) + C_2(d - d')$$

例題 1　已知梁斷面之 $b=32\text{cm}$, $d=56\text{cm}$, $d'=6\text{cm}$, $A_s=7\text{-}\#9$,

$A'_s=4\text{-}\#7$, $f'_c=280\text{kg/cm}^2$, $f_s=1,400\text{kg/cm}^2$, 試求該斷面所

能負荷之彎矩。

解

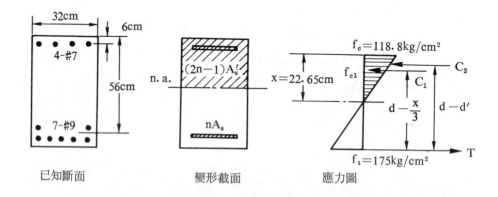

已知斷面　　　　　　　變形截面　　　　　　　應力圖

$$f'_c=280\text{kg/cm}^2, \quad n=8$$

容許　$f_c=0.45(280)=126\text{kg/cm}^2$

容許　$f_s=1,400\text{kg/cm}^2$, 容許　$f_t=\dfrac{1,400}{8}=175\text{kg/cm}^2$

抗拉鋼筋之等量混凝土面積:

$$nA_s=8\,(7\times6.47)=362.3\text{cm}^2$$

抗壓鋼筋之等量混凝土面積:

$$(2n-1\,)A'_s=15(\,4\times3.87)=232.2\text{cm}^2$$

假設　$2nf_{c1}<$容許 f_s, 由變形截面法求解中立軸之位置,

$$\frac{32x^2}{2}+232.2(\,x-6\,)=362.3(56-x\,)$$

$16x^2 + 594.5x - 21,682 = 0$

$x = 22.65cm$

令　$f_s = 1,400 kg/cm^2$,　$f_t = \dfrac{1,400}{8} = 175 kg/cm^2$

由應力圖，　$f_c = \dfrac{x}{d-x} \cdot f_t = \dfrac{22.65}{56-22.65}(175)$

$\qquad\qquad = 118.8 kg/cm^2 < 126 kg/cm^2$　可

$\therefore\quad f_{c1} = \dfrac{x-d'}{x} f_c = \dfrac{22.65-6}{22.65}(118.8) = 87.3 kg/cm^2$

$2nf_{c1} = 2(8)(87.3) = 1,396.8 kg/cm^2 < 1,400 kg/cm^2$　與假設

相符，故由變形截面法求得之　$x = 22.65cm$　視爲正確。

$C_1 = \dfrac{1}{2} f_c bx = \dfrac{1}{2}(118.8)(32)(22.65)/1,000 = 43.1t$

$C_2 = (2n-1)A'_s f_{c1} = 232.2(87.3)/1,000 = 20.3t$

總壓力　$C = 43.1 + 20.3 = 63.4t$

$T = A_s f_s = 45.29(1,400) = 63.4t$　$T = C$　可

$M = C_1\left(d - \dfrac{x}{3}\right) + C_2(d - d')$

$\qquad = \left[43.1\left(56 - \dfrac{22.65}{3}\right) + 20.3(56-6)\right]/100$

$\qquad = 31.03 m\text{-}t$

例題 2　已知梁斷面之　$b = 32cm$,　$d = 56cm$,　$d' = 6cm$,

$\qquad A_s = 7\text{-}\#9$,　$A'_s = 2\text{-}\#7$, $f'_c = 280 kg/cm^2$,　$f_s = 1,400 kg/cm^2$,

$\qquad$試求該斷面所能負荷之彎矩。

解

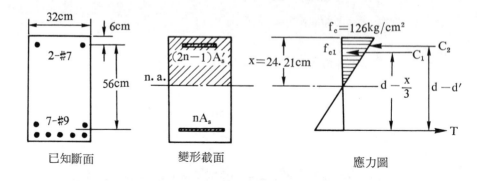

已知斷面　　　變形截面　　　應力圖

$$f'_c = 280\text{kg/cm}^2, \quad n = 8$$

容許　$f_c = 0.45(280) = 126\text{kg/cm}^2$

容許　$f_s = 1,400\text{kg/cm}^2,$ 容許　$f_t = \dfrac{1,400}{8} = 175\text{kg/cm}^2$

$nA_s = 8\,(\,7 \times 6.47) = 362.3\text{cm}^2$

$(2n-1\,)A'_s = 15(\,2 \times 3.87) = 116.1\text{cm}^2$

假設　$2nf_{c1} <$ 容許　$f_s,$ 由變形截面法求解中立軸之位置,

$$\frac{32\,x^2}{2} + 116.1(\,x - 6\,) = 362.3(56 - x\,)$$

$16x^2 + 478.4x - 20,985.4 = 0$

$x = 24.23\text{cm}$

令　$f_c = 126\text{kg/cm}^2$

由應力圖,　$f_t = \dfrac{d - x}{x}\,f_c = \dfrac{56 - 24.23}{24.23}(126)$

$\qquad\qquad = 165.2\text{kg/cm}^2 < 175\text{kg/cm}^2$　可

$\therefore\ f_{c1} = \dfrac{x - d'}{x}\,f_c = \dfrac{24.23 - 6}{24.23}(126) = 94.8\text{kg/cm}^2$

$2nf_{c1} = 2(8)(94.8) = 1,516.8 \text{kg/cm}^2 > 1,400 \text{kg/cm}^2$ 與假設

不符，即由變形截面法求解中立軸之位置為不正確，而應由

$C_1 + C_2 = T$ 之關係求解中立軸之位置。

$$C_1 = \frac{1}{2} f_c x b = \frac{1}{2}(126)(x)(32)/1,000 = 2.016x \ t$$

$$C_2 = (f_s - f_{c1}) A_s' = \left[1,400 - \frac{x-6}{x}(126) \right](7.74)/1,000$$

$$= 9.86 + \frac{5.851}{x} \ t$$

$$T = nf_t A_s = 8 \left[\frac{56-x}{x}(126) \right](45.29)/1,000$$

$$= \frac{2,556.4}{x} - 45.65 \ t$$

$C_1 + C_2 = T$

$$2.016x + 9.86 + \frac{5.851}{x} = \frac{2,556.4}{x} - 45.65$$

$$2.016x^2 + 56.51x - 2,550.6 = 0$$

$$x = 24.21 \text{cm}$$

將 x 值代入上列之 C_1、C_2 及 T 而得

$$C_1 = 2.016(24.21) = 48.80 \ t$$

$$C_2 = 9.86 + \frac{5.851}{24.21} = 10.10 \ t$$

$$T = \frac{2,556.4}{24.21} - 45.65 = 59.94t \approx (C_1 + C_2) \ 可$$

$$M = \left[48.8 \left(56 - \frac{24.21}{3} \right) + 10.1(56-6) \right]/100 = 28.4 \text{m-t}$$

4-10 複鋼筋矩形梁之斷面設計

由於構架 (frame) 結構之關係，或爲結構物外觀之調和，或爲增大空間淨高，往往先已知梁斷面之尺寸大小，致已知斷面在理想狀態下所能負荷之彎矩小於外力作用下之彎曲力矩。因此斷面需用抗壓鋼筋 (compression reinforcement) 以補強混凝土抗壓面積。故該斷面設計之計算僅求解抗拉及抗壓鋼筋量。

將擬設計之斷面所能抵抗之彎矩區分爲兩部分，一爲已知斷面在理想狀態下所能抵抗之彎矩，另加抗壓鋼筋與部分抗拉鋼筋構成之抵抗彎矩。此兩組合成之抵抗彎矩足够等於彎曲力矩，這種方法稱爲雙力偶法 (two-couple method)。

圖 4-10-1 (a) 爲擬設計之斷面，其所能抵抗之彎矩爲 M，

(b) 爲理想斷面，其所能抵抗之彎矩爲 M_1，

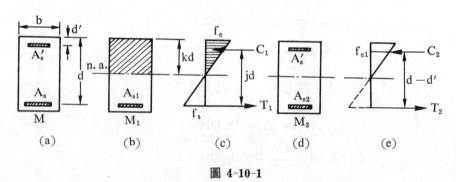

圖 4-10-1

(c) 爲理想斷面之應力圖，C_1 與 T_1 構成 M_1 之抵抗彎矩。

(d) 爲已知斷面內需用抗壓鋼筋及部分抗拉鋼筋，其所能抵抗之彎矩 M_2。

(e) 爲 (d) 圖斷面之應力圖，C_2 與 T_2 構成 M_2 之抵抗彎矩。

求解抗拉及抗壓鋼筋量之計算步驟如下：

(1) 計算已知斷面在理想狀態下所能抵抗之彎矩，

$$M_1 = Rbd^2 \quad 或 \quad M_1 = RF, \quad R 及 F 值查表 \ 4\text{-}10\text{-}1 \ 而得之。$$

(2) 計算已知斷面在理想狀態下之抗拉鋼筋量，

$$A_{s1} = \rho bd \quad 或 \quad A_{s1} = \frac{M_1}{容許 \ f_s jd}$$

(3) 計算斷面不足抵抗之彎矩，$M_2 = M - M_1$

(4) 計算構成 M_2 彎矩之壓力及拉力，$C_2 = T_2 = \dfrac{M_2}{d - d'}$

(5) 計算 T_2 拉力所需之鋼筋量，$A_{s2} = \dfrac{T_2}{容許 \ f_s}$

(6) 計算斷面所需之總抗拉鋼筋量，$A_s = A_{s1} + A_{s2}$

(7) 計算抗壓鋼筋所在位置之混凝土應力，

$$f_{c1} = \frac{容許 \ f_c (kd - d')}{kd}$$

(8) 比較 $2nf_{c1}$ 與容許 f_s 何者為大

(9) 計算抗壓鋼筋量，

當 $2nf_{c1} <$ 容許 f_s，則 $A_s' = \dfrac{C_2}{(2n-1)f_{c1}}$

當 $2nf_{c1} >$ 容許 f_s，則 $A_s' = \dfrac{C_2}{容許 \ f_s - f_{c1}}$

例題 1　已知梁斷面 $b = 32cm$，$d = 40cm$，$d' = 6cm$，$f_c' = 210kg/cm^2$，$f_s = 1,410kg/cm^2$，作用於斷面之彎矩 $M = 15m\text{-}t$，試求斷面所需之鋼筋量。

解

$$f'_c = 210\text{kg/cm}^2, \quad n = 9$$

容許　$f_c = 0.45(210) = 94.5\text{kg/cm}^2$

容許　$f_s = 1,410\text{kg/cm}^2$

$$k = \frac{94.5}{94.5 + 1,410/9} = 0.376$$

$$j = 1 - \frac{0.376}{3} = 0.875$$

$$\rho = \frac{0.376(94.5)}{2(1,410)} = 0.0126$$

$$R = \frac{1}{2}(94.5)(0.376)(0.875) = 15.55\text{kg/cm}^2$$

已知斷面在理想斷面狀態時，其所能抵抗之彎矩爲

$$M_1 = 15.55(32)(40)^2/100,000 = 7.96\text{m-t} < 15\text{m-t}$$

故已知斷面需用抗壓鋼筋

$$A_{s1} = 0.0126(32)(40) = 16.13\text{cm}^2$$

或　$A_{s1} = \dfrac{7.96(100,000)}{1,410(0.875)(40)} = 16.13\text{cm}^2$

$$M_2 = 15 - 7.96 = 7.04\text{m-t}$$

$$C_2 = T_2 = \frac{7.04(100)}{40 - 6} = 20.71\text{t}$$

$$A_{s2} = \frac{20.71(1,000)}{1,410} = 14.69\text{cm}^2$$

$$A_s = 16.13 + 14.69 = 30.82\text{cm}^2$$

$$f_{c1} = \frac{f_c(kd - d')}{kd} = \frac{94.5(0.376 \times 40 - 6)}{0.376(40)} = 56.8\text{kg/cm}^2$$

表 4-10-1　矩形及 T 形斷面在理想狀態下之抵抗彎矩係數（F）

$$F = \dfrac{bd^2}{100,000}$$

已知 b 及 d 值查 F 值。

$$M = Rbd^2 = RF$$

b：受壓面寬度

d	10	12	14	15	18	20	22	24	25	28	30	35	40	45	50	60	70	80	90	100	110	120
10	.010	.012	.014	.015	.018	.020	.022	.024	.025	.028	.030	.035	.040	.045	.050	.060	.070	.080	.090	.100	.110	.120
13	.017	.020	.024	.025	.030	.034	.037	.041	.042	.047	.051	.059	.068	.076	.085	.101	.118	.135	.152	.169	.186	.203
15	.023	.027	.032	.034	.041	.045	.050	.054	.056	.063	.068	.079	.090	.101	.113	.135	.158	.180	.203	.225	.248	.270
18	.032	.039	.045	.049	.058	.065	.071	.078	.081	.091	.097	.113	.130	.146	.162	.194	.227	.259	.292	.324	.356	.389
20	.040	.048	.056	.060	.072	.080	.088	.096	.100	.112	.120	.140	.160	.180	.200	.240	.280	.320	.360	.400	.440	.480
23	.053	.063	.074	.079	.095	.106	.116	.127	.132	.148	.159	.185	.212	.238	.265	.317	.370	.423	.476	.529	.582	.635
25	.063	.075	.088	.094	.113	.125	.138	.150	.156	.175	.188	.219	.250	.281	.313	.375	.438	.500	.563	.625	.688	.750
28	.078	.094	.110	.118	.141	.157	.172	.188	.196	.220	.235	.274	.314	.353	.392	.470	.549	.627	.706	.784	.862	.941
30	.090	.108	.126	.135	.162	.180	.198	.216	.225	.252	.270	.315	.360	.405	.450	.540	.630	.720	.810	.900	.990	1.080
33	.109	.131	.152	.163	.196	.218	.240	.261	.272	.305	.327	.381	.436	.490	.545	.653	.762	.871	.980	1.089	1.198	1.307
35	.123	.147	.172	.184	.221	.245	.270	.294	.306	.343	.368	.429	.490	.551	.613	.735	.858	.980	1.103	1.225	1.348	1.470
38	.144	.173	.202	.217	.260	.289	.318	.347	.361	.404	.433	.505	.578	.650	.722	.866	1.011	1.155	1.300	1.444	1.588	1.733
40	.160	.192	.224	.240	.288	.320	.352	.384	.400	.448	.480	.560	.640	.720	.800	.960	1.120	1.280	1.440	1.600	1.760	1.920
43	.185	.222	.259	.277	.333	.370	.407	.444	.462	.518	.555	.647	.740	.832	.925	1.109	1.294	1.479	1.664	1.849	2.034	2.219
45	.203	.243	.284	.304	.365	.405	.446	.486	.506	.567	.608	.709	.810	.911	1.013	1.215	1.418	1.620	1.823	2.025	2.228	2.430
48	.230	.276	.323	.346	.415	.461	.507	.553	.576	.645	.691	.806	.922	1.037	1.152	1.382	1.613	1.843	2.074	2.304	2.534	2.765
50	.250	.300	.350	.375	.450	.500	.550	.600	.625	.700	.750	.875	1.000	1.125	1.250	1.500	1.750	2.000	2.250	2.500	2.750	3.000
53	.281	.337	.393	.421	.506	.562	.618	.674	.702	.787	.843	.983	1.124	1.264	1.405	1.685	1.966	2.247	2.528	2.809	3.090	3.371
55	.303	.363	.424	.454	.545	.605	.666	.726	.756	.847	.908	1.059	1.210	1.361	1.513	1.815	2.118	2.420	2.723	3.025	3.328	3.630
58	.336	.404	.471	.505	.606	.673	.740	.807	.841	.942	1.009	1.177	1.346	1.514	1.682	2.018	2.355	2.691	3.028	3.364	3.700	4.034
60	.360	.432	.504	.540	.648	.720	.792	.864	.900	1.008	1.080	1.260	1.440	1.620	1.800	2.160	2.520	2.880	3.240	3.600	3.960	4.320
63	.397	.476	.556	.595	.714	.794	.873	.953	.992	1.111	1.191	1.389	1.588	1.786	1.985	2.381	2.778	3.175	3.572	3.969	4.366	4.763
65	.423	.507	.592	.634	.761	.845	.930	1.014	1.056	1.183	1.268	1.479	1.690	1.901	2.113	2.535	2.958	3.380	3.803	4.225	4.648	5.070
68	.462	.555	.647	.694	.832	.925	1.017	1.110	1.156	1.295	1.387	1.618	1.850	2.081	2.312	2.774	3.237	3.699	4.162	4.624	5.086	5.549
70	.490	.588	.686	.735	.882	.980	1.078	1.176	1.225	1.372	1.470	1.715	1.960	2.205	2.450	2.940	3.430	3.920	4.410	4.900	5.390	5.880
73	.533	.639	.746	.799	.959	1.066	1.172	1.279	1.332	1.492	1.599	1.865	2.132	2.398	2.665	3.197	3.730	4.263	4.796	5.329	5.862	6.395
75	.563	.675	.788	.844	1.013	1.125	1.238	1.350	1.406	1.575	1.688	1.969	2.250	2.531	2.813	3.375	3.938	4.500	5.063	5.625	6.188	6.750
78	.608	.730	.852	.913	1.095	1.217	1.338	1.460	1.521	1.704	1.825	2.129	2.434	2.738	3.042	3.650	4.259	4.867	5.476	6.084	6.692	7.301
80	.640	.768	.896	.960	1.152	1.280	1.408	1.536	1.600	1.792	1.920	2.240	2.560	2.880	3.200	3.840	4.480	5.120	5.760	6.400	7.040	7.680
85	.723	.867	1.012	1.084	1.301	1.445	1.590	1.734	1.806	2.023	2.168	2.529	2.890	3.251	3.613	4.335	5.058	5.780	6.503	7.225	7.948	8.670
90	.810	.972	1.134	1.215	1.458	1.620	1.782	1.944	2.025	2.268	2.430	2.835	3.240	3.645	4.050	4.860	5.670	6.480	7.290	8.100	8.910	9.720
95	.903	1.083	1.264	1.354	1.625	1.805	1.986	2.166	2.256	2.527	2.708	3.159	3.610	4.061	4.513	5.415	6.318	7.220	8.123	9.025	9.928	10.830
100	1.000	1.200	1.400	1.500	1.800	2.000	2.200	2.400	2.500	2.800	3.000	3.500	4.000	4.500	5.000	6.000	7.000	8.000	9.000	10.000	11.000	12.000
105	1.103	1.323	1.544	1.654	1.985	2.205	2.426	2.646	2.756	3.087	3.308	3.859	4.410	4.961	5.513	6.615	7.718	8.820	9.923	11.025	12.128	13.230
110	1.210	1.452	1.694	1.815	2.178	2.420	2.662	2.904	3.025	3.388	3.630	4.235	4.840	5.445	6.050	7.260	8.470	9.680	10.890	12.100	13.310	14.520
115	1.323	1.587	1.852	1.984	2.381	2.645	2.910	3.174	3.306	3.703	3.968	4.629	5.290	5.951	6.613	7.935	9.258	10.580	11.903	13.225	14.548	15.870
120	1.440	1.728	2.016	2.160	2.592	2.880	3.168	3.456	3.600	4.032	4.320	5.040	5.760	6.480	7.200	8.640	10.080	11.520	12.960	14.400	15.840	17.280
125	1.563	1.875	2.188	2.344	2.813	3.125	3.438	3.750	3.906	4.375	4.688	5.469	6.250	7.031	7.813	9.375	10.938	12.500	14.063	15.625	17.188	18.750
130	1.690	2.028	2.366	2.535	3.042	3.380	3.718	4.056	4.225	4.732	5.070	5.915	6.760	7.605	8.450	10.140	11.830	13.520	15.210	16.900	18.590	20.280
135	1.823	2.187	2.552	2.734	3.281	3.645	4.010	4.374	4.556	5.103	5.468	6.379	7.290	8.201	9.113	10.935	12.758	14.580	16.403	18.225	20.048	21.870
140							4.312	4.704	4.900	5.488	5.880	6.860	7.840	8.820	9.800	11.760	13.720	15.680	17.640	19.600	21.560	23.520
145							4.626	5.046	5.256	5.887	6.308	7.359	8.410	9.461	10.513	12.615	14.718	16.820	18.923	21.025	23.128	25.230
150							4.950	5.400	5.625	6.300	6.750	7.875	9.000	10.125	11.250	13.500	15.750	18.000	20.250	22.500	24.750	27.000
155							5.286	5.766	6.006	6.727	7.208	8.409	9.610	10.811	12.013	14.415	16.818	19.220	21.623	24.025	26.428	28.830
160								6.144	6.400	7.168	7.680	8.960	10.240	11.520	12.800	15.360	17.920	20.480	23.040	25.600	28.160	30.720
165								6.534	6.806	7.623	8.168	9.529	10.890	12.251	13.613	16.335	19.058	21.780	24.503	27.225	29.948	32.670
170								6.936	7.225	8.092	8.670	10.115	11.560	13.005	14.450	17.340	20.230	23.120	26.010	28.900	31.790	34.680
175								7.350	7.656	8.575	9.188	10.719	12.250	13.781	15.313	18.375	21.438	24.500	27.563	30.625	33.688	36.750
180								7.776	8.100	9.072	9.720	11.340	12.960	14.580	16.200	19.440	22.680	25.920	29.160	32.400	35.640	38.880
185								8.214	8.556	9.583	10.268	11.979	13.690	15.401	17.113	20.535	23.958	27.380	30.803	34.225	37.648	41.070
190								8.664	9.025	10.108	10.830	12.635	14.440	16.245	18.050	21.660	25.270	28.830	32.490	36.100	39.710	43.320
195								9.126	9.506	10.647	11.408	13.309	15.210	17.111	19.013	22.815	26.618	30.420	34.223	38.025	41.828	45.630

R 值*

f_s (t/cm²)	f'_c 175	210	260	280	300
1.12	14.03	17.47	23.18	25.14	32.62
1.27	13.16	16.41	21.93	23.78	30.95
1.41	12.45	15.55	20.86	22.62	29.53
1.55	11.80	14.75	19.88	21.57	28.21
1.69	11.20	14.06	19.00	20.62	27.00
1.90	10.42	13.10	17.79	19.33	25.33
2.11	9.74	12.26	16.74	18.15	23.93
2.32	9.16	11.54	15.80	17.16	22.65

$$2nf_{c1}=2(9)(56.8)=1,022kg/cm^2<1,410kg/cm^2$$

$$\therefore\quad A'_s=\frac{C_2}{(2n-1)f_{c1}}=\frac{20.71(1,000)}{17(56.8)}=21.45cm^2$$

例題 2　已知梁斷面　b＝32cm，　d＝56cm，　d′＝6cm，　f'_c＝280kg/

cm²，　f_s＝1,410kg/cm²，作用於斷面之彎矩 M＝31m-t，試求

斷面所需之鋼筋量。

解

$$f'_c=280kg/cm^2,\quad n=8$$

容許　f_c＝0.45(280)＝126kg/cm²

容許　f_s＝1,410kg/cm²

$$k=\frac{126}{126+1,410/8}=0.417$$

$$j=1-\frac{0.417}{3}=0.861$$

$$\rho=\frac{0.417(126)}{2(1,410)}=0.0186$$

$$R=\frac{1}{2}(126)(0.417)(0.861)=22.62kg/cm^2$$

已知斷面在理想斷面狀態時，其所能抵抗之彎矩爲

$$M_1=22.62(32)(56)^2/100,000=22.7m\text{-}t<31m\text{-}t$$

故已知斷面需用抗壓鋼筋

$$A_{s1}=0.0186(32)(56)=33.33cm^2$$

或　$$A_{s1}=\frac{22.7(100,000)}{1,410(0.861)(56)}=33.39cm^2$$

$$M_2=31-22.7=8.3m\text{-}t$$

$$C_2 = T_2 = \frac{8.3(100)}{56-6} = 16.6t$$

$$A_{s2} = \frac{16.6(1,000)}{1,410} = 11.77cm^2$$

$$A_s = 33.39 + 11.77 = 45.16cm^2$$

$$f_{c1} = \frac{f_c(kd-d')}{kd} = \frac{126(0.417 \times 56-6)}{0.417(56)} = 93.63kg/cm^2$$

$$2nf_{c1} = 2(8)(93.63) = 1,498kg/cm^2 > 1,410kg/cm^2$$

$$\therefore \quad A_s = \frac{C_2}{f_s-f_{c1}} = \frac{16.6(1,000)}{1,410-93.63} = 12.61kg/cm^2$$

複鋼筋矩形梁之斷面設計，亦可應用相關之設計係數而得 A_s 及 A_s'，其計算步驟敍述如下：

抗拉鋼筋 $A_s = \dfrac{M}{ad}$

         a 值由表 4-8-1 查得，

抗壓鋼筋 $A_s' = \dfrac{M-RF}{cd}$

         R 值由表 4-8-1 或表 4-10-1 查得

         F 值由表 4-10-1 查得

         c 值由表 4-10-2 查得

表 4-10-2　矩形斷面之抗壓鋼筋係數（c）

f'_c 及 (n)	f_c	f_s	d′/d									
			0.02	0.04	0.06	0.08	0.10	0.12	0.14	0.16	0.18	0.20
175 (10)	78.8		0.0131	0.0128	0.0117	0.0107	0.0097	0.0088	0.0079	0.0070	0.0061	0.0053
210 (9)	94.5	1,410	0.0129	0.0127	0.0125	0.0116	0.0106	0.0096	0.0087	0.0078	0.0069	0.0060
280 (8)	126.0		0.0126	0.0124	0.0122	0.0120	0.0118	0.0116	0.0108	0.0098	0.0088	0.0079
350 (7)	157.5		0.0123	0.0122	0.0120	0.0118	0.0116	0.0114	0.0112	0.0109	0.0099	0.0089
175 (10)	78.8		0.0138	0.0126	0.0114	0.0103	0.0092	0.0082	0.0072	0.0063	0.0053	0.0044
210 (9)	94.5	1,690	0.0148	0.0136	0.0124	0.0113	0.0101	0.0091	0.0080	0.0071	0.0061	0.0052
280 (8)	126.0		0.0154	0.0151	0.0149	0.0137	0.0125	0.0113	0.0102	0.0091	0.0080	0.0070
350 (7)	157.5		0.0151	0.0149	0.0146	0.0144	0.0138	0.0125	0.0114	0.0102	0.0091	0.0081

例題 3　已知梁斷面 b＝32cm, d＝40cm, d′＝6cm, f'_c＝210kg/cm²,

f_s＝1,410kg/cm², 作用於斷面之彎矩 M＝15m-t, 試求斷面

所需之鋼筋量。

解

由表 4-8-1 得 a＝0.0122

$$A_s = \frac{M}{ad} = \frac{15}{0.0122(40)} = 30.73cm^2$$

由表 4-10-1 得 R＝15.55kg/cm², F＝0.510

d′/d＝$\frac{6}{40}$＝0.15, 由表 4-10-2 得 c＝0.0082

$$A'_s = \frac{M-RF}{cd} = \frac{15-15.55(0.510)}{0.0082(40)} = 21.55\text{cm}^2$$

本例題之已知條件與例題 1 相同，兩題之 A_s 及 A'_s 大致相等。

習　題

1. 矩形梁之斷面應力分析條件爲何?

2. 矩形梁之斷面設計條件爲何?

3. 何謂複鋼筋矩形梁? 其使用目的何在?

4. 符號 f_c' 與 f_c 代表之意義爲何? 兩者有何關係?

5. 何謂變形載面法? 其目的何在?

6. 何謂中立軸? 如何求解其位置?

7. 何謂鋼筋不足, 理想和鋼筋過量之斷面?

8. 梁斷面之有效高度 d 與總高度 h 之間有何關係?

9. 試繪矩形梁之斷面圖、應變圖及應力圖, 並以符號註明之。

10. 已知矩形梁之斷面, b $=28$cm, d $=48$cm, $A_s=$ 3 -#6,

    $f_c'=280$kg/cm², $f_s=1,410$kg/cm², 試求該斷面所能擔負之

    最大安全彎矩。

11. 已知矩形梁之斷面 b $=32$cm, d $=54$cm, $A_s=$ 3 -#10,

    $f_c'=280$kg/cm², $f_s=2,100$kg/cm², 試求該斷面所能擔負之

    最大安全彎矩。

12. 已知矩形梁之斷面 b $=28$cm, d $=50$cm, $A_s=$ 3 -#9,

    $f_c'=210$kg/cm², $f_s=1,410$kg/cm², 作用於斷面之彎曲力矩

    M$=14$m-t, 試求該斷面之混凝土及鋼筋之應力。

13. 已知彎曲力矩 M$=16$m-t , $f_c'=280$kg/cm² , $f_s=1,410$kg/

    cm², 設計斷面之大小 b, d 及鋼筋量 A_s。

14. 已知簡支梁之跨徑 $l = 8m$， 梁上之均布靜載重 $w_D = 1.2t/m$（不包括梁自重）。 均布活載重 $w_L = 2.5t/m$ ， $f'_c = 280kg/cm^2$， $f_s = 2,100kg/cm^2$，設計斷面之大小 b， d 及鋼筋量 A_s。

15. 已知懸臂梁之跨徑 $l = 3m$，梁上之均布活載重 $w_L = 3.0t/m$， $f'_c = 210kg/cm^2$， $f_s = 1,690kg/cm^2$， 設計斷面之大小 b， d 及鋼筋量 A_s。

16. 已知矩形梁之斷面， $b = 34cm$， $d = 58cm$， $d' = 6cm$， $A_s = 6 - \#10$， $A'_s = 3 - \#8$， $f'_c = 280kg/cm^2$， $f_s = 1,690kg/cm^2$， 試求該斷面所能擔負之彎矩。

17. 已知矩形梁之斷面 $b = 28cm$， $d = 52cm$， $d' = 6cm$， $f'_c = 210kg/cm^2$， $f_s = 1,690kg/cm^2$，作用於該斷面之彎矩 $M = 28$ m-t， 試求斷面所需要之鋼筋量。

第 五 章
矩形梁之強度設計法

5-1 引　言

　　直到1956年，鋼筋混凝土桿件之應力分析及斷面設計都依據工作應力設計法之理論。矩形梁之工作應力設計法已論述於前章。

　　使用極限載重爲設計載重，而將結構物桿件設計爲足夠的極限強度之強度設計法，在 1956 年美國混凝土學會（ACI）首度訂立規範。經三十年來之研究與修改，強度設計法已在先進國家普遍應用，而工作應力設計法逐漸有被淘汰之趨勢。以強度設計法計算鋼筋混凝土諸問題之準確度相當高，故 1971 年 ACI 規範就是以強度設計法做爲設計準則。

　　於工作應力設計法中，作用於桿件之載重爲實際載重，桿件斷面之混凝土壓應力分布爲三角形變化， 混凝土之容許應力爲 $0.45f'_c$ ，鋼筋之容許應力爲屈服強度 f_y 之約一半。 $f_y = 2,800 \sim 3,500 \mathrm{kg/cm^2}$ 者，$f_s = 1,410 \mathrm{kg/cm^2}$，$f_y \geq 4,200 \mathrm{kg/cm^2}$ 者，$f_s = 1,690 \mathrm{kg/cm^2}$。

　　於強度設計法中，作用於桿件之載重以極限載重爲設計載重，桿件斷面之混凝土壓應力爲矩形分布， 混凝土之應力訂爲 $0.85f'_c$ ， 鋼筋應力訂爲屈服強度 f_y。

5-2 應力與應變

　　混凝土和鋼筋之典型應力與應變曲線如圖 5-2-1 所示，混凝土爲非

完全彈性體，故應力與應變不成正比，尤其混凝土所受應力超過 0.5f'$_c$以後，其應力與應變之關係變化更大，但通常在工作載重範圍內假定其彈性模數爲一常數。

鋼筋之應力與應變未達屈服點時，其應力與應變成正比，超過屈服點以後，應力增加緩慢而應變則有甚大之變化，卽指鋼筋在預期失敗之前具有甚大之延伸性。

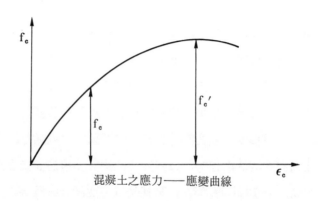

混凝土之應力——應變曲線

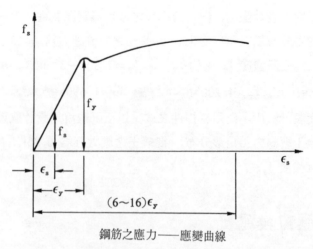

鋼筋之應力——應變曲線

圖 5-2-1

　　梁斷面之壓應力分布情形，依載重大小而有很大之變化，如 **圖5-2-2**
所示。

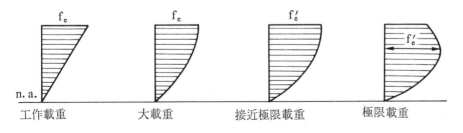

圖 5-2-2　梁斷面之壓應力變化圖

　　梁承受極限載重下之斷面壓應力呈拋物線型之分布，　為了 設計方
便，威特尼（Whitney）提議以矩形壓應力塊取代拋物線型，如圖 5-2-3
所示。按規範之規定，混凝土之應變 ϵ_c 為 0.003，鋼筋之應變 $\epsilon_s \geq \epsilon_y$，
混凝土之應力為 $0.85f'_c$，　鋼筋之應力為 f_y，　鋼筋之彈性模數為 2.039
$\times 10^6 kg/cm^2$，壓應力分布深度 a 值有如下之規定:

$$a = \beta_1 x$$

$$f'_c \leq 280 kg/cm^2 \text{ 時, } \beta_1 = 0.85$$

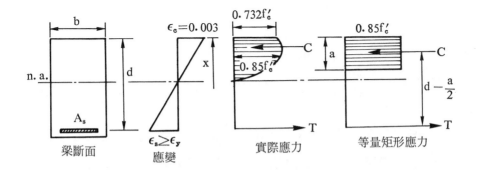

圖 5-2-3

$$f'_c>280\text{kg/cm}^2 \text{ 時，} \beta_1=0.85-0.05\left(\frac{f'_c-280}{70}\right)$$

強度設計法乃依據上述規定爲其設計之基本理論，讀者應徹底瞭解並熟記上述之規定。

5-3　理想斷面之鋼筋比

混凝土雖然爲優良之抗壓材料，但當混凝土所受之應力達到最高時，易生無預兆之突然脆裂破壞。鋼筋是富於延展性之抗拉材料，當鋼筋所受之應力達到屈服強度後乃有甚大之應變，其破壞是在很大之變形下緩慢的產生。

當梁斷面爲理想狀態時，承受某最大載重之下，該梁之破壞將會突然發生，爲預防撓曲桿件之突然破壞，或破壞前易於觀察（撓度大），建築技術規則第 417 條之規定， 撓曲桿件之最大鋼筋比不得大於平衡狀態之鋼筋比的 75%， 但鋼筋比太小也可能發生突然之脆裂破壞， 故建築技術規則第 386 條之規定， 撓曲桿件任一斷面之鋼筋比不得少於 $14/f_y$。

設　ρ　爲已知斷面之鋼筋比

ρ_b　爲理想斷面之鋼筋比

f_y　爲鋼筋之屈服強度

則　$0.75\rho_b>\rho>\dfrac{14}{f_y}$

於是每作梁斷面之應力分析計算時，首先必檢核已知斷面之鋼筋量是否符合規範之規定。理想斷面之鋼筋比可由下列方法求得。

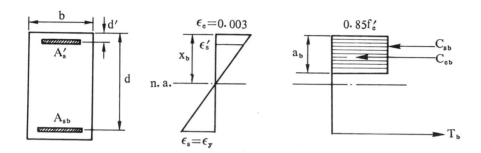

圖 **5-3-1**　理想斷面之應變與應力

抗拉鋼筋比　$\rho = \dfrac{A_{sb}}{bd}$

抗壓鋼筋比　$\rho' = \dfrac{A_s'}{bd}$

由**圖 5-3-1** 應變圖，

$$\frac{x_b}{d} = \frac{\epsilon_c}{\epsilon_c + \epsilon_y} = \frac{0.003}{0.003 + f_y/(2.04 \times 10^6)} = \frac{6,100}{6,100 + f_y}$$

$$C_{cb} = 0.85 f_c'\, (\beta_1 x_b b - A_s') = 0.85 f_c'(\beta_1 x_b b - \rho' bd)$$

$$= 0.85 f_c' bd \left[\beta_1 \left(\frac{x_b}{d} \right) - \rho' \right]$$

$$C_{sb} = A_s' f_s' = \rho' bd f_s'$$

若　$\epsilon_s' = \dfrac{x_b - d'}{x_b} \cdot \epsilon_c \geq \epsilon_y$　則　$f_s' = f_y$

若　$\epsilon_s' = \dfrac{x_b - d'}{x_b} \cdot \epsilon_c < \epsilon_y$　則　$f_s' = \epsilon_s E_s$

$$T = A_{sb} f_y = \rho_b bd f_y$$

因　$C_b = T_b$　或　$C_{cb} + C_{sb} = T_b$

則 $\quad 0.85f_c'bd\left[\beta_1\left(\dfrac{x_b}{d}\right)-\rho'\right]+\rho'bdf_s'=\rho_bbdf_y$

$$\therefore \quad \rho_b=\dfrac{0.85f_c'}{f_y}\left[\beta_1\left(\dfrac{x_b}{d}\right)-\rho'\right]+\dfrac{f_s'}{f_y}\cdot\rho'$$

任一複鋼筋矩形梁之斷面，在理想狀態下之鋼筋比可由上式求得。若爲單鋼筋矩形梁之斷面，$\rho'=0$，由上式得

$$\rho_b=\dfrac{0.85f_c'}{f_y}\left[\beta_1\left(\dfrac{x_b}{d}\right)\right]$$

或 $\quad \rho_b=\dfrac{0.85f_c'\beta_1}{f_y}\left(\dfrac{6,100}{6,100+f_y}\right)$

任一單鋼筋矩形梁之斷面，在理想狀態下之鋼筋比可由上式求得。

表 **5-3-1** 單鋼筋矩形梁之 $0.75\rho_b$ 值

f_c' kg/cm²		175	210	280	350
β_1		0.85	0.85	0.85	0.80
f_y kg/cm²	2,800	0.0232	0.0278	0.0371	0.0437
	3,500	0.0172	0.0206	0.0275	0.0324
	4,200	0.0134	0.0160	0.0214	0.0252

5-4 單鋼筋矩形梁之斷面應力分析

已知斷面之大小、鋼筋量及材料之強度，試求該斷面所能擔負之強度，是爲應力分析之問題，其計算步驟如下：

(1) 試求已知斷面之最大鋼筋比（或鋼筋量）。

按規範之規定，任一已知斷面之鋼筋比（或鋼筋量），不得超過理想斷面鋼筋比（或鋼筋量）之 75％, $0.75\rho_b$（或 $0.75A_{sb}$）值可由 5-3 之公式求得，亦可由 **表 5-3-1** 內求得，或由下述之方法求得。

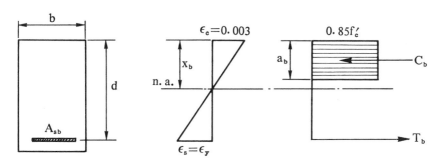

圖 5-4-1　理想斷面

由**圖 5-4-1** 應變圖，

$$\frac{x_b}{d}=\frac{\epsilon_c}{\epsilon_c+\epsilon_y}=\frac{0.003}{0.003+f_y/(2.04\times10^6)}=\frac{6,100}{6,100+f_y}$$

$$x_b=\frac{6,100}{6,100+f_y}\cdot d$$

$$a_b=\beta_1 x_b$$

$$C_b=0.85f'_c a_b b$$

$$T_b=A_{sb}f_y,\quad C_b=T_b$$

$$\therefore\ A_{sb}=\frac{T_b}{f_y}=\frac{0.85f'_c a_b b}{f_y}$$

已知斷面之最大鋼筋量爲 $0.75A_{sb}$

(2) 計算已知斷面之應力分布深度 a , 及中立軸之位置 x 。 參閱 **圖 5-4-2**。

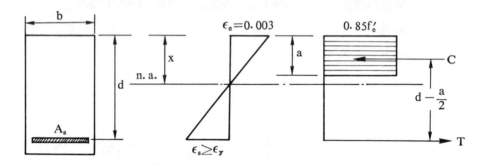

圖 5-4-2

斷面所能抵抗之總壓力 $C = 0.85f'_c ab$

既是 $A_s \leq 0.75A_{sb}$, 則 $\epsilon_s \geq \epsilon_y$

斷面所能抵抗之總拉力 $T = A_s f_y$

因 $C = T$

$$\therefore \quad a = \frac{A_s f_y}{0.85f'_c b}, \qquad x = \frac{a}{\beta_1}$$

(3) 計算已知斷面所能擔負之標稱強度 M_n, 或設計強度 M_u。

C 與 T 之力臂為 $d - \dfrac{a}{2}$,

$$M_n = C\left(d - \frac{a}{2}\right) 或 T\left(d - \frac{a}{2}\right)$$

$$M_u = \phi M_n$$

例題 1 已知梁斷面 $b = 32\text{cm}$, $d = 52\text{cm}$, $A_s = 4\text{-}\#10$,

$f'_c = 350\text{kg/cm}^2$, $f_y = 3,500\text{kg/cm}^2$

試求斷面所能擔負之極限強度。

解

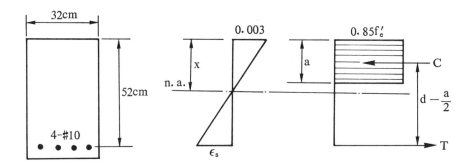

(1) 計算斷面之最大鋼筋量，4 -#10 之 A_s 應小於 $0.75A_{sb}$。

$$x_b = \frac{6,100}{6,100+3,500}(52) = 33.1cm$$

$$a_b = \beta_1 x_b = 0.80(33.1) = 26.48cm$$

$$C_b = 0.85(350)(26.48)(32)/1,000 = 252.1t$$

$$T_b = A_{sb}f_y \qquad C_b = T_b$$

$$\therefore \quad A_{sb} = \frac{C_b}{f_y} = \frac{252.1(1,000)}{3,500} = 72.03cm^2$$

已知斷面之 max. $A_s = 0.75(72.03) = 54.02cm^2$

實際鋼筋量 4 -#10 之 $A_s = 4(8.14) = 32.56cm^2 < 0.75A_{sb}$ 可

若以鋼筋比表示

$$\rho_b = \frac{A_{sb}}{bd} = \frac{72.03}{32(52)} = 0.0433$$

最大鋼筋比 $\rho = 0.75\rho_b = 0.75(0.0433) = 0.0323$

實際鋼筋比 $\rho = \frac{A_s}{bd} = \frac{32.56}{32(52)} = 0.0196 < 0.75\rho_b$ 可

以上之計算也可應用 5-3 之公式

$$\rho_b = \frac{0.85 f'_c \beta_1}{f_y} \left(\frac{6,100}{6,100+f_y} \right)$$

$$= \frac{0.85(350)(0.80)}{3,500} \left(\frac{6,100}{6,100+3,500} \right) = 0.0433$$

max. $\rho = 0.75\rho_b = 0.75(0.0433) = 0.0323$

實際 $\rho = \frac{32.56}{32(52)} = 0.0196 < 0.75\rho_b$ 可

$0.75\rho_b$ 值可查表 5-3-1 得 0.0324

故已知斷面之鋼筋量不違規範

(2) 計算 a 值及 x 值

$$C = 0.85 f'_c ab = 0.85(350)(a)(32)/1,000 = 9.52at$$

既然已知斷面之 $A_s < 0.75 A_{sb}$, 故鋼筋必達屈服強度,

即 $\epsilon_s > \epsilon_y$

$$T = A_s f_y = 32.56(3,500)/1,000 = 113.96t$$

$$C = T$$

$$\therefore \quad a = \frac{113.96}{9.52} = 11.97 cm$$

(3) 計算 M_n 或 M_u

$$M_n = T \left(d - \frac{a}{2} \right) = 113.96 \left(52 - \frac{11.97}{2} \right)/100 = 52.4m\text{-}t$$

$$M_u = \phi M_n = 0.9(52.4) = 47.16m\text{-}t$$

例題 2 如同例題 1 之已知條件，假設總彎矩之 60% 爲靜載重， 40% 爲活載重，試求斷面在工作載重作用下之安全容許抵抗彎矩。

解

由例題 1 得 $M_n = 52.4m\text{-}t$, $M_u = 47.16m\text{-}t$

$\because \quad M_u = 1.4 M_D + 1.7 M_L$

又 $M_D = 0.6M$, $M_L = 0.4M$

$$\therefore \quad M_u = 1.4(0.6M) + 1.7(0.4M)$$

$$= 0.84M + 0.68M = 1.52M$$

$$M = \frac{M_u}{1.52} = \frac{47.16}{1.52} = 31.03 \quad '-k$$

5-5 單鋼筋矩形梁之斷面設計

設計一受撓曲單鋼筋矩形之斷面，是由已知之載重及材料強度，而決定所需之斷面大小及鋼筋量。

由力平衡條件得

$$\begin{cases} C = T & (1) \\ M_n = (C \ 或 \ T)\left(d - \dfrac{a}{2}\right) & (2) \end{cases}$$

以二方程式求解三個未知數（ b， d 及 A_s），其解應有無限組，因此應先假定其中一未知數，令 ρ 值爲假定

由 (1) 式　$0.85f'_c ab = \rho bd f_y$

$$a = \frac{\rho d f_y}{0.85f'_c}$$

令　$m = \dfrac{f_y}{0.85f'_c}$

則　$a = \rho dm$ 　　　　　(3)

以 (3) 式代入 (2) 式

$$M_n = \rho bd f_y\left(d - \frac{1}{2}\rho dm\right) = \rho f_y bd^2\left(1 - \frac{1}{2}\rho m\right)$$

上式除以 bd^2，並令 $R_u = \dfrac{M_n}{bd^2}$

則　$R_u = \dfrac{M_n}{bd^2} = \rho f_y\left(1 - \dfrac{1}{2}\rho m\right)$ 　　　　(4)

據假定之 ρ 值，由 (4) 式求得 R_u

$$bd^2 = \frac{M_n}{R_u}$$

由上式，選取一適當之 b，而求得 d，當斷面尺寸 b，d 確定後，再求確實之 R_u

$$R_u = \frac{M_n}{bd^2}$$

據上式確實之 R_u，由(4)式 $R_u = \rho f_y \left(1 - \frac{1}{2}\rho m \right)$求解確實之 ρ 值，

$$\rho = \frac{1}{m}\left(1 - \sqrt{ 1 - \frac{2mR_u}{f_y} } \right)$$

$$\therefore \quad A_s = \rho bd$$

以強度設計法，設計單鋼筋矩形梁之斷面，其計算步驟如下：

(1) 依據規範選取 ρ 值

按規範　$0.75\rho_b > \rho > \dfrac{14}{f_y}$

$$\rho_b = \frac{0.85 f'_c \beta_1}{f_y}\left(\frac{6,100}{6,100 + f_y} \right)$$

(2) 求解所需之 bd^2

$$bd^2 \text{（所需）} = \frac{M_n}{R_u}$$

式中之 $R_u = \rho f_y \left(1 - \frac{1}{2}\rho m \right)$

$$m = \frac{f_y}{0.85 f'_c}$$

(3) 選取適當的一組 b，d，使所選 bd^2 約略等於所需 bd^2

(4) 由下式計算 ρ 之修正值

$$\rho = \frac{1}{m}\left(1 - \sqrt{1 - \frac{2mR_u}{f_y}} \right)$$

式中之 $\quad R_u = \dfrac{M_n}{bd^2 \text{(所選)}}$

(5) 計算鋼筋量

$$A_s = (\text{修正之 } \rho)(\text{所選 } bd)$$

例題 1 已知作用之彎矩 $M_u = 55\text{m-t}$, $f'_c = 280\text{kg/cm}^2$, $f_y = 2,800\text{kg/}$
cm^2, 設計斷面之大小 b, d 及鋼筋量 A_s。

解

(1) 選取 ρ 值

$$\rho_b = \frac{0.85 f'_c \beta_1}{f_y}\left(\frac{6,100}{6,100 + f_y} \right)$$

$$= \frac{0.85(280)(0.85)}{2,800}\left(\frac{6,100}{6,100 + 2,800} \right) = 0.0495$$

$$0.75\rho_b = 0.75(0.0495) = 0.0371$$

設 $\rho = 0.03$

(2) 計算所需之 bd^2

$$m = \frac{f_y}{0.85 f'_c} = \frac{2,800}{0.85(280)} = 11.76$$

$$R_u = \rho f_y\left(1 - \frac{1}{2}\rho m \right)$$

$$= 0.03(2,800)\left[1 - \frac{1}{2}(0.03)(11.76) \right] = 69.18\text{kg/cm}^2$$

$$M_n = \frac{M_u}{\phi} = \frac{55}{0.9} = 61.1\text{m-t}$$

所需 $bd^2 = \dfrac{M_n}{R_u} = \dfrac{61.1(100,000)}{69.18} = 88,320\text{cm}^3$

(3) 選取適當之 b, d 值

令 b＝36cm, 則 d＝$\sqrt{\dfrac{88,320}{36}}$＝49.5cm

採用 b＝36cm, d＝52cm

(4) 計算 ρ 之修正值

確實之 $R_u＝\dfrac{M_n}{bd^2}＝\dfrac{61.1(100,000)}{36(52)^2}＝62.77kg/cm^2$

$$\rho＝\dfrac{1}{m}\left(1-\sqrt{1-\dfrac{2mR_u}{f_y}}\right)$$

$$＝\dfrac{1}{11.76}\left[1-\sqrt{1-\dfrac{2(11.76)(62.77)}{2,800}}\right]＝0.0266$$

(5) 計算 A_s

$A_s＝\rho bd＝0.0266(36)(52)＝49.8cm^2$

採用 5-#10 及 2-#8, $A_s＝50.8cm^2$

檢核: 通常設計完成後, 仍需作斷面之應力分析計算, 以確定其安全性。

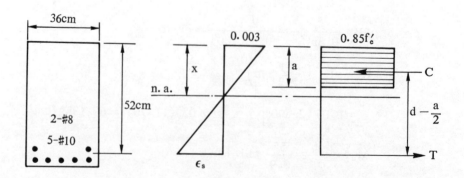

$C = 0.85(280)(a)(36)/1,000 = 8.57at$

$T = 50.8(2,800)/1,000 = 142.2t$

$C = T$

$a = \dfrac{142.2}{8.57} = 16.6\text{cm}$

$M_n = 142.2\left(52 - \dfrac{16.6}{2}\right)/100 = 62.1\text{m-t} \approx 61.1\text{m-t}$　可

$x = \dfrac{a}{\beta_1} = \dfrac{16.6}{0.85} = 19.53\text{cm}$

$\epsilon_y = \dfrac{f_y}{E_s} = \dfrac{2,800}{2.04 \times 10^6} = 0.00137$

$\epsilon_s = \dfrac{d-x}{x} \cdot \epsilon_c = \dfrac{52-19.53}{19.53}(0.003) = 0.00499 > \epsilon_y$　可

例題 2　已知簡支梁之跨徑 $l = 5\text{m}$，梁上之均布活載重 $w_L = 4.5\text{t/m}$，

$f_c' = 210\text{kg/cm}^2$，$f_y = 2,800\text{kg/cm}^2$，設計斷面之大 b， d 及鋼

筋量 A_s。

解

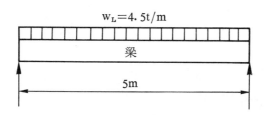

$w_L = 4.5\text{t/m}$

梁

5m

(1) 計算作用於簡支梁之最大彎矩

估計梁自重，$w_D = 0.3\text{t/m}$

$w_u = 1.4w_D + 1.7w_L$

$= 1.4(0.3) + 1.7(4.5) = 8.07\text{t/m}$

$$M_u = \frac{1}{8} w l^2 = \frac{1}{8}(8.07)(5)^2 = 25.2 \text{m-t}$$

$$M_n = \frac{M_u}{\phi} = \frac{25.2}{0.9} = 28.0 \text{m-t}$$

(2) 選取 ρ 值

$$\rho_b = \frac{0.85(210)(0.85)}{2,800}\left(\frac{6,100}{6,100+2,800}\right) = 0.0372$$

$$0.75\rho_b = 0.75(0.0372) = 0.0279$$

選用最大鋼筋比 $\rho = 0.0279$

(3) 計算所需之 bd^2

$$m = \frac{2,800}{0.85(210)} = 15.69$$

$$R_u = 0.0279(2,800)\left[1 - \frac{1}{2}(0.0279)(15.69)\right] = 61.02 \text{kg/cm}^2$$

所需 $bd^2 = \dfrac{28.0(100,000)}{61.02} = 45,886.6 \text{cm}^3$

(4) 選取適當之 b, d 值, 並檢核梁自重

令 b = 25cm, 則 $d = \sqrt{\dfrac{45,886.6}{25}} = 42.8$cm

參照圖 4-8-2, 假設梁底外緣至鋼筋之斷面重心距離為 10cm, 故梁之總深度 h = 42.8 + 10 = 52.8cm

採用 25cm × 54cm 之斷面

檢核梁自重, 鋼筋混凝土之單位重量為 2.4t/m³

∴ 梁自重 $w_D = \dfrac{25(54)}{10,000}(2.4) = 0.32 \text{t/m} \approx 0.3 \text{t/m}$ 可

梁深 54cm 之有效深度 d = 54 − 10 = 44cm

(5) 計算 ρ 之修正值

確實之　$R_u = \dfrac{M_n}{bd^2} = \dfrac{28.0(100,000)}{25(44)^2} = 57.85 \text{kg/cm}^2$

$$\rho = \dfrac{1}{15.69}\left[1 - \sqrt{1 - \dfrac{2(15.69)(57.85)}{2,800}}\right] = 0.0259$$

(6) 計算 A_s

$A_s = 0.0259(25)(44) = 28.49 \text{cm}^2$

採用　3 -#9 及　2 -#8，$A_s = 29.53 \text{cm}^2$

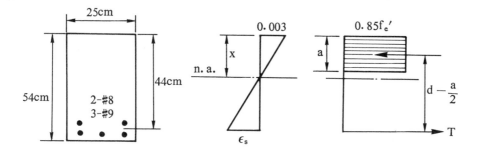

檢核

$C = 0.85(210)(a)(25)/1,000 = 4.46 \text{a t}$

$T = 29.53(2,800)/1,000 = 82.68 \text{t}$

$C = T$

$a = \dfrac{82.68}{4.46} = 18.54 \text{cm}$

$M_n = 82.68\left(44 - \dfrac{18.54}{2}\right)/100 = 28.7 \text{m-t} \approx 28.0 \text{m-t}$　可

$x = \dfrac{a}{\beta_1} = \dfrac{18.54}{0.85} = 21.8 \text{cm}$

$$\epsilon_y = \frac{2,800}{2.04 \times 10^6} = 0.00137$$

$$\epsilon_s = \frac{d-x}{x} \cdot \epsilon_c = \frac{44-21.8}{21.8}(0.003) = 0.00306 > \epsilon_y \quad 可$$

　　由強度設計法之斷面設計過程中，得知一種鋼筋比之選擇則有一種斷面尺寸之設計，可選擇之 ρ 值變化很大，由 $14/f_y \sim 0.75\rho_b$ 範圍內可選任一 ρ 值而作斷面之設計，所選擇之 ρ 值愈大則設計之斷面愈小，然由經驗得知，採用較大之斷面尺寸而較少之鋼筋量是爲經濟之設計方法。

　　鋼筋比 ρ 之選擇與梁之撓度 (deflection) 限制有很大之關係，由多年來使用之工作應力設計法的經驗得知，於鋼筋比 ρ 不超過最大容許量之一半時，則不需考慮撓度發生之問題，在 1963 年之 ACI 規範中規定 ρ 值超過 $0.18f'_c/f_y$ 時必要核算其撓度，於 1971 年 ACI 規範中則無此類之參考值，然而初步選用 $\rho \leq 0.18f'_c/f_y$ 或 $\rho \leq \frac{1}{2}(0.75\rho_b)$ 可爲參考之用，卽選用之 ρ 值不超過上述之規定值時，不必核算梁之撓度大小。

5-6　複鋼筋矩形梁之斷面應力分析

　　強度設計法中，混凝土被應用較高之抗壓強度 $(0.85f'_c)$，因此使用抗壓鋼筋之機會並不多。爲了減小斷面尺寸而使用到抗壓鋼筋時，梁之寬度通常略爲窄小致抗拉鋼筋之排置發生困難，或許需要分成兩層或數層之排置。此外，斷面小則剪應力增大，以致需要較多之腰鋼筋 (web reinforcement)。

　　抗壓鋼筋一般使用於控制潛變以及收縮所導致之撓度，此卽強度設

計法中使用抗壓鋼筋之最主要原因。

　　複鋼筋梁之分析可由已知之 b，d，d′，A_s，A'_s，f'_c 及 f_y 等求出斷面之極限強度，其分析方法與單鋼筋梁大致相同，其差別僅在於總壓力分成兩部分，分別由混凝土及抗壓鋼筋所供給。當斷面達到極限強度時，抗壓鋼筋之實際應力可能已達屈服強度，亦可能低於屈服強度，端視中立軸之位置而定。抗拉鋼筋之使用量仍依規範之規定，不得超過平衡鋼筋量之 75%。

　　應力分析問題，乃已知梁寬、梁深、鋼筋置放位置、鋼筋量及材料強度，而求解斷面之極限強度，其計算過程可分爲三個步驟。

　　第一步驟；確定斷面之抗壓鋼筋是否達到屈服

　　第二步驟；確定斷面之抗拉鋼筋量是否符合規範

　　第三步驟；由已知條件求解斷面之極限強度

　　將上列之三個計算步驟分別說明如下：

　　第一步驟；首先求解 A_{sy}，然後與已知斷面之 A_s 比較

　　　　當　$A_s > A_{sy}$——抗壓鋼筋已達屈服

　　　　$A_s < A_{sy}$——抗壓鋼筋未達屈服

　　　　A_{sy}——抗壓鋼筋達到屈服時，所需要之抗拉鋼筋量

由圖 5-6-1 應變圖，

$$x_y = \frac{\epsilon_c}{\epsilon_c - \epsilon_s'} \cdot d' = \frac{\epsilon_c}{\epsilon_c - f_y/E_s} \cdot d'$$

$$a_y = \beta_1 x_y$$

混凝土抗壓力　$C_{cy} = 0.85 f'_c a_y b$

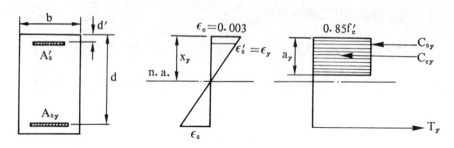

圖 5-6-1 抗壓鋼筋達到屈服狀態

抗壓鋼筋抗壓力 $C_{sy}=(f_y-0.85f'_c)A'_s$

由平衡條件，抗拉鋼筋抗拉力 $T_y=C_{cy}+C_{sy}$

$$\therefore A_{sy}=\frac{T_y}{f_y}$$

第二步驟；求解 A_{sb}，比較 A_s 與 $0.75A_{sb}$，按規範 $A_s\leq 0.75A_{sb}$

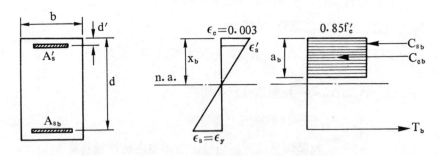

圖 5-6-2 理想狀態

由圖 5-6-2 應變圖，

$$x_b=\frac{\epsilon_c}{\epsilon_c+\epsilon_y}\cdot d$$

$$a_b=\beta_1 x_b$$

混凝土抗壓力 $C_{cb}=0.85f'_c a_b b$

抗壓鋼筋抗壓力　$C_{sb}=(f_y-0.85f'_c)A'_s$

　　當　$\epsilon'_s\geq\epsilon_y$，上式中之　$f_y=$屈服強度　(ϵ_yE_s)

　　　$\epsilon'_s<\epsilon_y$，上式中之　$f_y=\epsilon'_sE_s$

由平衡條件，抗拉鋼筋抗拉力　$T_b=C_{cb}+C_{sb}$

　　　　$\therefore\quad A_{sb}=\dfrac{T_b}{f_y}$

　　第三步驟；由第一步驟之計算得知，$A_s>A_{sy}$ 或 $A_s<A_{sy}$，然後求
　　解已知斷面之極限強度。

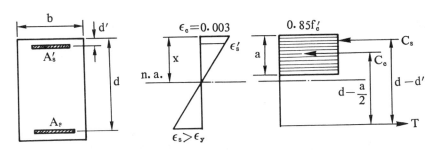

圖 5-6-3　已知斷面

　　(a) 若 $A_s>A_{sy}$──抗壓鋼筋已達屈服

　　　$T=A_sf_y$

　　　$C_s=(f_y-0.85f'_c)A'_s$

　　　$C_c=0.85f'_cab$

　　　由平衡條件 $C_c=T-C_s$

　　　$\therefore\quad a=\dfrac{C_c}{0.85f'_cb}$

　　　$\therefore\quad M_n=C_c\left(d-\dfrac{a}{2}\right)+C_s(d-d')$

(b) 若 $A_s < A_{sy}$ ——抗壓鋼筋未達屈服

$C_c + C_s = T$ 由此式可解中立軸之位置 x

上式中 $\begin{cases} C_c = 0.85 f_c'(\beta_1 x) b \\[2mm] C_s = (f_y - 0.85 f_c') A_s' = (\epsilon_s' E_s - 0.85 f_c') A_s' \\[2mm] \quad = \left[\dfrac{x - d'}{x} \cdot \epsilon_c (E_s) - 0.85 f_c' \right] A_s' \\[2mm] T = A_s f_y \end{cases}$

$a = \beta_1 x$

$\therefore \quad M_n = C_c \left(d - \dfrac{a}{2} \right) + C_s (d - d')$

例題 1 已知梁斷面 b＝36cm, d＝66cm, d'＝7cm, A_s'＝ 2-#8,

A_s＝ 8-#10, f_c'＝350kg/cm², f_y＝4,200kg/cm², 試求斷面

所能擔負之極限強度。

解

(1) 計算 A_{sy}, 比較 A_s 與 A_{sy} 以便確定抗壓鋼筋是否達到屈服。

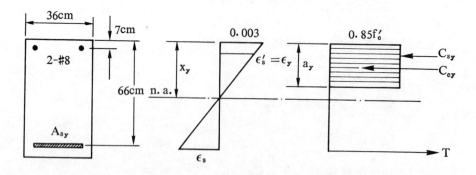

$\epsilon_y = \dfrac{f_y}{E_s} = \dfrac{4,200}{2.04 \times 10^6} = 0.00206$

$x_y = \dfrac{\epsilon_c}{\epsilon_c - \epsilon_y} \cdot d' = \dfrac{0.003}{0.003 - 0.00206} (7) = 22.34 \text{cm}$

$a_y = \beta_1 x_y = 0.80(22.34) = 17.87\text{cm}$

$C_{cy} = 0.85f_c'a_yb = 0.85(350)(17.87)(36)/1,000 = 191.4t$

$C_{sy} = (f_y - 0.85f_c')A_s'$

$\quad = (4,200 - 0.85 \times 350)(2 \times 5.07)/1,000 = 39.6t$

$T_y = C_{cy} + C_{sy} = 191.4 + 39.6 = 231t$

$A_{sy} = \dfrac{T_y}{f_y} = \dfrac{231(1,000)}{4,200} = 55.0\text{cm}^2$

$\quad$ 8-#10 之 $A_s = 65.12\text{cm}^2 > A_{sy}$

故知斷面內之 2-#8 抗壓鋼筋已達屈服。

(2) 計算最大鋼筋量，max. $A_s \leq 0.75A_{sb}$

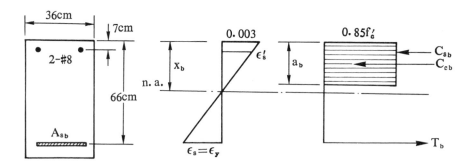

$x_b = \dfrac{\epsilon_c}{\epsilon_c + \epsilon_y} \cdot d = \dfrac{0.003}{0.003 + 0.00206}(66) = 39.13\text{cm}$

$a_b = \beta_1 x_b = 0.80(39.13) = 31.30\text{cm}$

$C_{cb} = 0.85f_c'a_bb = 0.85(350)(31.30)(36)/1,000 = 335.2t$

$\epsilon_s' = \dfrac{x_b - d'}{x_b} \cdot \epsilon_c = \dfrac{39.13 - 7}{39.13}(0.003) = 0.00246 > \epsilon_y$

$C_{sb} = (f_y - 0.85f_c')A_s'$

$\quad = (4,200 - 0.85 \times 350)(10.14)/1,000 = 39.6t$

$T_b = C_{cb} + C_{sb} = 335.2 + 39.6 = 374.8t$

$$A_{sb} = \frac{T_b}{f_y} = \frac{374.8(1,000)}{4,200} = 89.24 cm^2$$

$$max.\ A_s = 0.75A_{sb}$$

$$= 0.75(89.24) = 66.93 cm^2 > 8\,\text{-}\#10\ \text{之}\ A_s\ \text{可}$$

(3) 計算斷面所能擔負之極限強度

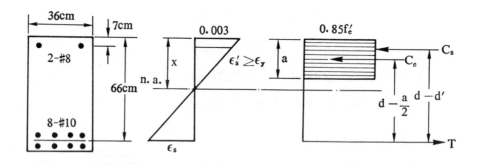

$$T = A_s f_y = 65.12(4,200)/1,000 = 273.5t$$

$$C_s = (f_y - 0.85f_c')A_s'$$

$$= (4,200 - 0.85 \times 350)(10.14)/1,000 = 39.6t$$

$$C_c = T - C_s = 273.5 - 39.6 = 233.9t$$

$$a = \frac{C_c}{0.85f_c'b} = \frac{233.9(1,000)}{0.85(350)(36)} = 21.84 cm$$

$$M_n = C_c\left(d - \frac{a}{2}\right) + C_s(d - d')$$

$$= \left[233.9\left(66 - \frac{21.84}{2}\right) + 39.6(66 - 7)\right]/100$$

$$= 151.9m\text{-}t$$

例題 2 已知梁斷面 $b = 36cm$, $d = 66cm$, $d' = 7cm$, $A_s' = 2\,\text{-}\#8$,

$A_s = 6\,\text{-}\#10$, $f_c' = 350kg/cm^2$, $f_y = 4,200kg/cm^2$, 試求斷面

所能擔負之極限強度。

解

（1）計算 A_{sy}，比較 A_s 與 A_{sy} 以便確定抗壓鋼筋是否達到屈服，

本例題已知之 b，d，d'，A_s'，f_c' 及 f_y 與例題 1 相同，故由例題

1 得 $A_{sy}=55.0cm^2$

已知 6 -#10 之 $A_s=48.84cm^2 < A_{sy}$

故知斷面內之 2 -#8 抗壓鋼筋未達屈服

（2）計算最大鋼筋量，max. $A_s \leq 0.75A_{sb}$

同已知條件，由例題 1 得最大鋼筋量

max. $A_s=66.93cm^2 >$ 6 -#10 之 A_s 可

（3）計算斷面所能擔負之極限強度

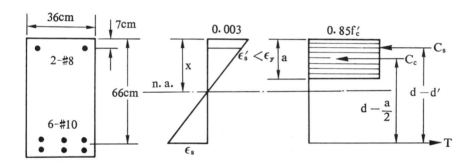

$$C_c=0.85f_c'ab=0.85f_c'(\beta_1 x)b$$

$$=0.85(350)(0.8x)(36)/1,000=8.568x^t$$

$$\epsilon_s'=\frac{x-d'}{x} \cdot \epsilon_c$$

$$C_s=(f_y-0.85f_c')A_s'=(E_s\epsilon_s'-0.85f_c')A_s'$$

$$=\left[2.04\times10^6\left(\frac{x-7}{x}\right)\times0.003-0.85(350)\right](10.14)/1,000$$

$$=62.03\left(\frac{x-7}{x}\right)-3.02$$

$$T = A_s f_y = (6 \times 8.14)(4,200)/1,000 = 205.1t$$

$$C_c + C_s = T$$

$$8.568x + \left[62.03\left(\frac{x-7}{x}\right) - 3.02\right] = 205.1$$

$$8.568x^2 - 146.09x - 434.21 = 0$$

$$x = 19.63cm$$

$$a = \beta_1 x = 0.8(19.63) = 15.70cm$$

$$\therefore \quad C_c = 8.568(19.63) = 168.1t$$

$$C_s = 62.03\left(\frac{19.63-7}{19.63}\right) - 3.02 = 36.9t \left.\begin{matrix} \\ \\ \end{matrix}\right\} = T \quad 可$$

$$M_n = C_c\left(d - \frac{a}{2}\right) + C_s(d - d')$$

$$= \left[168.1\left(66 - \frac{15.70}{2}\right) + 36.9(66 - 7)\right]/100$$

$$= 119.5m\text{-}t$$

$$M_u = \phi M_n = 0.9(119.5) = 107.6m\text{-}t$$

5-7 抗壓鋼筋屈服之準則

　　已知複鋼筋矩形梁之斷面，做應力分析計算時，首先要確定抗壓鋼筋是否已達到屈服，即是先求解 A_{sy}。A_{sy} 可應用上節之方法求得，但亦可應用下列公式直接求得。

抗拉鋼筋比　$\rho = \dfrac{A_s}{bd}$,　$A_s = \rho bd$

抗壓鋼筋比　$\rho' = \dfrac{A'_s}{bd}$,　$A'_s = \rho' bd$

$$T = A_s f_y = \rho bd f_y$$

$$C_c = 0.85f'_c ab = 0.85f'_c \beta_1 xb$$

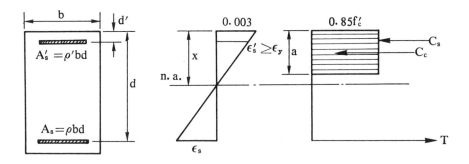

圖 5-7-1 已知斷面之抗壓鋼筋屈服狀態

$$C_s = (f_y - 0.85f'_c)A'_s = (f_y - 0.85f'_c)\rho'bd$$

$$C_c + C_s = T$$

$$0.85f'_c\beta_1 xb + (f_y - 0.85f'_c)\rho'bd = \rho bdf_y$$

$$x = \frac{f_y d}{0.85\beta_1 f'_c}\left[\rho - \rho'\left(1 - \frac{0.85f'}{f_y}\right)\right] \qquad (1)$$

由圖 5-7-1 應變圖, $\epsilon'_s = \dfrac{x - d'}{x} \cdot \epsilon_c$

若抗壓鋼筋達到屈服狀態 $\epsilon'_s \geq \epsilon_y$, 或 $\epsilon'_s E_s \geq f_y$

$$\frac{x - d'}{x} \cdot \epsilon_c E_s \geq f_y, \qquad \frac{x - d'}{x}(6,100) \geq f_y$$

$$x \geq \frac{6,100}{6,100 - f_y} \cdot d' \qquad (2)$$

(1) 式=(2) 式, 得

$$\rho - \rho'\left(1 - \frac{0.85f'_c}{f_y}\right) \geq 0.85\beta_1\left(\frac{f'_c d'}{f_y d}\right)\left(\frac{6,100}{6,100 - f_y}\right)$$

因 $\dfrac{0.85f'_c}{f_y}$ 之數值甚小, 可略去

$$\therefore \quad \rho - \rho' \geq 0.85 \beta_1 \left(\frac{f_c' d'}{f_y d} \right) \left(\frac{6,100}{6,100 - f_y} \right)$$

應用上式可直接確定已知斷面之抗壓鋼筋是否達到屈服。

例題 已知梁斷面 $b = 36$cm, $d = 66$cm, $d' = 7$cm, $A_s' = 2$ -#8,

$A_s = 8$ -#10, $f_c' = 350$kg/cm², $f_y = 4,200$kg/cm², 試求斷面內

之抗壓鋼筋是否達到屈服。

解

本例題之已知條件與 §5-6 之例題 1 相同。

$$\rho = \frac{A_s}{bd} = \frac{8(8.14)}{36(66)} = 0.0274$$

$$\rho' = \frac{A_s'}{bd} = \frac{2(5.07)}{36(66)} = 0.00427$$

$$\rho - \rho' = 0.0274 - 0.00427 = 0.02313$$

$$0.85 \beta_1 \left(\frac{f_c' d'}{f_y d} \right) \left(\frac{6,100}{6,100 - f_y} \right)$$

$$= 0.85(0.80) \left[\frac{350(7)}{4,200(66)} \right] \left(\frac{6,100}{6,100 - 4,200} \right)$$

$$= 0.01929 < (\rho - \rho')$$

故知斷面內之 2 -#8 抗壓鋼筋已達屈服。

5-8　複鋼筋矩形梁之斷面設計

斷面尺寸已知, 設該斷面配置規範所訂之容許最大量的抗拉鋼筋 $(0.75A_{sb})$, 仍不足以抵抗外力作用之極限載重, 則斷面必須使用抗壓鋼筋。使用抗壓鋼筋之另一目的是為了減少潛變及收縮所導致之長期撓度 (long-time deflection)。

複鋼筋矩形梁斷面設計之計算步驟如下：

(1) 計算斷面 b， d 之 max. A_s

$$x_b = \frac{\epsilon_c}{\epsilon_c + \epsilon_y} \cdot d$$

$$\text{max. } x = 0.75 x_b$$

$$\text{max. } a = \beta_1 (\text{max. } x)$$

$$\text{max. } C = 0.85 f'_c (\text{max. } a) b$$

$$\text{max. } A_s = \frac{T \text{ 或 } C}{f_y}$$

(2) 計算 max. A_s 斷面之 M_n

$$\text{max. } M_n = \text{max. } C \left(d - \frac{\text{max. } a}{2} \right)$$

(3) 比較 max. M_n 與已知 M_n

若　已知 $M_n >$ max. M_n，　則需 A'_s

(4) 計算斷面所需之 A'_s

抗壓鋼筋應擔負之強度 M_{ns} 應等於已知 M_n 減去混凝土之強度 M_{nc}

$$M_{ns} = M_n - M_{nc}$$

抗壓鋼筋之總壓力 $C_s = \dfrac{M_{ns}}{d - d'}$

若　$\epsilon'_s > \epsilon_y$，　則　$A'_s = \dfrac{C_s}{f_y - 0.85 f'_c}$

若　$\epsilon'_s < \epsilon_y$，　則　$A'_s = \dfrac{C_s}{\epsilon'_s E_s - 0.85 f'_c}$

(5) 計算抗拉鋼筋

$$T = \max. \ C + C_s$$

$$A_s = \frac{T}{f_y}$$

（6）核算設計斷面之 M_n

設計斷面之 $M_n \geq$ 已知 M_n

例題 1 已知梁斷面 $b=36cm$， $d=66cm$， $d'=6cm$， $f'_c=350kg/cm^2$， $f_y=4,220kg/cm^2$， 靜載重之彎矩 $M_D=30m\text{-}t$， 活載重之彎矩 $M_L=60m\text{-}t$， 設計斷面所需之鋼筋量。

解

$$M_u = 1.4M_D + 1.7M_L = 1.4(30) + 1.7(60) = 144m\text{-}t$$

$$M_n = \frac{M_u}{\phi} = \frac{144}{0.9} = 160m\text{-}t$$

（1）計算max. A_s

$$\epsilon_y = \frac{f_y}{E_s} = \frac{4,220}{2.04 \times 10^6} = 0.00207$$

$$x_b = \frac{\epsilon_c}{\epsilon_c + \epsilon_y} \cdot d = \frac{0.003}{0.003 + 0.00207}(66) = 39.05cm$$

$$\max. \ x = 0.75x_b = 0.75(39.05) = 29.29cm$$

$$\max. \ a = \beta_1(\max. \ x) = 0.80(29.29) = 23.43cm$$

$$\max. \ C = 0.85f'_c(\max. \ a)b$$

$$= 0.85(350)(23.43)(36)/1,000 = 250.94t$$

$$\max. \ A_s = \frac{T}{f_y} = \frac{250.94(1,000)}{4,220} = 59.46cm^2$$

（2） $b=36cm$， $d=66cm$ 及 $A_s=59.46cm^2$ 所構成之單鋼筋矩形梁，其斷面最大強度爲

$$\text{max. } M_n = \text{max. } C\left(d - \frac{\text{max. } a}{2}\right)$$

$$= 259.94\left(66 - \frac{23.43}{2}\right)/100$$

$$= 136.22\text{m-t} < 160\text{m-t}$$

（3）所需之 A_s'

$$M_{ns} = M_n - M_{nc} = 160 - 136.22 = 23.78\text{m-t}$$

$$C_s = \frac{M_{ns}}{d - d'} = \frac{23.78(100)}{66 - 6} = 39.63\text{t}$$

$$\epsilon_s' = \frac{x - d'}{x} \cdot \epsilon_c = \frac{29.29 - 6}{29.29}(0.003) = 0.00238 > \epsilon_y$$

$$A_c' = \frac{C_s}{f_y - 0.85 f_c'} = \frac{39.63(1,000)}{4,220 - 0.85(350)} = 10.10\text{cm}^2$$

（4）所需之 A_s

$$T = \text{max. } C + C_s = 250.94 + 39.63 = 290.57\text{t}$$

$$A_s = \frac{T}{f_y} = \frac{290.57(1,000)}{4,220} = 68.86\text{cm}^2$$

採用 5-#9 和 5-#10 和抗拉鋼筋，　2-#8 抗壓鋼筋

（5）核算設計斷面之 M_n

$$T = A_s f_y = 73.10(4,220)/1,000 = 308.48\text{t}$$

$$C_s = (f_y - 0.85 f_c')A_s'$$

$$= [4,220 - 0.85(350)](10.14)/1,000 = 39.77\text{t}$$

$$C_c = T - C_s = 308.48 - 39.77 = 268.71\text{t}$$

$$a = \frac{C_c}{0.85 f_c' b} = \frac{268.71(1,000)}{0.85(350)(36)} = 25.09\text{cm}$$

$$M_n = C_c\left(d - \frac{a}{2}\right) + C_s(d - d')$$

$$= \left[268.71\left(66 - \frac{25.09}{2}\right) + 39.77\,(66 - 6)\right]/100$$

$$=167.\ 50\text{m-t} > 160\text{m-t} \quad 可$$

例題 2 如同例題 1 之已知，若令 $x=0.\ 375x_b$，設計斷面所需之鋼筋量。

解

$$x=0.\ 375x_b=0.\ 375(39.\ 05)=14.\ 64\text{cm}$$

$$a=\beta_1 x=0.\ 80(14.\ 64)=11.\ 71\text{cm}$$

$$C_c=0.\ 85f'_c ab$$

$$=0.\ 85(350)(11.\ 71)(36)/1,000=125.\ 41\text{t}$$

$$M_{nc}=C_c\left(d-\frac{a}{2}\right)$$

$$=125.\ 41\left(66-\frac{11.\ 71}{2}\right)/100=75.\ 43\text{m-t} < 160\text{m-t}$$

故斷面需要抗壓鋼筋

$$M_{ns}=M_n-M_{nc}=160-75.\ 43=84.\ 57\text{m-t}$$

$$C_s=\frac{M_{ns}}{d-d'}=\frac{84.\ 57(100)}{66-6}=140.\ 95\text{t}$$

$$T=C_c+C_s=125.\ 41+140.\ 95=266.\ 36\text{t}$$

$$A_s=\frac{T}{f_y}=\frac{266.\ 36(1,000)}{4,220}=63.\ 12\text{cm}^2$$

$$\epsilon'_s=\frac{x-d'}{x}\cdot\epsilon_c=\frac{14.\ 64-6}{14.\ 64}(0.\ 003)=0.\ 00177 < \epsilon_y$$

$$A'_s=\frac{C_s}{\epsilon'_s E_s-0.\ 85f'_c}$$

$$=\frac{140.\ 95\ (1,000)}{0.\ 00177(2.\ 04\times10^6)-0.\ 85(350)}=42.\ 54\text{cm}^2$$

習　　題

1. 依據強度設計法之規範，規定矩形梁斷面之抗拉鋼筋量，不得超過平衡狀態鋼筋量之 75%，其原因何在?

2. 試繪矩形梁之斷面圖、應變圖及應力圖，並以符號註明之。

3. 已知矩形梁之斷面 b＝30cm，　d＝50cm，　A_s＝4-#9，f_c'＝280kg/cm²，　f_y＝3,500kg/cm²，　試求該斷面所能擔負之強度。

4. 已知彎曲力矩 M_u＝40m-t，f_c'＝280kg/cm²，　f_y＝3,500kg/cm²，設計斷面之大小 b，　d 及鋼筋量 A_s。

5. 已知簡支梁之跨徑 l＝6m，　梁上之均布活載重 w_L＝3t/m，f_c'＝280kg/cm²，f_y＝2,800kg/cm²，　設計斷面之大小 b，　d 及鋼筋量 A_s。

6. 已知矩形梁之斷面 b＝32cm，　d＝52cm，　d′＝6cm，A_s'＝3-#7，A_s＝8-#9，　f_c'＝280kg/cm²，f_y＝3,500kg/cm²，試求該斷面所能擔負之強度。

7. 已知矩形梁之斷面 b＝32cm，　d＝54cm，　d′＝6cm，f_c'＝280kg/cm²，f_y＝3,500kg/cm²，M_D＝30m-t，M_L＝52m-t，試求該斷面所需要之鋼筋量。

第 六 章
剪力、斜張力、裹握力及錨定

6-1 引　言

凡受撓桿件如版梁等，除受彎曲力矩作用之外，同時尚承受剪力 (shear) 之作用。本章主要討論受撓桿件的剪力問題。

鋼筋混凝土桿件受剪力破壞之情況，較受撓曲破壞之情況爲冗突且不甚規則與不易確定。混凝土之抗拉強度遠比抗壓強度小，而抗剪強度是在兩者之間，通常所謂剪力破壞其實就是斜張力 (diagonal tension) 破壞，偶而也會發生斜壓力 (diagonal compression) 破壞。

剪力在鋼筋混凝土梁中之分布，在理論和實用上都是一項複雜的問題，雖然在梁內任割一元素 (element)，於該元素均有水平剪力及垂直剪力之作用，但剪力所引起之破壞甚少發生水平或垂直方向之損壞。

桿件之剪力設計基於一項假設，卽混凝土斷面可以承受部分剪力，超過混凝土斷面之承受剪力能力時，超過部分之剪力由腰鋼筋 (web reinforcement) 承受。

圖 6-1-1 爲一承受各種載重之簡支梁，該梁之任一斷面均有彎矩及剪力之作用，若該梁是爲均質梁 (homogeneous beam)，則由材料力學可知斷面上之應力分布情形。彎矩使斷面之應力分布爲直線變化，如圖 6-1-2(b) 所示，上下緣之纖維應力 (fiber stress) 爲最大，中立軸上之纖維應力爲零。剪力使斷面之應力分布爲拋物線變化，如圖 6-1-2(c)

所示，上下緣之纖維應力爲零，而中立軸上之纖維應力爲最大。

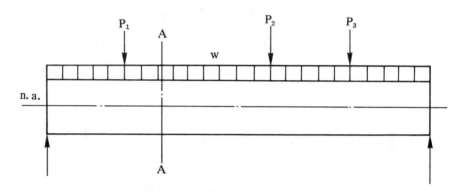

圖 6-1-1

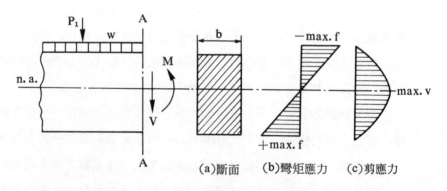

(a)斷面　　(b)彎矩應力　　(c)剪應力

圖 6-1-2

彎矩應力　$f = \dfrac{My}{I}$

　　M——作用於斷面之彎矩

　　y ——距中立軸之距離

　　I ——斷面之轉動慣量

剪應力　$v = \dfrac{VQ}{Ib}$

V——作用於斷面之剪力

Q——斷面上任何面與外緣包含之面積對於中立軸之力矩

b——梁之寬度

　　若是鋼筋混凝土梁，其斷面之應力分布則截然不同。如圖 **6-1-3** 所示，中立軸以上之部分，其彎矩應力及剪應力分布與均質梁相同，但中立軸以下部分，因拉應力集中於抗拉鋼筋，彎矩拉應力不予以考慮，又剪應力仍維持最大值至鋼筋位置。

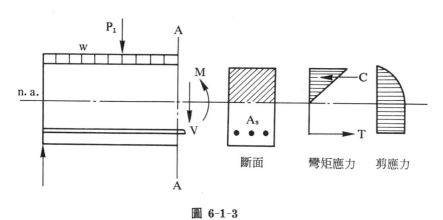

圖 **6-1-3**

6-2　斜 張 力

　　我們可以用力學理論來分析均質梁上之應力，鋼筋混凝土梁在裂縫形成前可能有如均質梁相同的應力。

　　圖 **6-2-1** 爲一承受均布載重之簡支梁，在 x‐x 斷面上之不同位置取出三小塊元素，A元素處於中立軸上，B元素在中立軸上方，C元素在中立軸下方，然而以力學理論分析此三小塊元素之應力。

　　元素A只承受剪應力，而沒有彎矩應力。在這種所謂純剪力 (pure shear) 作用下，與垂直方向成 45° 之斜面上則有斜壓應力作用，又與

垂直方向成 135° 之斜面上則有斜張應力作用，斜壓應力和斜張應力之大小恰好等於剪應力。如圖 **6-2-1** 所示。

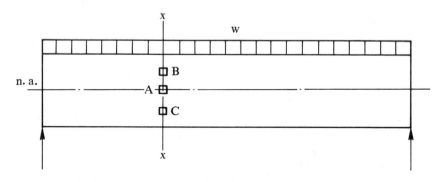

圖 **6-2-1**

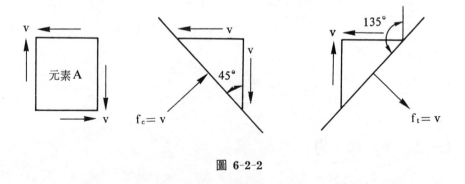

圖 **6-2-2**

元素 B 除了承受剪應力外，尚有壓應力，設截切之 θ 角斜面上只有斜壓應力作用，同時在（90＋θ）角斜面上只有斜張應力作用，這種斜應力是作用於斜面上之最大應力。如圖 **6-2-3** 所示。

元素 C 除了承受剪應力外，尚有拉應力，與元素 B 之情形相同，在 θ 角及（90°＋θ）角之斜面上，分別有最大之斜壓應力及斜張應力作用。如圖 **6-2-4** 所示。

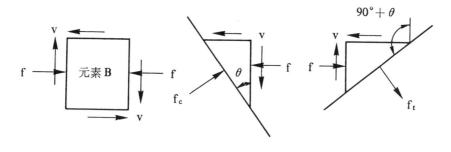

圖 6-2-3

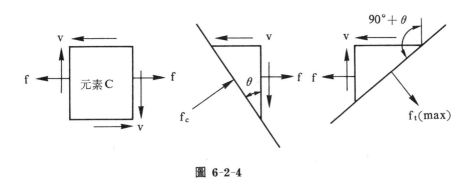

圖 6-2-4

　　斜壓應力對於混凝土之破壞影響甚微，但斜張應力則對於混凝土相
當不利，亦就是易構成所謂剪力破壞之主因。

　　三元素中之斜張應力以元素 C 爲最大，其大小爲

$$f_{t(max)} = \frac{f}{2} + \sqrt{\left(\frac{f}{2}\right)^2 + v^2} \qquad (1)$$

最大斜張應力作用面之斜度 θ 爲

$$\tan 2\theta = \frac{2v}{f} \qquad (2)$$

圖 6-2-5 示一鋼筋混凝土梁破壞之裂縫情形。

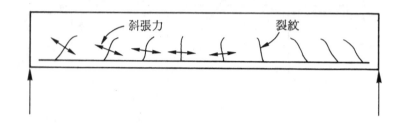

圖 6-2-5

在簡支梁中，靠近梁中央之 v ≈ 0 ，故上列公式 (1) 和 (2) 得知 $f_t= f$ ，又 $\theta = 0°$ ，裂縫幾乎成垂直。靠近支點處之 f ≈ 0 ，故 $f_t= v$ 又 $\theta = 45°$ ，裂縫幾乎成 45° 之斜面。

6-3 剪 應 力

圖 **6-3-1(a)** 示一承受均布載重之鋼筋混凝土簡支梁，在梁中截取 dx 小段為自由體 (free body)，圖 **(b)** 示中立軸上方之自由體，圖 **(c)** 示中立軸下方之自由體。

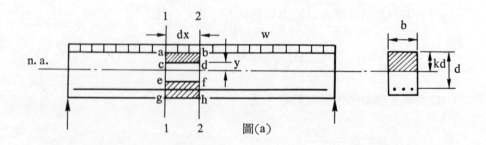

圖(a)

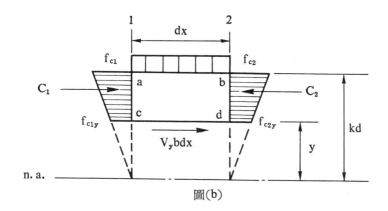

圖(b)

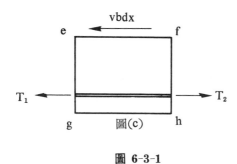

圖(c)

圖 6-3-1

由水平力平衡之條件　$\sum H = 0$　得

$$v_y bdx = C_2 - C_1 \qquad (1)$$

式中　v_y　爲距中立軸 y 距離之平面的單位水平剪應力。

$$C_1 = \frac{1}{2}(f_{c1} + f_{c1y})(kd - y)\, b \qquad (2)$$

$$f_{c1y} = \frac{y}{kd} f_{c1} \qquad (3)$$

以 (3) 式代入 (2) 式得

$$C_1 = \frac{1}{2}f_{c1}\left(1 + \frac{y}{kd}\right)(kd - y)\,b$$

$$= \frac{1}{2}f_{c1}kbd\left[1 - \left(\frac{y}{kd}\right)^2\right] \tag{4}$$

因斷面 1-1 之總壓力 $C = \frac{1}{2}f_{c1}kdb$

又斷面 1-1 之彎矩 $M_1 = Cjd = \frac{1}{2}f_{c1}kjbd^2$

$$\therefore \quad f_{c1} = \frac{2M_1}{kjbd^2} \tag{5}$$

以 (5) 式代入 (2) 式得

$$C_1 = \frac{M_1}{jd}\left[1 - \left(\frac{y}{kd}\right)^2\right]$$

同理 $\qquad C_2 = \frac{M_2}{jd}\left[1 - \left(\frac{y}{kd}\right)^2\right]$

由 (1) 式 $\quad v_y = \frac{1}{bdx}(C_2 - C_1)$

$$= \left(\frac{M_2 - M_1}{dx}\right)\frac{1}{bjd}\left[1 - \left(\frac{y}{kd}\right)^2\right]$$

$$= \frac{V}{bjd}\left[1 - \left(\frac{y}{kd}\right)^2\right] \tag{6}$$

距中立軸 y 距離之平面的水平剪應力得由 (6) 式表示之。 在中立軸處, $y = 0$, 則 v_y 爲最大

$$\therefore \quad v = \frac{V}{bjd} \tag{7}$$

因一般認爲斜張力之作用極爲複雜並牽涉到許多因素, 由 (7) 式所計算之剪應力並非實際之值。計算鋼筋混凝土梁任何斷面之剪應力, 按規範之規定如下:

$$v = \frac{V}{bd}$$

若以強度設計法計算剪應力時　$v_u = \frac{V_u}{\phi bd}$

6-4　腰　鋼　筋

　　既然鋼筋混凝土梁可能受斜張力之作用而破壞，因此在設計中必須配置適當數量之鋼筋以抵抗此項斜張力。這種專爲負荷斜張力作用之鋼筋稱爲腰鋼筋 (web reinforcement)。

　　通常採用之腰鋼筋型式有下列四種：

　1. 垂直鋼箍 (vertical stirrup)，又稱垂直肋筋

　　與水平抗拉鋼筋成垂直之腰鋼筋，稱爲垂直鋼箍，鋼箍之形式有 u 型、閉型及雙 u 型等，如圖 6-4-1 所示。

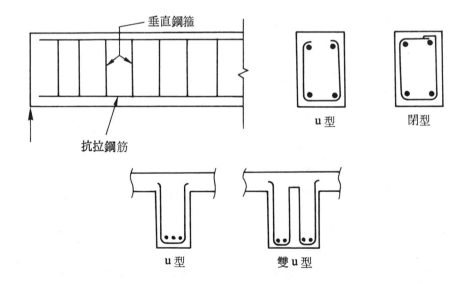

圖 6-4-1

通常在梁斷面之抗壓面內置有兩根鋼筋以便固定鋼箍。

2. 斜鋼箍 (diagonal or inclined stirrup)

將鋼箍焊接於抗拉鋼筋並與之成 α 角之腰鋼筋, 此種斜鋼箍必須以焊接固定其位置, 故施工費時, 但對於抵抗斜張力之效果較大, 如圖 6-4-2 所示。

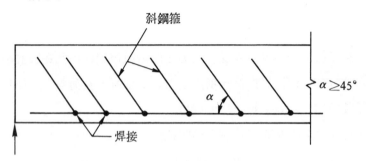

圖 6-4-2

3. 彎折鋼筋 (bent-up bar)

將縱向抗拉鋼筋的一部分彎曲成 α 角之斜度, 彎折段可當作腰鋼筋, 彎折後之水平段可作抵抗負彎矩之抗拉鋼筋。如圖 6-4-3 所示。

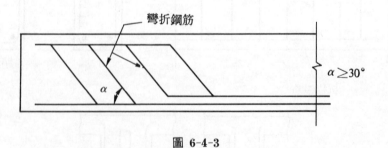

圖 6-4-3

4. 組合鋼箍

梁內同時採用垂直鋼箍和彎折鋼筋, 或垂直鋼箍和斜鋼箍併用, 如圖 6-4-4 所示。

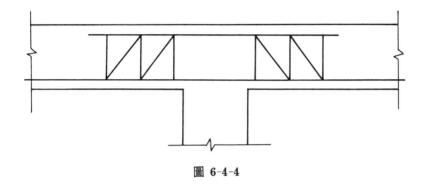

圖 6-4-4

ACI 規範亦容許採用圓形或方形的螺旋鋼箍，如圖 6-4-5 所示。

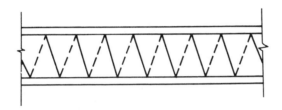

圖 6-4-5

　　雖然腰鋼筋可增加桿件之極限剪力強度(ultimate shear strength)，但在斜裂縫形成之前，腰鋼筋對於抗剪力之作用甚微。當斜裂縫發生後，在裂縫斷面上之內力將重新分配。若梁內腰鋼筋用量太少，則此項腰鋼筋在裂縫形成時將迅速趨於屈服 (yielding)，該梁因此破壞。若梁內腰鋼筋量過高時，則在腰鋼筋到達屈服前，梁內可能產生剪壓破壞 (shear-compression failure)。所以腰鋼筋之最適當用量為當裂縫產生後，腰鋼筋與壓力面混凝土二者同時負荷逐漸增大之剪力，直到腰鋼筋屈服為止，因而可確定該梁慢慢之破壞。此種鋼箍可制止裂縫之擴張而提供梁之延展性。

6-5　混凝土之容許剪應力

　　在梁內產生之剪應力，其中一部分由混凝土來擔負，剩餘部分始由
腰鋼筋來負荷。雖然任一斷面上之撓曲應力與剪應力的確實分配情形尚
不甚明瞭，但從推理及試驗可預期無腰鋼筋梁之最終剪力強度。欲求無
腰鋼筋梁之抗剪強度，必須同時採用合理法及經驗法，先依據某些假定
以合理法定出有關的變數，再由試驗結果之統計求出諸變數間之關係。
有關混凝土之抗剪強度，ACI 曾作無數次之試驗結果，訂出其規範之公
式。我國建築技術規則第 431 條亦有規定。

　1.　工作應力設計法之混凝土容許剪應力 v_c

簡化式　　$v_c = 0.29\sqrt{f'_c} < 0.51\sqrt{f'_c}$ (kg/cm²)

精確式　　$v_c = 0.28\sqrt{f'_c} + 97\rho_w\dfrac{Vd}{M} < 0.51\sqrt{f'_c}$ (kg/cm²)

式中　　　f'_c——混凝土抗壓強度

　　　　　ρ——鋼筋比 A_s/bd

　　　　　V——剪力

　　　　　M——彎矩

　　　　　d——梁之有效深度

　2.　強度設計法之混凝土容許剪應力 v_c

簡化式　　$v_c = 0.53\sqrt{f'_c} < 0.928\sqrt{f'_c}$ (kg/cm²)

精確式　　$v_c = 0.504\sqrt{f'_c} + 176\rho_w\dfrac{V_u d}{M_u} < 0.928\sqrt{f'_c}$ (kg/cm²)

式中　　　V_u——極限剪力

M_u——極限彎矩

$$\frac{V_u d}{M_u} \leq 1$$

6-6　腰鋼筋之抗剪強度

當梁內產生之剪應力大於混凝土本身所能擔負之容許剪應力時，該梁須作腰鋼筋之設計，

設　V_n——作用於梁斷面之標稱剪力強度

　　V_c——混凝土擔負之剪力強度

　　V_s——腰鋼筋擔負之剪力強度

則　$V_n = V_c + V_s$

或　$v_n = v_c + v_s$

1.　垂直鋼箍之抗剪強度

設穿過一個標準的 45° 斜張力裂縫面共有 n 根垂直鋼箍，每根鋼箍之斷面積為 A_v，其屈服強度 f_y，則每根鋼箍所能擔負之剪力強度為 $A_v f_y$，假若梁內排有間距 s 之鋼箍，則鋼箍所能擔負之剪應力 v_s 可由下式表示之。

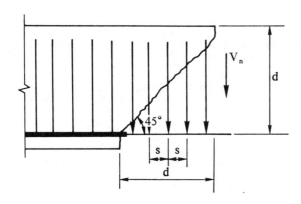

$$V_n = V_c + V_s$$

$$= V_c + nA_vf_y$$

$$= V_c + \frac{d}{s}A_vf_y$$

$$\therefore \quad v_s = \frac{V_s}{bd} = \frac{A_vf_y}{bs}$$

換言之，欲排置某種號碼之鋼箍，令其擔負 v_s 之剪應力，則所需要之間距爲

$$s = \frac{A_vf_y}{bv_s}$$

2. 斜鋼箍之抗剪強度

設穿過一個標準 45° 斜張力裂縫面共有 n 根斜角 α 之斜鋼箍，每根斜鋼箍之斷面積 A_v，其屈服強度 f_y，則每根斜鋼箍所能擔負之剪力強度爲 $A_vf_y\sin\alpha$，假若梁內排有間距 s 之斜鋼箍，則斜鋼箍所能擔負之剪應力 v_s 可由下式表示之。

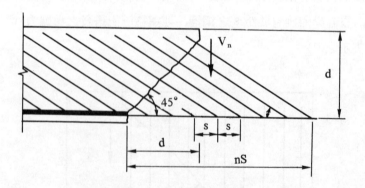

$$V_n = V_c + V_s$$

$$= V_c + nA_vf_y\sin\alpha$$

$$ns = d(\cot 45° + \cot\alpha) = d(1 + \cot\alpha)$$

$$n = \frac{d(1 + \cot\alpha)}{s}$$

$$\therefore \quad v_s = \frac{V_s}{bd} = \frac{nA_v f_y \sin\alpha}{bd}$$

$$= \frac{A_v f_y (\sin\alpha + \cos\alpha)}{bs}$$

6-7　剪力設計之規範

有關剪力設計，ACI 訂有詳細之規範。我國建築技術規則在第 428 條至 439 條內亦有詳細之規定。將其中之要點綜合摘要敍明如下:

1. 工作應力設計法

(1) 鋼筋混凝土梁內任何斷面之剪應力 v

$$v = \frac{V}{bd}$$

梁中最大剪力 V 是在距支點表面 d 處之斷面。

(2) 混凝土所能擔負之容許剪應力 v_c

簡化式　$v_c = 0.29\sqrt{f_c'}$

精確式　$v_c = 0.28\sqrt{f_c'} + 97\rho_w \dfrac{Vd}{M}$

但　$v_c \leq 0.51\sqrt{f_c'}$

$$\frac{Vd}{M} \leq 1$$

(3) 梁內需要腰鋼筋之間距 s

垂直鋼箍時， $s = \dfrac{A_v f_v}{b(v - v_c)}$

斜鋼箍時， $s = \dfrac{A_v f_v}{b(v - v_c)}(\sin\alpha + \cos\alpha)$

(4) 最少腰鋼筋需要量應為

$$\text{min. } A_v = \dfrac{3.52bs}{f_y}$$

或最大間距限制為

$$\text{max. } s = \dfrac{A_v f_y}{3.52b}$$

(5) 梁內所生之剪應力不得超過

$$v_s \leq 1.17\sqrt{f'_c}$$

(6) 若採用垂直鋼箍

當 $v_s \leq 0.58\sqrt{f'_c}$ 時, $\text{max. } s = \dfrac{d}{2}$

$v_s > 0.58\sqrt{f'_c}$ 時, $\text{max. } s = \dfrac{d}{4}$

(7) 梁內腰鋼筋放置之範圍，應超出理論上所需之位置，而延伸至斷面之應力為 $v_c/2$ 處。

2. 強度設計法

(1) 鋼筋混凝土梁內任何斷面之剪強度力 V_n

$$V_n = V_c + V_s$$

或 $v_n = v_c + v_s$

$$v_n = \dfrac{V_n}{bd} = \dfrac{V_u}{\phi bd}, \quad \phi = 0.85$$

梁中最大剪力 V_u 是在距支點表面 d 處之斷面。

(2) 混凝土所能擔負之容許剪應力 v_c

簡化式　$V_c=0.53\sqrt{f_c'}b_w d$　或　$v_c=0.53\sqrt{f_c'}$

精確式　$V_c=\left(0.504\sqrt{f_c'}+176\ \rho_w\dfrac{V_u d}{M_u}\right)b_w d$

但　$V_c\leq0.928\sqrt{f_c'}b_w d$

$\dfrac{V_u d}{M_u}\leq1$

(3) 梁內需要腰鋼筋之間距 s

垂直鋼箍時，　$s=\dfrac{A_v f_y d}{V_s}=\dfrac{\phi A_v f_y d}{V_u-\phi V_c}$

斜鋼箍時，　　$s=\dfrac{\phi A_v f_y d}{V_u-\phi V_c}(\sin\alpha+\cos\alpha)$

(4) 最少腰鋼筋需要量應為

$$\text{min. } A_v=\dfrac{3.52bs}{f_y}$$

或最大間距限制為

$$\text{max. } s=\dfrac{A_v f_y}{3.52b_w}$$

(5) 梁內所生之剪應力不得超過 $v_s\leq2.12\sqrt{f_c'}$

(6) 若採用垂直鋼箍

當　$V_s\leq1.06\sqrt{f_c'}\ b_w d$ 時，$\text{max. } s=\dfrac{d}{2}$

$V_s>1.06\sqrt{f_c'}\ b_w d$ 時，$\text{max. } s=\dfrac{d}{4}$

(7) 梁內腰鋼筋放置之範圍，應超出理論上所需之位置，而延伸至斷面之應力爲 $V_c/2$ 處。

綜合上列之兩大設計法之規範，除（4）項完全相同之外，其餘各項，卽是工作應力設計法爲強度設計法之 55%。

6-8 鋼筋混凝土梁之剪應力圖

上節已詳述有關剪力設計之規範，當做剪力設計時，通常將剪應力

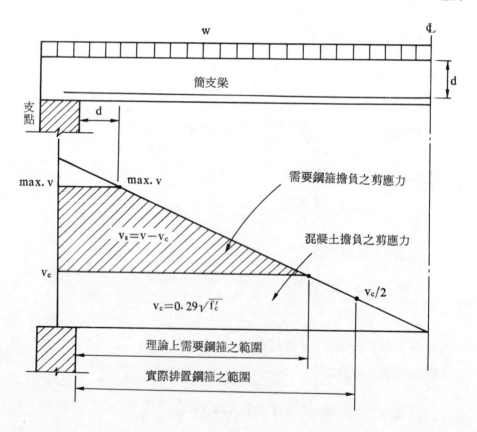

圖 6-8-1

圖繪出以利計算之進行。

1. 工作應力設計法之剪應力圖

若以簡化式計算時，則如圖 **6-8-1** 所示，若以精確式計算時，則如圖 **6-8-2** 所示。

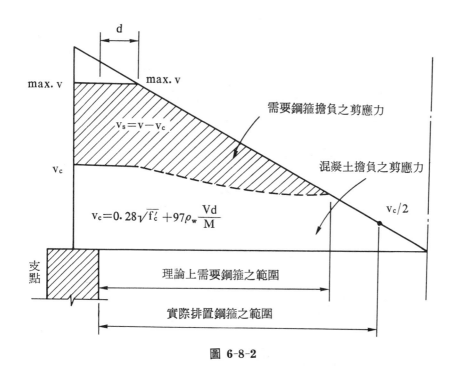

$$v_c = 0.28\sqrt{f'_c} + 97\rho_w \frac{Vd}{M}$$

圖 **6-8-2**

2. 強度設計法之剪應力圖

若以簡化式計算時，則如圖 **6-8-3** 所示，若以精確式計算時，則如圖 **6-8-4** 所示。

以精確式做剪力設計稍嫌繁雜，因公式 v_c 中之 V_u/M_u 值爲變數，混凝土擔負之容許剪應力自距支點表面 d 處開始爲曲線變化，一般均以簡化式做剪力設計。

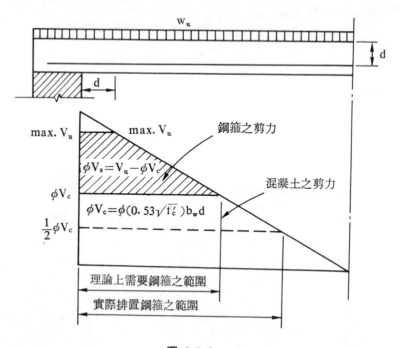

圖 6-8-3

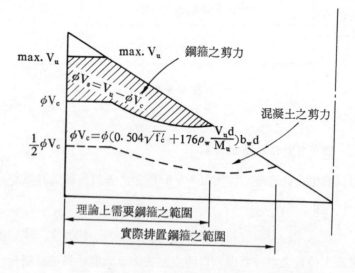

圖 6-8-4

6-9　腰鋼筋之設計例題

例題 1　已知簡支梁如圖 **6-9-1** 所示，b ＝32cm，d ＝60cm，淨跨徑

l ＝6m，梁上承受之活載重 w_L＝5.6t/m，靜載重（包括梁自

重）w_D＝3.7t/m，f'_c＝210kg/cm²，f_v＝1,400kg/cm²，f_y＝

2,800kg/cm²，據工作應力設計法，試作腰鋼筋之設計。

解

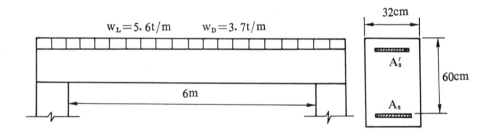

圖 6-9-1

支點表面之剪力　$V = \frac{1}{2}wl = \frac{1}{2}(3.7+5.6)(6) = 27.9t$

剪應力　$v = \frac{V}{bd} = \frac{27.9(1,000)}{32(60)} = 14.53 kg/cm^2$

距支點表面 d 處之剪力　$V_{max} = \frac{1}{2}w(l-2d)$

$$= \frac{1}{2}(3.7+5.6)\left(6 - \frac{2 \times 60}{100}\right)$$

$$= 22.32t$$

剪應力　$v_{max} = \frac{22.32(1,000)}{32(60)} = 11.63 kg/cm^2$

混凝土擔負之容許剪應力　$v_c = 0.29\sqrt{f'_c}$

$$v_c = 0.29\sqrt{210} = 4.20 \text{kg/cm}^2 < 11.63 \text{kg/cm}^2$$

故梁內需要放置腰鋼筋。

由圖 **6-9-2** 之剪應力圖所示， 理論上需要腰鋼筋之斷面為 A 點， 其距支點表面之距離 x_1 為

$$x_1 = \frac{14.53 - 4.20}{14.53}(300) = 213.3 \text{cm}$$

按規範， 腰鋼筋排置應延伸至 $v_c/2$ 斷面 B 點， 其距支點表面之距離 x_2，卽需要腰鋼筋之全長，

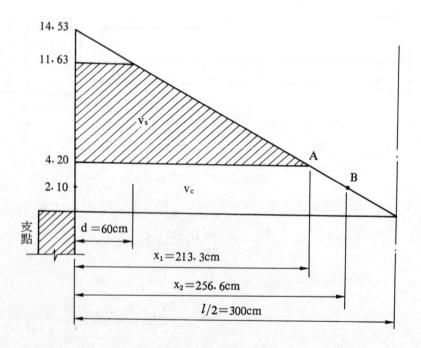

圖 **6-9-2**

$$x_2 = \frac{14.53 - 2.10}{14.53}(300) = 256.6\text{cm}$$

$$v_s = v - v_c = 11.63 - 4.20 = 7.43\text{kg/cm}^2$$

$$0.58\sqrt{f'_c} = 0.58\sqrt{210} = 8.40\text{kg/cm}^2 > v_s$$

故梁內最大間距：$\text{max}.\,s = \dfrac{d}{2} = \dfrac{60}{2} = 30\text{cm}$

設擬採用#3U型垂直鋼筋，$A_v = 2(0.71) = 1.42\text{cm}^2$

排置最少腰鋼筋量之間距：

$$\text{max}.\,s = \frac{A_v f_y}{3.52b} = \frac{1.42(2,800)}{3.52(32)} = 35.3\text{cm}$$

兩種 max. s 中應取 max. s = 30cm

最大剪應力處之腰鋼筋間距：

$$s = \frac{A_v f_v}{b\,(v - v_c)} = \frac{1.42(1,400)}{32(11.63 - 4.20)} = 8.36\text{cm}$$

距支點面之距離 cm	v kg/cm²	v_c kg/cm²	$s = \dfrac{A_v f_v}{b\,(v - v_c)}$cm
0～60	11.63	4.20	8.36
80	10.65	4.20	9.63
100	9.68	4.20	11.33
130	8.23	4.20	15.41
150	7.26	4.20	20.30
170	6.29	4.20	29.72≈30

距支點面 170cm 起之鋼箍間距均為 30cm。 腰鋼筋之排列如 **圖6-9-3** 所示。

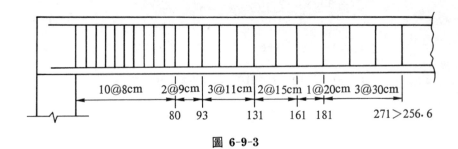

圖 6-9-3

例題 2 已知簡支梁如圖 **6-9-1** 所示， b＝32cm， d＝60cm， 淨跨徑 l＝6m， 梁上承受之活載重 w_L＝5.6t/m， 靜載重（包括梁自重）w_D＝3.7t/m, f'_c＝210kg/cm², f_y＝2,800kg/cm²， 據強度設計法， 試作腰鋼筋之設計。

解

設計載重 w_u＝1.4w_D＋1.7w_L

$$＝1.4(3.7)＋1.7(5.6)＝14.7t/m$$

支點表面之剪力 V_u＝$\frac{1}{2}w_u l$＝$\frac{1}{2}(14.7)(6)$＝44.1t

距支點表面 d 處之剪力

$$V_{u(max)}＝\frac{1}{2}w_u(l-2d)＝\frac{1}{2}(14.7)\left(6-\frac{2\times60}{100}\right)＝35.28t$$

混凝土擔負之容許剪應力

$$v_c＝0.53\sqrt{f'_c}\,bd＝0.53\sqrt{210}(32)(60)/1,000＝14.75t$$

$$\phi v_c＝0.85(14.75)＝12.53t<35.28t$$

故梁內需要放置腰鋼筋。

由 圖 **6-9-4** 之剪應力圖所示， 理論上需要腰鋼筋之斷面爲A點， 其距支點表面之距離 x_1 爲

$$x_1 = \frac{44.1 - 12.53}{44.1}(3.0) = 2.14m$$

按規範，腰鋼筋排置應延伸至 $v_c/2$ 斷面 B 點，其距支點表面之距離 x_2，卽需要腰鋼筋之全長。

$$x_2 = \frac{44.1 - 6.27}{44.1}(3.0) = 2.57m$$

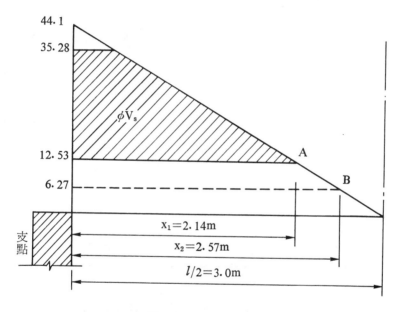

圖 6-9-4

$$\phi V_s = \text{max.} V_u - \phi V_c = 35.28 - 12.53 = 22.75t$$

$$1.06\phi\sqrt{f_c'}bd = 1.06(0.85)\sqrt{210}(32)(60)/1,000$$

$$= 25.07t$$

因　$V_s < 1.06\sqrt{f_c'}bd$

故梁內最大間距：$\text{max.} s = \frac{d}{2} = \frac{60}{2} = 30cm$

設擬採用 #3U 型垂直鋼箍，$A_v = 2(0.71) = 1.42\,cm^2$

排置最少腰鋼筋量之間距：

$$max.\ s = \frac{A_v f_y}{3.52b} = \frac{1.42(2,800)}{3.52(32)} = 35.3cm$$

兩種 max.s 中應取 max.s＝30cm

最大剪應力處之腰鋼筋間距：

$$s = \frac{\phi A_v f_y d}{V_u - \phi V_c} = \frac{0.85(1.42)(2,800)(60)}{22.75(1,000)} = 8.91cm$$

距支點面之距離 x cm	x 處之 $V_u = \dfrac{300-x}{300}(44.1)$ t	ϕV_c t	$s = \dfrac{\phi A_v f_y d}{V_u - \phi V_c}$ cm
0 ~60	35.28	12.53	8.91
80	32.34	12.53	10.24
100	29.40	12.53	12.02
130	24.99	12.53	16.27
170	19.11	12.53	30.82>30

距支點面 170cm 起之鋼箍間距均為 30cm， 腰鋼筋之排列如

圖 6-9-5 所示。

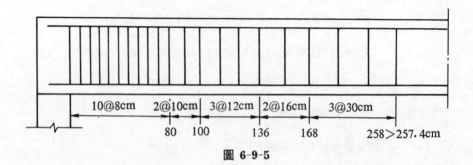

圖 6-9-5

6-10 裹握力與錨定

鋼筋混凝土梁中之拉應力係假定全由抗拉鋼筋所擔負，梁中拉應力層之混凝土視為供傳達拉應力至鋼筋之用，其本身並不擔負任何拉應力。欲期拉應力確能傳達至鋼筋，必須混凝土能緊密附着於鋼筋，受力時兩者不致脫離。此項鋼筋表面與混凝土間之附著力稱為裹握力（bond），其單位面積上之應力稱為裹握應力（bond stress）。

為增強鋼筋與混凝土之裹握力，或阻止鋼筋自混凝土中被拔出，通常將鋼筋之埋置長度延伸，如若因空間之限制而無法使鋼筋充分延伸時，可將鋼筋之末端彎成鈎形，此稱為錨定（anchorage）。

裹握力分為兩種，一種是錨定裹握（anchorage bond），一種是撓曲裹握（flexural bond）。

1. 錨定裹握

彎矩作用下所生之拉應力皆由抗拉鋼筋所承擔，儘管配置之抗拉鋼筋面積多大，若未能在混凝土內充分發揮裹握作用，鋼筋將被拔出。因此梁內之抗拉鋼筋與彎矩容量之關係，不僅涉及其鋼筋斷面性質，還牽涉到兩端之埋置長度（embedment length）。所謂錨定裹握乃指抗拉鋼筋，自末端之拉力零至某張力 T 這一段內之裹握力。

如圖 6-10-1 所示，鋼筋末端 A 點所受之拉力必為零，設 B 點所受之拉力為 T，欲使該鋼筋於受拉力 T 後，仍不致發生滑動，則必須令 L 長度內之鋼筋與混凝土間之裹握力等於 T。裹握力之大小決定於鋼筋與混凝土間之容許裹握應力 u，埋置長度 L，及鋼筋之直徑 d_b。

AB 段之裹握力 $= \pi d_b u L$

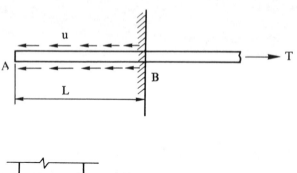

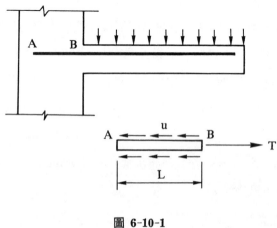

圖 6-10-1

鋼筋所受之拉力　$T = A_s f_s = \dfrac{\pi d_b^2}{4} f_s$

$$\pi d_b u L = \dfrac{\pi d_b^2}{4} f_s$$

$$\therefore \quad u = \dfrac{f_s d_b}{4L}$$

　　設 u 表示容許裹握應力，欲使鋼筋不致於拔出，其所需要埋置長度應為

$$L = \dfrac{f_s d_b}{4u}$$

若以強度設計法計算　$L = \dfrac{f_y d_b}{4u_u}$

2. 撓曲裹握

　如圖 **6-10-2** 所示，自撓曲桿件中之抗拉鋼筋，截取一小段 dx，其兩端之拉力由 T 變化為 T ＋ Δ T，此小段內之裹握力稱為撓曲裹握。最大撓曲裹握應力產生在高剪力之斷面，如連續梁之反曲點及簡支梁之端點。雖然錨定之埋置長度已足够，但仍有核算撓曲裹握應力之必要。

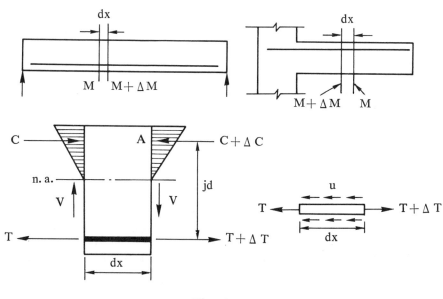

圖 6-10-2

　設鋼筋之直徑為 d_b，所生之握裹應力為 u，鋼筋之周長為 $\sum_0$。由力之平衡條件 （T ＋ Δ T）－ T ＝$\pi d_b u dx$

$$\therefore \quad \Delta T = \sum_0 u dx$$

對於 A 點之彎矩總和為零，得

$$T jd + V dx - (T + \Delta T) jd = 0$$

$$\therefore \quad \Delta T = \frac{Vdx}{jd}$$

即 $\quad \dfrac{Vdx}{jd} = \sum_0 udx$

$$\therefore \quad u = \frac{V}{\sum_0 jd}$$

若以強度設計法計算 $\quad u_u = \dfrac{V_u}{\phi \sum jd}$

1963年 ACI 所訂之容許裏握應力

		工 作 應 力 設 計 法	強 度 設 計 法
抗拉鋼筋	普通筋	$u = \dfrac{3.24\sqrt{f'_c}}{d_b} < 35\text{kg/cm}^2$	$u = \dfrac{6.4\sqrt{f'_c}}{d_b} < 55\text{kg/cm}^2$
	上部筋	$u = \dfrac{2.29\sqrt{f'_c}}{d_b} < 24.5\text{kg/cm}^2$	$u = \dfrac{4.52\sqrt{f'_c}}{d_b} < 40\text{kg/cm}^2$
抗壓鋼筋		$u = 1.72\sqrt{f'_c} < 28\text{kg/cm}^2$	$u = 3.44\sqrt{f'_c} < 56\text{kg/cm}^2$

例題 已知懸臂梁如圖 **6-10-3** 所示， 跨徑 $l = 4\text{m}$ ， 承受之活載重 $w_L = 0.7\text{t/m}$, $f'_c = 210\text{kg/cm}^2$, $f_s = 1,400\text{kg/cm}^2$, 設計該梁之斷面及鋼筋量，並計算裏握應力及埋置長度。

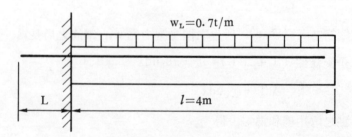

圖 **6-10-3**

解

$$f'_c=0.45f'_c=94.5\text{kg/cm}^2, \quad n=9$$

假設梁自重　$w_D=0.35\text{t/m}$

總載重　　　$w=0.35+0.7=1.05\text{t/m}$

$$\text{max.} \quad M=\frac{1}{2}wl^2=\frac{1}{2}(1.05)(4)^2=8.4\text{m-t}$$

$$k=\frac{94.5}{94.5+1,400/9}=0.378$$

$$j=1-\frac{0.378}{3}=0.874$$

$$R=\frac{1}{2}(94.5)(0.378)(0.874)=15.61\text{kg/cm}^2$$

$$bd^2=\frac{M}{R}=\frac{8.4(100,000)}{15.61}=53,812\text{cm}^3$$

設取　$b=28\text{cm}$

則　　　　　$$d=\sqrt{\frac{53,812}{28}}=43.8\text{cm}$$

設（$h-d$）為 6cm，故梁之總高度

$$h=43.8+6=49.8\text{cm}$$

採用 28cm×50cm 之斷面

核算梁自重　$w_D=\dfrac{28(50)}{10,000}(2.4)=0.336\text{t/m}\approx0.35\text{t/m}$ 可

$$A_s=\frac{M}{f_sjd}=\frac{8.4(100,000)}{1,400(0.874)(44)}=15.6\text{cm}^2$$

選取 4 -#7，$A_s=15.48\text{cm}^2\approx15.6\text{cm}^2$

$$\text{max.} \quad V=wl=1.05(4)=4.2\text{t}$$

4 -#7 之周長 $\sum_0=4(6.97)=27.88\text{cm}$

$$u = \frac{V}{\sum_0 jd} = \frac{4.2(1,000)}{27.88(0.874)(44)} = 3.92 \text{kg/cm}^2$$

因懸臂梁之抗拉鋼筋是為上部筋

故容許 $u = \frac{2.29\sqrt{f'_c}}{D} = \frac{2.29\sqrt{210}}{2.22} = 14.95\text{kg/cm}^2 > 3.92\text{kg/cm}^2$ 可

抗拉鋼筋所受之實際應力

$$f_s = \frac{M}{A_s jd} = \frac{8.4(100,000)}{15.48(0.874)(44)} = 1.411\text{kg/cm}^2$$

最小埋置長度　　$L = \frac{f_s d_b}{4u} = \frac{1,400(2.22)}{4(14.95)} = 51.97\text{cm}$

6-11　彎　　鈎

為增強鋼筋與混凝土之裏握力，或減短埋置長度，通常將鋼筋之末端彎成鈎形，建築技術規則第 362 條訂有標準彎鈎 (standard hook) 之規格。

  1. 抗拉鋼筋之標準彎鈎

  (a) 180° 彎轉加 4 倍鋼筋直徑長，但不得小於 6.5cm 之直線延伸，如圖 6-11-1 (a) 所示。

  (b) 90° 彎轉加 12 倍鋼筋直徑長之直線延伸，如圖 6-11-1(b) 所示。

  2. 腰鋼筋及鋼箍之標準彎鈎

90° 或 135° 之彎轉加 6 倍鋼筋直徑長，但不得小於 6.5cm 之直線延伸，如圖 6-11-2 所示。

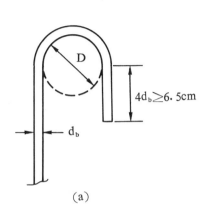
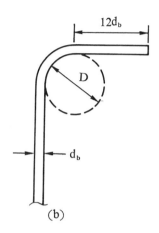

(a)　　　　　　　　　(b)

圖 6-11-1

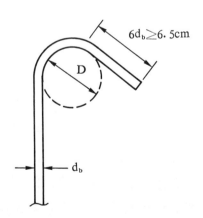
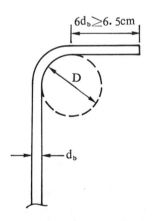

圖 6-11-2

標準彎鈎鋼筋之內側彎曲直徑不得小於下表之規定。

鋼筋彎鉤之最小彎曲直徑

用途	鋼筋直徑 d_b mm	屈服強度 kg/cm²	最小彎曲直徑 D
抗 拉 鋼 筋	10～35	2,800 或以下	5 d_b
	10～25	2,800 以上	6 d_b
	28～35	2,800 以上	8 d_b
	45～57	2,800 以上	10 d_b
腰 鋼 筋	10		38mm 以上
	13		50mm 以上
	16		65mm 以上

　　鋼筋之彎曲工作須冷彎，部分埋置於混凝土中之鋼筋，必須先行彎好規定之尺寸，不得埋置後再行彎曲。

6-12　鋼筋之握持長度

　　撓曲桿件之鋼筋量是依據彎矩強度而定，一桿件內每一斷面之彎矩不相等，卽桿件全長內不必配置相等之鋼筋量，因此鋼筋之配置可在彎矩不需要處把部分鋼筋切斷或彎折，然而被切斷或彎折之前必須考慮到足够之埋置長度或錨定。例如簡支梁之鋼筋配置，中央之彎矩爲最大，愈靠近支點其彎矩愈小，故由中央之最大彎矩求得之鋼筋量向兩支點延伸時，可在某斷面切斷一部分以節省鋼筋。

　　被切斷之鋼筋末端之應力爲零，然而必經一段長度後其應力始能達到 f_y，此段長度稱爲握持長度 (development　length)。有關握持長度之規定在建築技術規則第 394 至 406 條內有詳細說明，將其主要部分

敘述如下:

1. 抗拉鋼筋之握持長度

抗拉鋼筋可以在其端部彎曲經梁腹錨定之，或與桿件對面之鋼筋連續錨定之。

抗拉鋼筋之基本握持長度 l_d 依下列之規定求得，但不得小於30cm。設 A_b 為鋼筋斷面積，d_b 為鋼筋直徑，

鋼筋直徑為 35mm 以下者　　$l_d = 0.0594 \dfrac{A_b f_y}{\sqrt{f'_c}} \geq 0.0057 d_b f_y$

鋼筋直徑為 45mm 者　　$l_d = 0.815 \dfrac{f_y}{\sqrt{f'_c}}$

鋼筋直徑為 57mm 者　　$l_d = 1.054 \dfrac{f_y}{\sqrt{f'_c}}$

異形鋼線　　$l_d = 0.113 \dfrac{d_b f_y}{\sqrt{f'_c}}$

抗拉鋼筋若在下列情況時，由上式求得之 l_d 必須乘以 修正因數 K，K值如下表之規定。

項目	情　　　　　　　　　　　　　況	K　　值
1	上部鋼筋（其下之混凝土厚度超過 30cm）	1.4
2	$f_y > 4,200 \text{kg/cm}^2$	$2 - \dfrac{4,200}{f_y}$
3	鋼筋間距 15cm 以上，且距桿件邊側大於 7.5cm	0.8
4	實際鋼筋量超過需要量	$\dfrac{A_s （需要量）}{A_s （實際量）}$
5	鋼筋繞以 6mmϕ 以上之螺旋鋼箍，且箍距小於 10cm	0.75

2. 抗壓鋼筋之握持長度

$$l_d = 0.0755 d_b f_y / \sqrt{f_c'} \geq 0.00427 d_b f_y \geq 20cm$$

抗拉鋼筋之彎鈎及錨定物可代替部分之握持長度，彎鈎對於抗壓鋼筋並無具體之效用。

設 l_e 爲標準彎鈎之抗拉鋼筋的握持長度，f_h 爲使用標準彎鈎之抗拉鋼筋應力，

$$f_h = \xi \sqrt{f_c'}$$

以 f_h 替代 f_y，則由上列各式所得之 l_d 即爲 l_e，ξ 值如下表之規定。

據建築技術規則第 395 條之規定，簡支梁正彎矩鋼筋之 1/3，連續梁正彎矩鋼筋之 1/4，須沿桿件之同面伸入支承內至少 15cm，在簡支梁支點及連續梁反曲點處，選用正彎矩抗拉鋼筋之直徑時，其握持長度 l_d 不得超過下式

$$\frac{M_t}{V_u} + l_a$$

式中　　M_t──理論彎矩強度，即 $M_n = A_s f_y \left(d - \dfrac{a}{2} \right)$

　　　　V_u──斷面之最大剪力

　　　　l_a──如簡支梁時，l_a 指超出支點中心之埋置長度

　　　　　　　如連續梁時，在反曲點處 $l_a = d \geq 12 d_b$

如鋼筋端部在壓力範圍內，M_t/V_u 值可增加 33%。

據建築技術規則第 396 條之規定，支承處之負彎矩鋼筋至少須有 1/3 延伸至反曲點以外，並使其埋置長度不得小於 d，或 $12 d_b$ 或 1/16 淨跨徑。

計算彎鉤拉應力 f_h 之係數 ξ 值

鋼　筋　直　徑	ξ*		
	$f_y = 2,800 kg/cm^2$	$f_y = 4,200 kg/cm^2$	
mm	所　有　鋼　筋	上　部　鋼　筋	其　他　鋼　筋
10~16	95	143	143
19	95	119	143
22~28	95	95	143
32	95	95	127
35	95	95	111
45	87	87	87
57	58	58	58

＊彎鉤如有螺旋箍或方箍等加強時，ξ 值可增加 30%

例題　已知版厚 38cm，採用 #9 鋼筋配置，鋼筋分為 A 及 B 兩種，鋼筋 A 之間距為 20cm，鋼筋 B 之間距亦 20cm，$f'_c = 280 kg/cm^2$，$f_y = 4,200 kg/cm^2$，試求鋼筋 A 之握持長度 l_d，假若鋼筋 A 之末端彎轉為標準彎鉤，試求其握持長度 l_e。

解

(1) 無彎鉤時

$$l_d = 0.0594 \frac{A_b f_y}{\sqrt{f'_c}} = 0.0594 \frac{6.47(4,200)}{\sqrt{280}} = 96.5 cm$$

或　$l_d = 0.0057 d_b f_y = 0.0057(2.87)(4,200) = 68.7 cm$

取　$l_d = 96.5 cm$

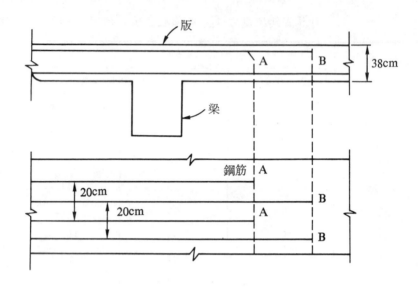

修正因數K值

(a) 上部鋼筋 K＝1.4

(b) 鋼筋間距＞15cm, K＝0.8

$$\therefore \quad l_d = 96.5(1.4)(0.8) = 108.1cm$$

(2) 標準彎鈎時

$$l_e = 0.0594\frac{A_b f_h}{\sqrt{f_c'}} = 0.0594\xi A_b$$

或 $\quad l_e = 0.0057 d_b f_h = 0.0057 d_b \xi \sqrt{f_c'}$

因上部鋼筋 $f_y = 4,200kg/cm^2$, $d_b = 28.7mm$, 故 $\xi = 95$

$$l_e = 0.0594(95)(6.47) = 36.5cm$$

或 $\quad l_e = 0.0057(2.87)(95)\sqrt{280} = 26.0cm$

取 $\quad l_e = 36.5cm$

上列 l_e 必乘以修正因數K值

$$\therefore \quad l_e = 36.5(1.4)(0.8) = 40.9cm$$

6-13 鋼筋之續接

通常鋼筋之長度約 20m，每條鋼筋按施工之需要予以切斷，被切斷剩餘部分之鋼筋乃有相當長度時，為免過分之浪費，故常需要續接 (splice)。其方法有數種，如疊接、焊接、錨定及對接等，其中以疊接最常用。續接點應避免在應力最大之處，且避免在同一面上有多數之續接。續接後之鋼筋對於應力之傳遞應如同整條鋼筋一樣，因此規範訂有最小之疊接長度 (lap length)。有關鋼筋之續接在建築技術規則第 366 至 369 條內有詳細說明。

1. 抗拉鋼筋之疊接長度規定如下：

等級	f_s 等於或大於 $0.5f_y$ 之區域中續接	f_s 小於 $0.5f_y$ 之區域中續接	最 小 疊 接 長 度
a		需要疊接長度內，續接處不超過 3/4 之鋼筋根數	$1.0 \ l_d$
b	需要疊接長度內，續接處不超過 1/2 之鋼筋根數	需要疊接長度內，續接處超過 3/4 之鋼筋根數	$1.3 \ l_d$
c	需要疊接長度內，續接處超過 1/2 之鋼筋根數		$1.7 \ l_d$
d	在拉力繫桿構材續接，鋼筋不得小於 6.35mm 直徑，在螺旋範圍中，螺距不大於 10cm，鋼筋末端大於 #4，則要彎曲 180°		$2.0 \ l_d$

2. 抗壓鋼筋之疊接長度規定如下：

   (a) 若 $f_c' \geq 210\text{kg/cm}^2$

   $f_y \leq 4,200\text{kg/cm}^2$；疊接長度$= 0.007 f_y d_b \geq l_d$ 或 30cm

   $f_y > 4,200\text{kg/cm}^2$；疊接長度$= (0.0128 f_y - 24) d_b$

   $\geq l_d$ 或 30cm

(b) 若 $f'_c < 210 \text{kg/cm}^2$

疊接長度按上列之計算值再加 1/3 倍

(c) 如箍筋之斷面積大於或等於 0.0015hs 時，疊接長度可減少 17%。

    h——桿件厚度   s——箍筋間距

(d) 如用螺旋筋 (spiral) 時，疊接長度可減少 25%。

習　　題

1. 何謂均質梁? 何謂不均質梁?

2. 均質梁及 R.C 梁之斷面剪應力如何計算?

3. 斜張力對於 R.C 梁有何影響?

4. 腰鋼筋之功用何在? 一般有那幾種腰鋼筋?

5. 試繪簡支梁破壞之裂縫情形。

6. 試繪 R.C 簡支梁之剪應力圖。

7. 何謂錨定握裏? 何謂撓曲握裏?

8. 鋼筋之末端彎曲成彎鈎, 其目的何在?

9. 鋼筋之續接有那幾種? 續接時應注意那幾點?

10. 已知簡支梁之跨徑 $l = 7\text{m}$, 斷面之 $b = 30\text{cm}$, $d = 58\text{cm}$, 梁上承載之活載重 $w_L = 7\text{t/m}$, $f'_c = 280\text{kg/cm}^2$, $f_s = 1,410\text{kg/cm}^2$, 據工作應力設計法, 試作腰鋼筋之設計。

11. 已知簡支梁之跨徑 $l = 7\text{m}$, 斷面之 $b = 30\text{cm}$, $d = 58\text{cm}$, 梁上承載之活載重 $w_L = 7\text{t/m}$, $f'_c = 280\text{kg/cm}^2$, $f_y = 2,800\text{kg/cm}^2$, 據強度設計法, 試作腰鋼筋之設計。

12. 已知懸臂梁之跨徑 $l = 2\text{m}$, 梁上承載之均布活載重 $w_L = 3\text{t/m}$, $f'_c = 280\text{kg/cm}^2$, $f_s = 1,410\text{kg/cm}^2$, 據工作應力設計法, 設計該梁之斷面, 並計算握裏應力及最小埋置長度。

第 七 章
丁 形 梁

7-1 丁形梁之原理

根據矩形梁之理論，得知斷面中立軸以下之混凝土不負擔任何拉應力，其作用僅爲傳遞拉應力於鋼筋而已。在梁斷面剪應力不超過其容許剪應力的條件下，中立軸以下之混凝土可儘量縮減。如此既不影響梁之抗彎強度，且可減輕梁之自重，於是便有丁形梁之構築。

事實上，在鋼筋混凝土房屋建築中，混凝土樓版與其支承梁是造成一體的，其間有鋼箍及彎曲鋼筋相繫，因此可視爲版之一部分能够幫助梁之上部分以抵抗壓應力，如此共同發生作用之版與梁就形成所謂丁形梁 (T-beam)，如圖 7-1-1 所示。

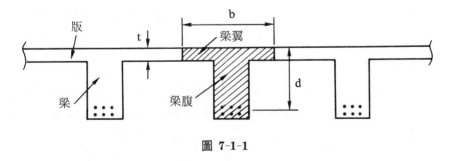

圖 7-1-1

既然丁形梁通常是由版梁所構成，然而丁形梁斷面可分爲兩個部分，卽梁翼 (flange) 及梁腹 (web or stem)。

矩形梁與丁形梁之比較：

如圖 **7-1-2** 所示，兩種不同形狀之斷面，具有同樣的寬度和有效深度，同時又具有等量之鋼筋面積，只要中立軸在梁翼內，則此二斷面對彎矩就具有相等之抵抗能力，但同樣剪力對這兩種斷面所作用之最大剪應力是不相等的，這是因為在受拉部分並沒有相同之梁寬。

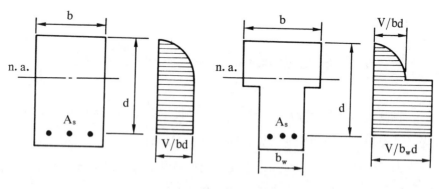

圖 **7-1-2**

7-2　丁形梁之中立軸

通常將斷面形狀呈丁形之梁稱為丁形梁，其實所謂真正之丁形梁必依據斷面中立軸之位置而定。斷面中立軸之位置依據三種因數而變，即斷面尺寸、鋼筋量及材料強度等，斷面丁形之梁，其中立軸之位置不外乎下列三種。

(a) 如圖 **7-2-1(a)** 所示，中立軸在梁翼內，即 $kd < t$，梁斷面之抗壓面積為矩形，雖然斷面形狀為丁形，但對於抵抗彎矩之作用與矩形梁無異，故仍依矩形梁計算。

(b) 如圖 **7-2-1(b)** 所示，中立軸在梁腹內，即 $kd > t$，梁斷面之抗壓面積分為兩部分，全部梁翼及部分梁腹，該梁才是真正的丁形梁。

(c) 如圖 **7-2-1**(c) 所示，中立軸在梁翼與梁腹之接觸面上，即 kd= t ，該梁可視爲矩形梁，亦可視爲丁形梁。

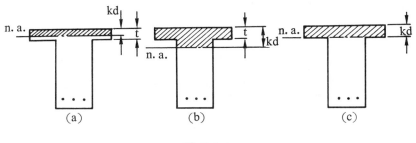

圖 **7-2-1**

　　丁形梁之梁翼實爲版之一部分，雖然版之厚度不大，仍可獲得甚大之抗壓面積 。 因此受彎矩所生之最大壓應力常在容許壓應力之下， 不虞混凝土因受壓而破壞之危險 。 唯該項特點僅於梁受正彎矩 (positive moment) 時有效。若在連續梁之支點處，因生負彎矩 (negative moment)， 壓應力作用於 梁之下部分， 故丁形梁之作用完全 消失， 如圖 **7-2-2** 所示。

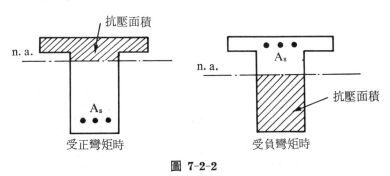

圖 **7-2-2**

7-3　梁翼之有效寬度

　　丁形梁之梁翼乃爲版之一部分，其厚度已於設計版時決定，既然版

與梁構成丁形梁，當梁承受載重而撓曲時，梁上之版亦隨之而撓曲，故版之某範圍可視為丁形梁之梁翼。構成梁翼之版寬，應符合建築技術規則第 384 條之規定。

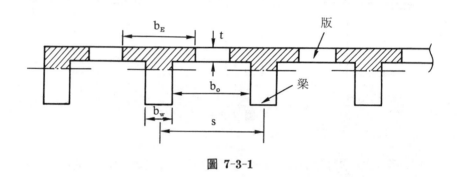

圖 7-3-1

b_E——有效寬度　　　　　b_o——梁與梁之淨間距

b_w——梁腹寬度　　　　　s ——梁與梁之間距（中心至中心）

t ——梁翼厚度　　　　　L——梁之跨徑

1. 雙翼丁形梁

如圖 7-3-2 所示，梁翼之有效寬度不得大於下列三項之規定。

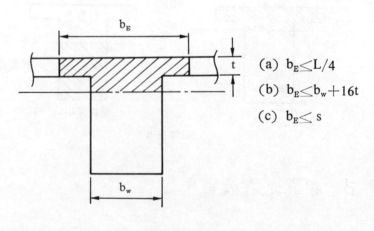

(a) $b_E \leq L/4$

(b) $b_E \leq b_w + 16t$

(c) $b_E \leq s$

圖 7-3-2

2. 單翼丁形梁

如圖 7-3-3 所示，梁翼單邊伸出部分之寬度 b_{E1} 不得大於下列三項之規定。

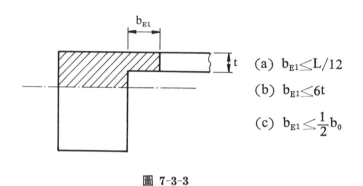

(a) $b_{E1} \leq L/12$

(b) $b_{E1} \leq 6t$

(c) $b_{E1} \leq \dfrac{1}{2} b_0$

圖 7-3-3

3. 孤立丁形梁 (isolated T-beam)

如圖 7-3-4 所示，梁翼非屬版之一部分，而是專爲供給充分之抗壓面積而設者，斷面尺寸應符合下列兩項之規定。

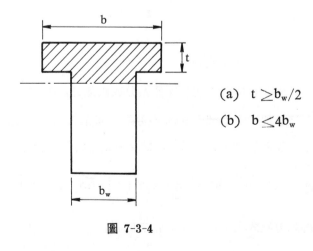

(a) $t \geq b_w/2$

(b) $b \leq 4b_w$

圖 7-3-4

7-4 單鋼筋丁形梁之斷面應力分析──工作 應力設計法

求解中立軸之位置仍爲斷面應力分析之首要計算，丁形梁之中立軸可能在梁翼內或梁腹內，在巧合時亦會在梁翼與梁腹之接觸面上。

1. 中立軸在梁翼內，或在梁翼與梁腹之接觸面上

如圖 7-4-1 所示，此種情形可視爲矩形梁斷面，其計算方法仿矩形梁公式處理之。

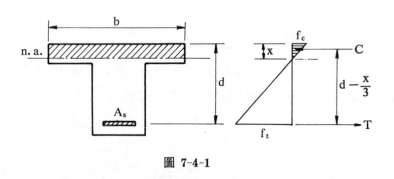

圖 7-4-1

2. 中立軸在梁腹內

如圖 7-4-2 所示，將抗壓面積分成兩部分，A_1 及 A_2。

由變形截面法求解中立軸之位置，面積 A_1 和 A_2 對於中立軸所作之力矩，等於等量混凝土 nA_s 對於中立軸所作之力矩，

即 $A_1\left(x - \dfrac{t}{2}\right) + A_2\left[\dfrac{1}{2}(x - t)\right] = nA_s(d - x)$

解此方程式之 x，得中立軸之位置。

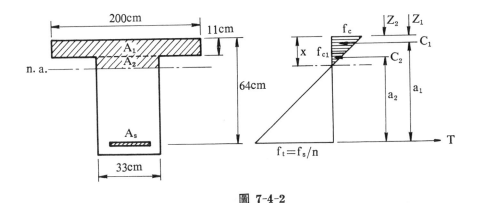

圖 7-4-2

　　因丁形梁具有甚大之抗壓面積，混凝土之壓應力常低於容許應力，故丁形梁多屬於鋼筋不足之斷面，即斷面由鋼筋所控制。就是說實際 $f_c <$ 容許 f_c，或實際 $f_s =$ 容許 f_s，或實際 $f_t =$ 容許 f_t，

$$f_c = f_t \left(\frac{x}{d-x}\right) = \frac{f_s}{n}\left(\frac{x}{d-x}\right)$$

設梁翼與梁腹接觸面之混凝土應力為 f_{c1}

$$f_{c1} = f_c \left(\frac{x-t}{x}\right)$$

抗壓面積 A_1 之壓力　$C_1 = \frac{1}{2}(f_c + f_{c1})(t)(b)$

抗壓面積 A_2 之壓力　$C_2 = \frac{1}{2}f_{c1}(x-t)(b_w)$

鋼筋之總拉力　$T = A_s f_s$

檢核　　　　$C_1 + C_2 = T$

設 C_1 之作用點距上緣為 Z_1，由幾何形狀之重心得

$$Z_1 = \frac{t}{3}\left(\frac{f_c + 2f_{c1}}{f_c + f_{c1}}\right)$$

$$a_1 = d - Z_1$$

設 C_2 之作用點距上緣爲 Z_2

$$Z_2 = t + \frac{1}{3}(x - t)$$

$$a_2 = d - Z_2$$

故斷面所能擔負之彎矩M得

$$M = C_1 a_1 + C_2 a_2$$

丁形梁之梁腹抗壓面積在總抗壓面積內所佔之比率甚小，因此爲了簡化計算，通常把梁腹之抗壓面積予以忽略不計。

例題 已知版梁結構斷面如圖 **7-4-3** 所示，梁之跨徑 $l = 8\text{m}$，梁與梁之間距 s $= 4\text{m}$，$f_c' = 210\text{kg/cm}^2$，$f_s = 1,400\text{kg/cm}^2$，試求該斷面所能擔負之彎矩。

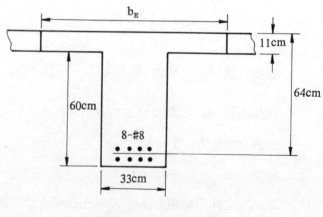

圖 7-4-3

(1) 考慮梁腹之抗壓面積

(2) 忽略梁腹之抗壓面積

解

按規範，梁翼之有效寬度 b_E，得

$$b_E = \frac{l}{4} = \frac{8(100)}{4} = 200\text{cm}$$

或　$b_E = b_w + 16t = 33 + 16(11) = 209\text{cm}$

或　$b_E = s = 4(100) = 400\text{cm}$

取最小　$b_E = 200\text{cm}$

$$A_t = nA_s = 9(8 \times 5.07) = 365.0\text{cm}^2$$

(1) 考慮梁腹之抗壓面積

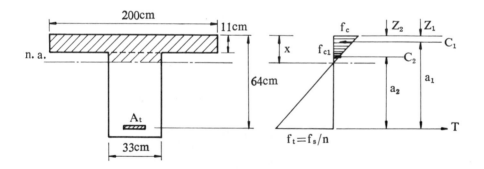

$$A_1\left(x - \frac{t}{2}\right) + A_2\left[\frac{1}{2}(x-t)\right] = nA_s(d-x)$$

$$(200 \times 11)\left(x - \frac{11}{2}\right) + (x-11)(33)\left[\frac{1}{2}(x-11)\right] = 365(64-x)$$

$$16.5x^2 + 2,202x - 33,463.5 = 0$$

$$\therefore\quad x = 13.78\text{cm}$$

令　$f_s = 1,400\text{kg/cm}^2$

$$f_c = f_t \left(\frac{x}{d-x} \right) = \frac{1,400}{9} \left(\frac{13.78}{64-13.78} \right)$$

$$= 42.7 \text{kg/cm}^2 < 0.45 \, f_c' \quad 可$$

$$f_{c1} = f_c \left(\frac{x-t}{x} \right) = 42.7 \left(\frac{13.78-11}{13.78} \right) = 8.6 \text{kg/cm}^2$$

$$C_1 = \frac{1}{2} (f_c + f_{c1})(t)(b)$$

$$= \frac{1}{2} (42.7 + 8.6)(11)(200)/1,000 = 56.43t$$

$$C_2 = \frac{1}{2} f_{c1} (x - t)(b_w)$$

$$= \frac{1}{2} (8.6)(13.78-11)(33)/1,000 = 0.39t$$

$$T = A_s f_s = 40.56(1,400)/1,000 = 56.78t$$

$$C_1 + C_2 = T \quad 可$$

$$Z_1 = \frac{t}{3} \left(\frac{f_c + 2f_{c1}}{f_c + f_{c1}} \right) = \frac{11}{3} \left(\frac{42.7 + 2 \times 8.6}{42.7 + 8.6} \right) = 4.28 \text{cm}$$

$$a_1 = d - Z_1 = 64 - 4.28 = 59.72 \text{cm}$$

$$Z_2 = t + \frac{1}{3} (x - t) = 11 + \frac{1}{3}(13.78-11) = 11.93 \text{cm}$$

$$a_2 = d - Z_2 = 64 - 11.93 = 52.07 \text{cm}$$

$$M = C_1 a_1 + C_2 a_2$$

$$= [56.43(59.72) + 0.39(52.07)]/100 = 33.9 \text{m-t}$$

(2) 忽略梁腹之抗壓面積

$$b t \left(x - \frac{t}{2} \right) = n A_s (d - x)$$

$$200(11) \left(x - \frac{11}{2} \right) = 365(64 - x)$$

$$x = 13.82 \text{cm}$$

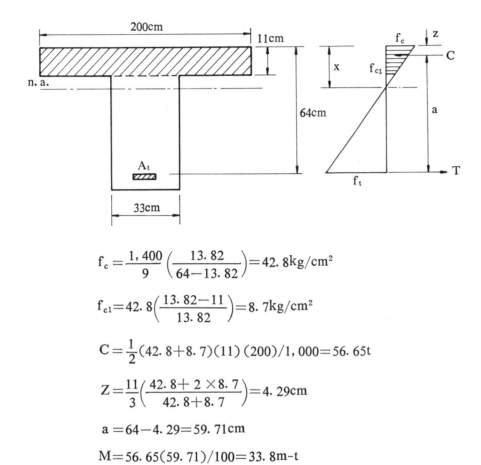

$$f_c = \frac{1,400}{9} \left(\frac{13.82}{64-13.82} \right) = 42.8 \text{kg/cm}^2$$

$$f_{c1} = 42.8 \left(\frac{13.82-11}{13.82} \right) = 8.7 \text{kg/cm}^2$$

$$C = \frac{1}{2}(42.8+8.7)(11)(200)/1,000 = 56.65 \text{t}$$

$$Z = \frac{11}{3} \left(\frac{42.8+2 \times 8.7}{42.8+8.7} \right) = 4.29 \text{cm}$$

$$a = 64-4.29 = 59.71 \text{cm}$$

$$M = 56.65(59.71)/100 = 33.8 \text{m-t}$$

由上列之兩種解法所得之答案相差甚微，然而解法 (2) 之計算過程
卻簡單得多。

7-5 單鋼筋丁形梁之斷面設計——工作應力 設計法

丁形梁之斷面尺寸通常為已知數，梁翼之厚度由版設計決定，梁翼

之寬度由規範而定，至於梁腹之尺寸則需要考慮三項因素而作適宜之假設，第一在梁跨徑中央必須有足夠的寬度以便排置抗拉鋼筋，而不使鋼筋超過二至四層。第二在梁跨徑末端必須有足夠的深度和寬度以免產生過大之剪應力。第三在梁跨徑末端必須有足夠的抗壓面積以利抵抗負彎矩。因此梁腹尺寸通常由經驗來估計而決定，梁腹深度約爲梁腹寬度之 $2 \sim 3$ 倍。故丁形梁之設計通常僅計算鋼筋量而已。

丁形梁之設計方法有精確法及近似法兩種。

1. 精確法

雖是精確法， 但爲了簡化計算起見， 梁腹內之抗壓面積仍予以忽略。

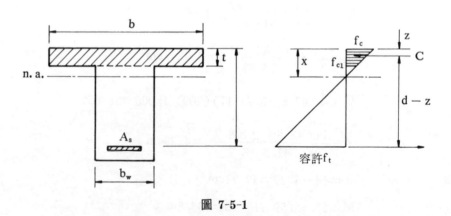

圖 7-5-1

丁形梁多屬於鋼筋不足之斷面，卽斷面由鋼筋所控制。

$$f_c = f_t \left(\frac{x}{d-x} \right) = \frac{f_s x}{n(d-x)}$$

設梁翼與梁腹接觸面之混凝土應力爲 f_{c1}

$$f_{c1} = f_t \left(\frac{x-t}{d-x} \right) = \frac{f_s}{n} \left(\frac{x-t}{d-x} \right)$$

梁翼所要擔負之總壓力 C

$$C = \frac{1}{2}(f_c + f_{c1})(t)(b) = \frac{f_s bt}{2n}\left(\frac{2x - t}{d - x}\right) \qquad (1)$$

C 之作用點距上緣為 Z

$$Z = \frac{t}{3}\left(\frac{f_c + 2f_{c1}}{f_c + f_{c1}}\right) = \frac{t}{3}\left(\frac{3x - 2t}{2x - t}\right) \qquad (2)$$

外力作用之彎矩＝斷面抵抗之彎矩

$$M = C(d - Z) \qquad (3)$$

以（1）式和（2）式代入（3）式，解此方程式得 x

以 x 值代入（1）式得 C，因 C＝T

$$\therefore \ A_s = \frac{T}{f_s}$$

或以 x 值代入（2）式得 Z

$$\therefore \ A_s = \frac{M}{f_s(d - Z)}$$

2. 近似法——實用法

令丁形梁為一理想斷面，如圖 **7-5-2** 所示，這個方法是在安全方面對求解之鋼筋量提供較佳的近似值，因此該法較為實用。

$$k = \frac{容許\ f_c}{容許\ f_c + 容許\ f_s/n}$$

理想斷面之中立軸　$x = kd$

$$f_{c1} = f_c\left(\frac{x - t}{x}\right)$$

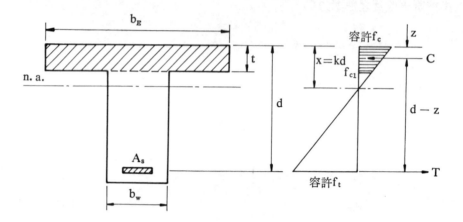

圖 7-5-2

$$Z = \frac{t}{3}\left(\frac{f_c + 2f_{c1}}{f_c + f_{c1}}\right)$$

$$C = T = \frac{M}{d - Z}$$

$$\therefore \quad A_s = \frac{T}{f_s}$$

例題 已知版梁結構斷面如圖 **7-5-3** 所示，梁之跨徑 $l = 8m$，梁與梁之間距 $s = 4m$，$f'_c = 210kg/cm^2$，$f_s = 1,400kg/cm^2$，試求該斷面在彎矩 $M = 33m\text{-}t$ 作用下所需要之鋼筋量。

解

按規範，梁翼之有效寬度 b_E，得

$$b_E = \frac{l}{4} = \frac{8(100)}{4} = 200cm$$

或 $b_E = b_w + 16t = 33 + 16(11) = 209cm$

或 $b_E = s = 4(100) = 400cm$

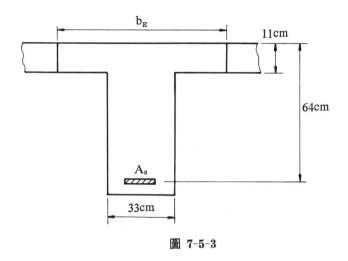

圖 7-5-3

取最小 $b_E = 200$cm

容許 $f_t = \dfrac{f_s}{n} = \dfrac{1,400}{9} = 155.6$kg/cm²

(1) 精確法

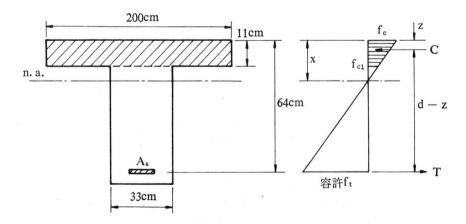

$$f_c = f_t \left(\frac{x}{d-x} \right) = \frac{155.6x}{64-x}$$

$$f_{c1} = f_t \left(\frac{x-t}{d-x} \right) = \frac{155.6(x-11)}{64-x}$$

$$C = \frac{1}{2}(f_c + f_{c1})bt = \frac{f_s bt}{2n} \left(\frac{2x-t}{d-x} \right)$$

$$= \frac{155.6(200)(11)(2x-11)}{2(64-x)}$$

$$Z = \frac{t}{3} \left(\frac{3x-2t}{2x-t} \right) = \frac{11(3x-22)}{3(2x-11)}$$

$$d - Z = 64 - \frac{11(3x-22)}{3(2x-11)} = \frac{351x-1,870}{3(2x-11)}$$

$$M = C(d-x)$$

$$33(100,000) = \frac{155.6(2,200)(351x-1,870)}{6(64-x)}$$

$$\therefore \quad x = 13.63\text{cm}$$

$$f_c = \frac{155.6(13.63)}{64-13.63} = 42.1\text{kg/cm}^2$$

$$f_{c1} = \frac{155.6(13.63-11)}{64-13.63} = 8.12\text{kg/cm}^2$$

$$C = \frac{1}{2}(f_c + f_{c1})bt$$

$$= \frac{1}{2}(42.1+8.12)(200)(11)/1,000 = 55.24\text{t}$$

$$\therefore \quad A_s = \frac{T}{f_s} = \frac{55.24(1,000)}{1,400} = 39.46\text{cm}^2$$

(2) 近似法

$$f_c = 0.45f_c' = 94.5\text{kg/cm}^2, \quad n = 9, \quad f_s = 1,400\text{kg/cm}^2$$

$$k = \frac{f_c}{f_c + f_s/n} = \frac{94.5}{94.5+1,400/9} = 0.378$$

$$x = kd = 0.378(64) = 24.19 \text{cm}$$

$$f_{c1} = f_c\left(\frac{x-t}{x}\right) = 94.5\left(\frac{24.19-11}{24.19}\right) = 51.5 \text{kg/cm}^2$$

$$Z = \frac{t}{3}\left(\frac{f_c + 2f_{c1}}{f_c + f_{c1}}\right) = \frac{11}{3}\left(\frac{94.5 + 2 \times 51.5}{94.5 + 51.5}\right) = 4.96 \text{cm}$$

$$C = T = \frac{M}{d - Z} = \frac{33(100)}{64 - 4.96} = 55.89 \text{t}$$

$$\therefore A_s = \frac{T}{f_s} = \frac{55.89(1,000)}{1,400} = 39.92 \text{cm}^2$$

　　由上列之兩種解法所得之答案相差甚微，然而近似法之計算過程卻簡單得多。

7-6　單鋼筋丁形梁之斷面應力分析——強度設計法

　　如同工作應力設計法，求解中立軸之位置仍為斷面應力分析之首要計算。梁翼之有效寬度 b_E 是決定中立軸的主要因素。當作用荷重逐漸增加時，梁翼之有效寬度亦隨著增加，在極限載重下使用較小的有效寬度常屬安全而保守。因此 ACI 規範對工作應力設計法和強度設計法都使用同樣的有效寬度。

　　丁形梁之中立軸位置不外乎下列三種情況：

　　(a)　$x = t$，中立軸恰好在梁翼與梁腹之接觸面上，如圖 **7-6-1** 所示。

　　　　$a = \beta_1 x = \beta_1 t$

　　　　按平衡條件　$C = T$

　　　　$0.85 f_c'(\beta_1 t)(b) = A_s f_y$

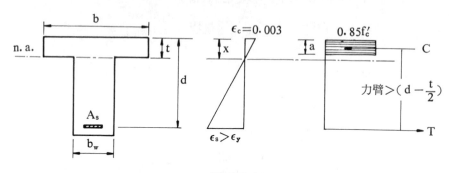

圖 **7-6-1**

欲使中立軸恰好位於梁翼與梁腹之接觸面上時，其斷面所需要之鋼筋量必等於

$$A_s = \frac{0.85f_c' \, \beta_1 tb}{f_y}$$

假若斷面之實際鋼筋量 $A_s < \dfrac{0.85f_c' \, \beta_1 tb}{f_y}$，則中立軸必落在梁翼內。

斷面之應力分布深度 $a = \dfrac{A_s f_y}{0.85f_c'b}$

該斷面所能擔負之標稱強度為

$$M_n = A_s f_y \left(d - \frac{a}{2} \right)$$

(b) $x = t/\beta_1$，即 $a = \beta_1 x = t$，應力分布深度等於梁翼厚度，如圖 **7-6-2** 所示。

$a = t$

按平衡條件 $C = T$

$0.85f_c'bt = A_s f_y$

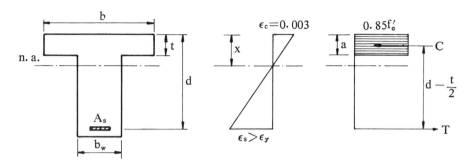

圖 7-6-2

欲使應力分布深度恰好等於梁翼厚度時，其斷面所需要之
鋼筋量必等於

$$A_s = \frac{0.85f_c'bt}{f_y}$$

假若斷面之實際鋼筋量 $A_s = \dfrac{0.85f_c'bt}{f_y}$，則中立軸落在梁

腹內，而應力分布深度等於梁翼厚度。

該斷面所能擔負之標稱強度為

$$M_n = A_s f_y \left(d - \frac{t}{2} \right)$$

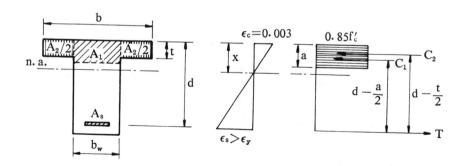

圖 7-6-3

(c) $x > t/\beta_1$，即 $a > t$，應力分布深度大於梁翼厚度，如圖
7-6-3 所示。將抗壓面積劃分為兩部分 A_1 和 A_2，然後應
用雙力偶法 (two-couple method) 求解斷面之標稱強度。

令　$x = t/\beta_1$，即　$a = t$

按平衡條件　$C = T$

$0.85f'_c bt = A_s f_y$

欲使應力分布深度恰好等於梁翼厚度時，其斷面所需要之
鋼筋量必等於

$$A_s = \frac{0.85f'_c bt}{f_y}$$

假若斷面之實際鋼筋量　$A_s > \dfrac{0.85f'_c bt}{f_y}$，則應力分布深度
大於梁翼厚度。

設　C_1 為抗壓面積 A_1 之抗壓強度

　　　C_2 為抗壓面積 A_2 之抗壓強度

$T = A_s f_y$

$C_1 = 0.85f'_c a b_w$

$C_2 = 0.85f'_c t(b - b_w)$

$\because\ C_1 + C_2 = T$

$\therefore\ \ a = \dfrac{T - C_2}{0.85f'_c b_w}$

該斷面所能擔負之標稱強度為

$$M_n = C_1\left(d - \frac{a}{2}\right) + C_2\left(d - \frac{t}{2}\right)$$

例題 1 已知版梁結構斷面如圖 **7-6-4** 所示，梁之跨徑 $l = 8\text{m}$，梁與梁之間距 s $=4\text{m}$，$f'_c = 210\text{kg/cm}^2$，$f_y = 3,500\text{kg/cm}^2$，試求該斷面所能擔負之標稱強度。

解

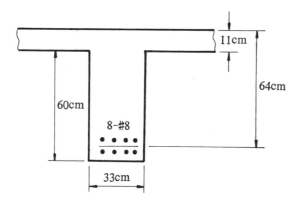

圖 **7-6-4**

按規範，梁翼之有效寬度 b_E，得

$$b_E = \frac{l}{4} = \frac{8\,(100)}{4} = 200\text{cm}$$

或　$b_E = b_w + 16t = 33 + 16\,(11) = 209\text{cm}$

或　$b_E = s = 4\,(100) = 400\text{cm}$

取最小　$b_E = 200\text{cm}$

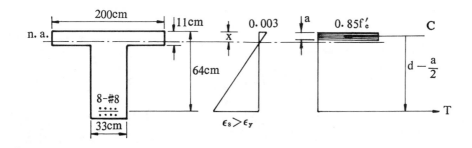

令　x = t = 11cm

$$C = 0.85f'_c\beta_1 xb$$

$$= 0.85(210)(0.85)(11)(200)/1,000 = 333.8t$$

所需之鋼筋量　$A_s = \dfrac{T \text{ 或 } C}{f_y} = \dfrac{333.8(1,000)}{3,500} = 95.37\text{cm}^2$

8 -#8 之 $A_s = 8(5.07) = 40.56\text{cm}^2$

實際之 $A_s(40.56\text{cm}^2) <$ 需要之 $A_s(95.37\text{cm}^2)$

故中立軸必落在梁翼內。

$$a = \frac{A_s f_y}{0.85f'_c b} = \frac{40.56(3,500)}{0.85(210)(200)} = 3.98\text{cm}$$

$$M_n = T\left(d - \frac{a}{2}\right)$$

$$= 40.56(3,500)\left(64 - \frac{3.98}{2}\right)/100,000 = 88.0\text{m-t}$$

例題 2　已知孤立丁形梁之斷面如圖 **7-6-5** 所示，

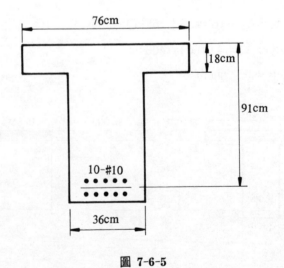

76cm

18cm

91cm

10-#10

36cm

圖 7-6-5

$f_c'=210kg/cm^2$，$f_y=3,500kg/cm^2$，試求該斷面所能擔負之

標稱強度。

解

令　$x = \dfrac{t}{\beta_1}$，即 $\beta_1 x = t = a$

$C = 0.85f_c'\beta_1 xb = 0.85(210)(18)(76)/1,000 = 244.2t$

所需之鋼筋量　$A_s = \dfrac{T}{f_y} = \dfrac{244.2(1,000)}{3,500} = 69.77cm^2$

實際之 $A_s(81.43cm^2)$＞需要之 $A_s(69.77cm^2)$

故中立軸必落在梁腹內，同時應力分布深度大於梁翼厚度。

應用雙力偶法：

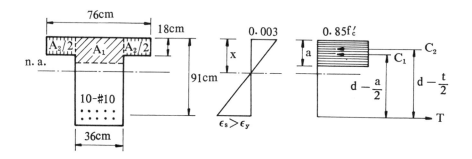

$T = A_s f_y = 81.43(3,500)/1,000 = 285.0t$

$C_1 = 0.85f_c'ab_w = 0.85(210)(a)(36)/1,000 = 6.43a$

$C_2 = 0.85f_c't(b - b_w)$

　　$= 0.85(210)(18)(76-36)/1,000 = 128.5t$

$\because$　$C_1 + C_2 = T$

$6.43a + 128.5 = 285.0$

$\therefore$　$a = \dfrac{285.0 - 128.5}{6.43} = 24.34cm$

$$C_1 = 6.43a = 6.43(24.34) = 156.5t$$

$$M_n = C_1\left(d - \frac{a}{2}\right) + C_2\left(d - \frac{t}{2}\right)$$

$$= \left[156.5\left(91 - \frac{24.34}{2}\right) + 128.5\left(91 - \frac{18}{2}\right)\right]/100$$

$$= 228.7\text{m-t}$$

7-7　單鋼筋丁形梁之斷面設計——強度設計法

　　如同工作應力設計法，據強度設計法之丁形梁斷面尺寸通常爲已知數，因此斷面之設計僅計算鋼筋量而已。

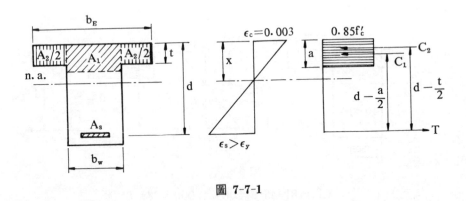

圖 **7-7-1**

1. 版梁結構之丁形梁

　　如圖 **7-7-1** 所示，丁形梁之梁翼爲版之一部分，其厚度爲已知數，有效寬度 b_E 則由規範而定，至於梁腹之尺寸應考慮之因素如同工作應力設計法。

　　設　抗壓面積 A_1 之壓力 $C_1 = 0.85f'_c A_1 = 0.85f'_c ab_w$

　　抗壓面積 A_2 之壓力 $C_2 = 0.85f'_c A_2 = 0.85f'_c t(b - b_w)$

作用於斷面之彎矩＝斷面之抵抗彎矩

$$M_n = C_1 \left(d - \frac{a}{2} \right) + C_2 \left(d - \frac{t}{2} \right)$$

$$= 0.85 f_c' a b_w \left(d - \frac{a}{2} \right) + 0.85 f_c' t \left(b - b_w \right) \left(d - \frac{t}{2} \right)$$

解上列方程式得 a

由 a 值求得 C_1 之大小

$$C_1 + C_2 = T$$

$$A_s = \frac{T}{f_y}$$

2. 孤立丁形梁

如圖 **7-7-2** 所示，孤立丁形梁斷面尺寸 b, b_w, t, d 及 A_s 均為未知數，因此有很多可能之解答。

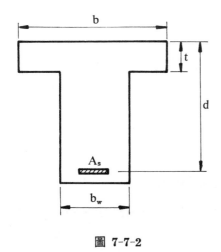

圖 **7-7-2**

但按規範之規定

$$t \geq b_w/2, \quad b \leq 4b_w$$

而梁腹尺寸可由剪力而定

$$b_w d = \frac{V_u}{\phi v_v}$$

故孤立丁形梁之設計仍為鋼筋量之計算而已。

例題 已知丁形梁之斷面如圖 **7-7-3** 所示，作用於斷面之靜載重 $M_D =$ 51m-t， 活載重 $M_L = 72$m-t, $f'_c = 210$kg/cm², $f_y = 3,500$kg/cm²，試求該斷面所需要之鋼筋量。

解

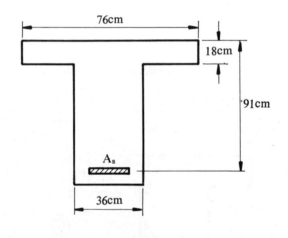

圖 **7-7-3**

作用於斷面之標稱強度。

$$M_n = \frac{1.4M_D + 1.7M_L}{\phi} = \frac{1.4(51) + 1.7(72)}{0.9} = 215.3\text{m-t}$$

設　$x = t/\beta_1$　即 $a = t$

則　$C = 0.85f'_c bt = 0.85(210)(76)(18)/1,000 = 244.2t$

在此種情況下，斷面所能擔負之標稱強度為

$$M_n = C\left(d - \frac{t}{2}\right)$$

$$= 244.2\left(91 - \frac{18}{2}\right)/100 = 200.2\text{m-t} < 215.3\text{m-t}$$

由此可知，$x > t/\beta_1$ 即 $a > t$，應力分布深度大於梁翼厚度，故應用雙力偶法求解鋼筋量。如圖 **7-7-4** 所示。

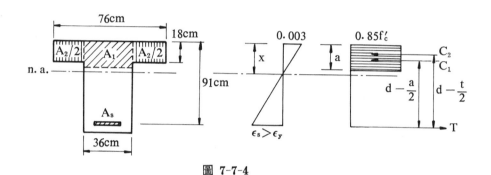

圖 **7-7-4**

$$C_1 = 0.85f'_cab_w = 0.85(210)(a)(36)/1,000 = 6.426a$$

$$C_2 = 0.85f'_ct(b - b_w)$$

$$= 0.85(210)(18)(76 - 36)/1,000 = 128.52t$$

$$M_n = C_1\left(d - \frac{a}{2}\right) + C_2\left(d - \frac{t}{2}\right)$$

$$215.3(100) = 6.426a\left(91 - \frac{a}{2}\right) + 128.52\left(91 - \frac{18}{2}\right)$$

$$\therefore \quad a = 21.29\text{cm}$$

$$C_1 = 6.426a = 6.426(21.29) = 136.68t$$

$$C_1 + C_2 = 136.68 + 128.52 = 265.20t$$

$$A_s = \frac{T}{f_y} = \frac{265.20(1,000)}{3,500} = 75.77\text{cm}^2$$

習　　題

1. 丁形梁有何特點?

2. 雖是斷面爲丁形，但在何種條件下才是眞正的丁形梁。

3. 丁形梁之梁翼爲版之一部分，如何決定梁翼之有效寬度。

4. 梁腹之大小由那些因素而定?

5. 已知版梁結構斷面如圖所示，梁之跨徑 $l = 10m$，梁與梁之間距 s = 3m，$f'_c = 280kg/cm^2$，$f_s = 1,410kg/cm^2$，據工作應力設計法，試求該斷面所能擔負之彎矩。

   (a) 考慮梁腹之抗壓面積

   (b) 忽略梁腹之抗壓面積

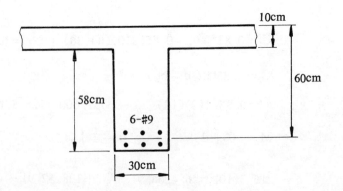

6. 已知版梁結構斷面如圖所示，梁之跨徑 $l = 10m$，梁與梁之間距 s = 3m，$f'_c = 280kg/cm^2$，$f_s = 1,410kg/cm^2$，彎曲力矩 M = 40m-t，據工作應力設計法，試求該斷面所需要之鋼筋量。

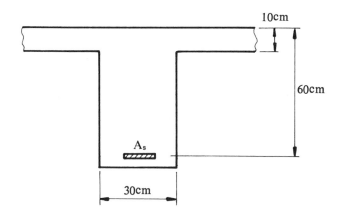

7. 已知版梁結構斷面如圖所示，梁之跨徑 $l = 10\text{m}$，梁與梁之間距 $s = 3\text{m}$，$f'_c = 280\text{kg/cm}^2$，$f_y = 4,200\text{kg/cm}^2$，據強度設計法，試求該斷面所能擔負之強度。

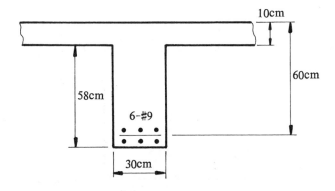

8. 已知丁形梁斷面如圖所示，$f'_c = 280\text{kg/cm}^2$，$f_y = 3,500\text{kg/cm}^2$，據強度設計法，試求該斷面所能擔負之強度。

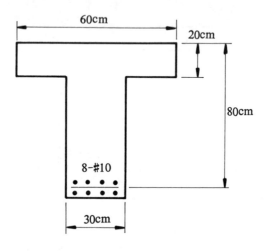

9. 已知丁形梁斷面如圖所示， $f'_c = 280kg/cm^2$ ， $f_y = 3,500kg/cm^2$ ， 作用於斷面之靜載重彎矩 $M_D = 40m\text{-}t$ ， 活載重彎矩 $M_L = 65m\text{-}t$，據強度設計法，試求該斷面所需要之鋼筋量。

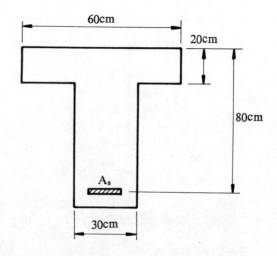

第 八 章
單 向 版

8-1 引 言

在鋼筋混凝土建築物中，版─梁─桁梁型式之構造最爲常見，版之兩長邊及兩短邊分別由兩長梁及兩短梁所支承。假若版之長邊大於短邊之兩倍時，作用於版上之靜載重與活載重可視爲完全支承於短向之兩長梁上，則該版稱爲單向版。在某種情況下，版之兩長邊或兩短邊只有由一對梁所支承者，該版仍稱爲單向版。

鋼筋混凝土結構中，梁與版之設計方法極爲相似。普通梁之斷面，其深度常較寬度爲大，而版可視爲一種寬與深之比很大之矩形梁。尤其在單向版設計中，將其分割爲單位寬之版（又稱一帶，one strip），而仿梁設計之。

比較常用之版依照其結構、鋼筋放置方向，及邊緣支承情況，可分爲下列四種：

1. 單向版 (one-way slab)

如圖 8-1-1(a) 所示，版僅兩邊有支承梁，其主抗拉鋼筋之排置方向與支承梁成垂直。有關單向版之設計細則在本章內有詳細之論述。

2. 雙向版 (two-way slab)

如圖 8-1-1(b) 所示，版之四邊均有支承梁，其主抗拉鋼筋之排置係爲兩方向。雙向版將在第九章內討論。

雙向版除非正方形，必有短邊與長邊之分，若長邊與短邊之比大於2時，版上之大部分載重由短向之一方承擔，故仍視爲只有兩邊支承之單向版。

3. 平版 (flat slab)

如圖 8-1-1(c) 所示，版直接支持於柱上，版下並無支承梁，版載重直接由柱來承擔。平版亦將在第九章內討論。

4. 欄柵式版 (ribbed-joist floor construction)

如圖 8-1-1(d) 所示，長跨徑下，使用間距很小之梁支承其上面之薄

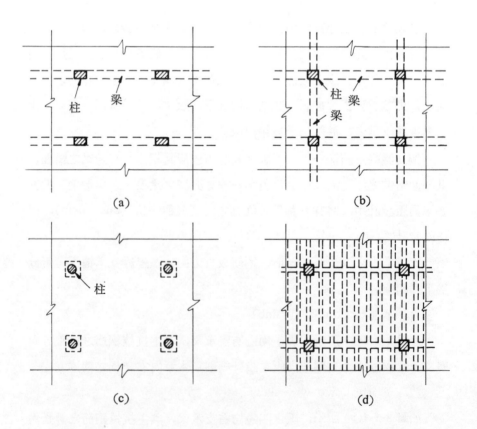

(a)　　　　　　　　　(b)

(c)　　　　　　　　　(d)

圖 8-1-1

版。欄柵式版在本章內有概略之論述。

除外，尚有格子狀版 (grid slab)、地面上版 (slab on ground) 等。

8-2 版之一般規定

單向版可視爲一種寬與深之比很大之矩形梁，設計時將其截切單位寬度之版而仿梁設計之，如圖 8-2-1(a) 所示。若兩塊或兩塊以上連接之單向版被截切後，可視爲單位寬度之連續梁，如圖 8-2-1(b) 所示。版厚及單位寬度斷面之鋼筋量是由彎矩而定，因此分析連續梁之中央及兩端彎矩乃爲設計之主要計算。

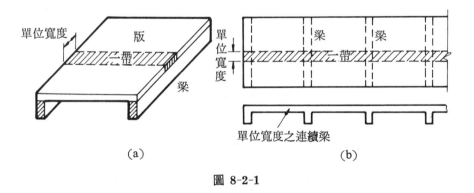

(a)   (b)

圖 8-2-1

1. 連續梁之彎矩及剪力係數

桿件任一斷面所受之彎矩及剪力，須按力學原理分析其最大應力，普通鋼筋混凝土結構物可按通常認爲可得相當精度之近似法分析之，至於較爲重要或特殊結構則須用較爲精確之分析方法計算之。

設任意兩相鄰之梁跨徑分別爲 l_1 及 l_2，而 $l_1 > l_2$，梁上承受之均布活載重爲 w_L，靜載重爲 w_D，假若 $l_1/l_2 \leq 1.2$，又 $w_L/w_D < 3$ 時，

連續梁之中央正彎矩及兩端負彎矩，可應用建築技術規則第 377 條規定之近似法求得。

$$M = Cwl_n^2$$

C──彎矩係數，w──均布載重，l_n──淨跨徑

規範之彎矩係數 C 如圖 8-2-2 之表示。

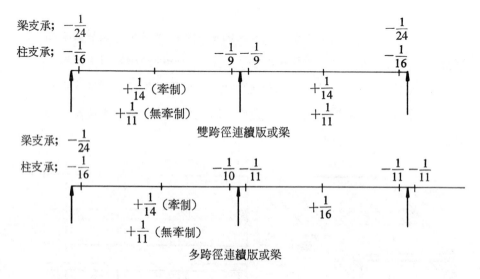

圖 8-2-2

連續梁支承面之剪力由下式求得，式中之剪力係數 C′ 如圖 8-2-3 之表示。

$$V = C' \frac{wl_n}{2}$$

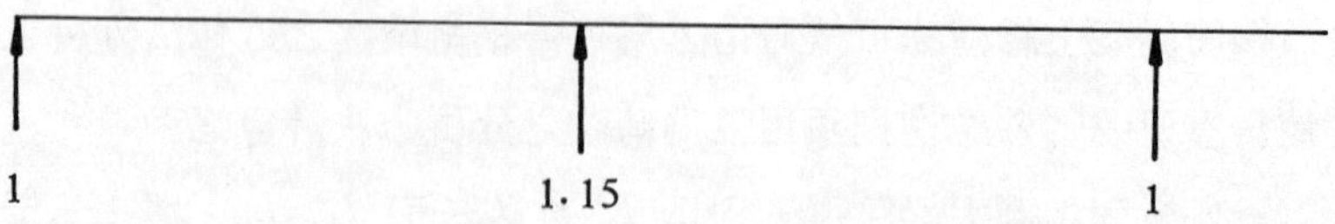

圖 8-2-3

2. 版厚度之規定

版厚度由三項因素而定，一為撓度控制所需要之最小厚度，二為抵抗彎矩所需要之厚度，三為抵抗剪力所需要之厚度，有關這三項之規定分別敍述如下：

(a) 撓度控制所需要之最小厚度 h

最小厚度應符合建築技術規則第 389 條之規定。

當 $f_y = 4,200 kg/cm^2$ 時

簡支式—— $h = \dfrac{l}{20}$

一端連續—— $h = \dfrac{l}{24}$

兩端連續—— $h = \dfrac{l}{28}$

懸臂外伸—— $h = \dfrac{l}{10}$

當 $f_y < 4,200 kg/cm^2$ 時，將 $f_y = 4,200 kg/cm^2$ 之 h 值乘以

$$\left(0.4 + \frac{f_y}{7,000}\right)$$

(b) 抵抗彎矩所需要之厚度

按照彎曲原理之公式而定，與梁設計完全相同。

$$M = Rbd^2, \quad d = \sqrt{\frac{M}{Rb}} \text{——工作應力設計法}$$

b——單位寬度 R——設計常數

$$M_n = R_u bd^2, \quad d = \sqrt{\frac{M_u}{\phi R_u b}} \text{——強度設計法}$$

(c) 抵抗剪力所需要之厚度

按經驗，作用於版斷面之剪應力，通常小於混凝土之容許剪應力。即指版幾乎不可能被剪應力所破壞，但慣例上必須作核算以確定其安全。

連續版之最大剪力產生在第一內支承面處

$$\max. V = 1.15\frac{w l_n}{2}$$

$$\max. v = \frac{V}{bd}\text{——工作應力設計法}$$

$\max. v$ 值通常小於 $v_c = 0.29\sqrt{f'_c}$

$$\max. V_u = 1.15\frac{w_u l_n}{2}$$

$$\max. v_u = \frac{V_u}{\phi bd}\text{——強度設計法}$$

$\max. v_u$ 值通常小於 $v_c = 0.53\sqrt{f'_c}$

(d) 版之總厚度 h

總厚度 h 如圖 8-2-4 所示。

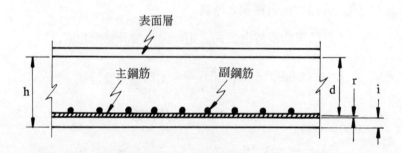

圖 8-2-4

總厚度 h＝有效厚度 d＋主鋼筋半徑 r＋保護層 i

按規範，版之淨保護層 i ≧2cm

3. 主鋼筋

單向版之鋼筋通常排置為兩方向，其中一向為抵抗彎矩者稱為主鋼筋 (principal reinforcement)。主鋼筋量係按彎矩之大小而定。

$$A_s = \frac{M}{f_s jd}$$——工作應力設計法

$$A_s = \rho bd$$——強度設計法

主鋼筋量及其排置，應符合建築技術規則第 365 條之規定。

(a) 主鋼筋量不得少於副鋼筋量。

(b) 主鋼筋之間距不得大於 3h 或 45cm。

4. 抗脹縮鋼筋

雖然單向版之載重僅傳遞於一方向，但為了防止膨脹或收縮而生之裂縫，在另一方向亦須排置鋼筋，此種鋼筋為抗脹縮鋼筋 (shrinkage and temperature reinforcement，又稱副鋼筋) 如圖 8-2-5 所示。

有關抗脹縮鋼筋，在建築技術規則第 373 條之規定如下：

$f_y = 2,800 \sim 3,500 \text{kg/cm}^2$—— $\rho \geq 0.0020$

$f_y = 4,200 \text{kg/cm}^2$—— $\rho \geq 0.0018$

$f_y > 4,200 \text{kg/cm}^2$—— $\rho \geq \dfrac{0.0018(4,200)}{f_y}$ 或 ≥ 0.0014

副鋼筋量 $A_s = \rho bh$

副鋼筋之間距不得大於 5h 或 45cm

5. 鋼筋排置

版鋼筋通常之排列方法如圖 8-2-6 所示，直筋與彎筋交互排置，於版厚小於 12cm 時，通常上下兩面皆以採用直筋為宜。為提供充分之

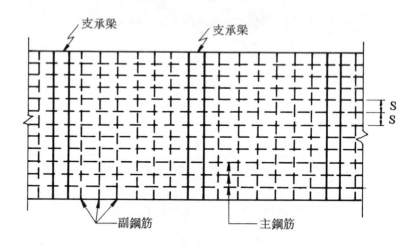

圖 8-2-5

錨定作用，直筋須延伸至支承內 15cm 以上，或與鄰跨之鋼筋連續或
續接。彎筋之彎曲點約為跨徑 1/4 處，彎折後須延伸至鄰跨而伸出 0.3
倍跨徑。

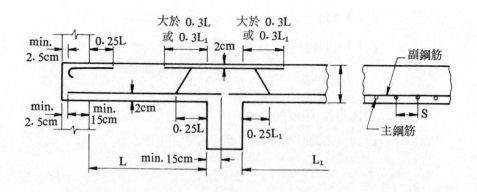

圖 8-2-6

8-3 版 設 計

已知版梁結構平面如圖 **8-3-1** 所示， 作用於版上之活載重 $w_L=$ 488kg/m²， $f'_c=210$kg/cm²， $f_y=2,800$kg/cm²， 設支承梁之寬度爲 33cm。

    (a) 據工作應力設計法試作版設計。

    (b) 據強度設計法試作版設計。

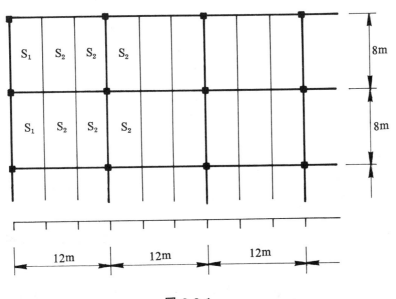

圖 **8-3-1**

1. 工作應力設計法

  A. 版厚度計算

   (a) 最小厚度

      因 $f_y<4,200$kg/cm²

$$\left(0.4+\frac{f_y}{7,000}\right)=0.4+\frac{2,800}{7,000}=0.8$$

版 s_1——min. $h=\dfrac{l}{24}(0.8)=\dfrac{4\,(100)}{24}(0.8)=13.3\text{cm}$

版 s_2——min. $h=\dfrac{l}{28}(0.8)=\dfrac{4\,(100)}{28}(0.8)=11.4\text{cm}$

由版梁結構平面圖，得知版 s_1 僅爲兩側部分，其餘之版均屬於版 s_2，爲施工上之方便，通常相連接之版皆構築爲相同厚度，基於節省起見，擬將版 s_1 之厚度與版 s_2 相同，則版 s_1 之跨徑應由 4m 減少至 3.42m。

卽　min. $h=\dfrac{3.42(100)}{24}(0.8)=11.4\text{cm}$

假定版厚度爲 11.5cm

版自重　$\dfrac{11.5}{100}(2,400)=276\text{kg/m}^2$

(b) 彎矩需要之厚度

支承梁之寬度＝33cm

版之淨跨徑　$l_n=4-\dfrac{33}{100}=3.67\text{m}$

$f'_c=210\text{kg/cm}^2$, $f_s=1,400\text{kg/cm}^2(f_y=2,800\text{kg/cm}^2)$

$k=0.378$, $\;j=0.874$, $\rho=0.0128$, $R=15.61\text{kg/cm}^2$

連續版之最大彎矩作用於外跨徑之內支承處，其彎矩係數爲 $1/10$。

max. $M=Cwl_n{}^2$

$$=\frac{1}{10}(276+488)(3.67)^2/1,000=1.029\text{m-t}$$

$$d=\sqrt{\frac{M}{Rb}}=\sqrt{\frac{1.029(100,000)}{15.61(100)}}=8.12\text{cm}$$

設採用 #5 鋼筋

則需要之厚度 h ＝ d ＋鋼筋半徑＋保護層

$$= 8.12 + \frac{1.59}{2} + 2 = 10.92\text{cm} < 11.5\text{cm} \quad 可$$

實際之 $d = 11.5 - \left(\frac{1.59}{2} + 2\right) = 8.71\text{cm}$

(c) 剪力需要之厚度

$$\text{max. } V = 1.15\frac{wl_n}{2}$$

$$= 1.15\frac{(276+488)(3.67)}{2} = 1,612.2\text{kg}$$

$$\text{max. } v = \frac{V}{bd} = \frac{1,612.2}{100(8.71)} = 1.85\text{kg/cm}^2 < 0.29\sqrt{f'_c} \quad 可$$

B. 鋼筋量計算

項　　　　　　　目	s_1			s_2		
	支　承	中　央	支　承	支　承	中　央	支　承
(1) 彎矩係數 C	$-1/24$	$+1/14$	$-1/10$	$-1/11$	$+1/16$	$-1/11$
(2) $M = Cwl_n^2$ m-kg	-428.8	$+735.0$	$-1,029.0$	-935.5	$+643.1$	-935.5
(3) 需要之 $A_s = \frac{M}{f_s jd}$ cm²/m	4.023	6.896	9.655	8.778	6.034	8.778
(4) 排置之 A_s	#5@40彎 (4.962)	#5@40彎 #4@40直 (8.129)	#5@20彎 (9.925)	#5@40彎 #4@40直 (8.129)	#5@20彎 (9.925)	
(5) 註明： $w = 764$kg/m², $l_n = 3.67$m, $f_s = 1,400$kg/cm², $j = 0.874$, $d = 8.71$cm						

版鋼筋排置由於考慮整齊及連續性，難免有些斷面排置之
A_s 與需要之 A_s 相差稍大。本例題之鋼筋排置如圖 8-3-2
所示。

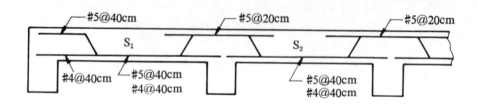

圖 8-3-2

副鋼筋之　min. $\rho = 0.0020$

$A_s = \rho bh = 0.0020(100)(11.5) = 2.30 cm^2$

採用 #3@30cm （排置之 $A_s = 2.38 cm^2$）

2. 強度設計法

A. 版厚度計算

(a) 最小厚度

因 $f_y < 4,200 kg/cm^2$

$$\left(0.4 + \frac{f_y}{7,000}\right) = 0.4 + \frac{2,800}{7,000} = 0.8$$

版 s_1——min. $h = \frac{l}{24}(0.8) = \frac{4(100)}{24}(0.8) = 13.3 cm$

版 s_2——min. $h = \frac{l}{28}(0.8) = \frac{4(100)}{28}(0.8) = 11.4 cm$

基於節省起見，擬將版 s_1 之厚度與版 s_2 相同，則版 s_1 之跨徑應由 4m 減少至 3.42m

即　min. $h = \frac{3.42(100)}{24}(0.8) = 11.4 cm$

假定版厚度爲 11.5cm

版自重 $\frac{11.5}{100}(2,400) = 276 kg/m^2$

(b) 彎矩需要之厚度

支承梁之寬度＝33cm

版之淨跨徑 $l_n = 4 - \dfrac{33}{100} = 3.67\,\text{m}$

$w_u = 1.4w_D + 1.7w_L$

　　$= 1.4(276) + 1.7(488) = 1,216\,\text{kg/m}^2$

max. $M_u = Cw_u l_n^2$

$$= \frac{1}{10}(1,216)(3.67)^2/1,000 = 1.638\,\text{m-t}$$

$\rho_b = \dfrac{0.85f'_c\beta_1}{f_y}\left(\dfrac{6,100}{6,100+f_y}\right)$

　　$= \dfrac{0.85(210)(0.85)}{2,800}\left(\dfrac{6,100}{6,100+2,800}\right) = 0.0372$

版之最大鋼筋比　$\rho = 0.5(0.75\rho_b)$

max. $\rho = 0.5(0.75)(0.0372) = 0.0139$

$m = \dfrac{f_y}{0.85f'_c} = \dfrac{2,800}{0.85(210)} = 15.68$

$R_u = \rho f_y\left(1 - \dfrac{1}{2}\rho m\right)$

　　$= 0.0139(2,800)\left[1 - \dfrac{1}{2}(0.0139)(15.68)\right]$

　　$= 34.68\,\text{kg/cm}^2$

$d = \sqrt{\dfrac{M_u}{\phi R_u b}} = \sqrt{\dfrac{1.638(100,000)}{0.9(34.68)(100)}} = 7.24\,\text{cm}$

設採用 #5 鋼筋

則需要之厚度 $h = 7.24 + \dfrac{1.59}{2} + 2 = 10.04\,\text{cm} < 11.5\,\text{cm}$ 可

實際之　$d = 11.5 - \left(\dfrac{1.59}{2} + 2\right) = 8.71\,\text{cm}$

(c) 剪力需要之厚度

$$\max . \; V_u = 1.15 \frac{w_u l_n}{2} = 1.15 \frac{1,216(3.67)}{2} = 2,566 \text{kg}$$

$$\max . \; v_n = \frac{V_u}{\phi bd} = \frac{2,566}{0.85(100)(8.71)}$$

$$= 3.47 \text{kg/cm}^2 < 0.53 \sqrt{f_c'} \quad 可$$

B. 鋼筋量計算

項　　　　目	S_1			S_2		
	支　承	中　央	支　承	支　承	中　央	支　承
(1) 彎矩係數C	$-1/24$	$+1/14$	$-1/10$	$-1/11$	$+1/16$	$-1/11$
(2) $M_u = C w_u l_n^2$ m-kg	-682.4	$+1,169.9$	$-1,637.8$	$-1,488.9$	$+1,023.6$	$-1,488.9$
(3) $R_u = \dfrac{M_u}{\phi bd^2}$ kg/cm²	9.99	17.13	23.99	21.81	14.99	21.81
(4) 修正　$\rho = R_u \dfrac{近似\ \rho}{近似 R_u}$	0.0040 (0.005)	0.0068	0.0096	0.0087	0.0060	0.0087
(5) 需要之 $A_s = \rho bd$ cm²/m	3.48 (4.35)	5.92	8.36	7.57	5.23	7.57
(6) 排置之 A_s	#4@30彎 (4.23)	#4@30彎 #3@30直 (6.60)	#4@15彎 (8.47)	#4@30彎 #3@30直 (6.60)	#4@15彎 (8.47)	

(7) 註明: $w_u = 1,216 \text{kg/m}^2$, $l_n = 3.67 \text{m}$, $b = 100 \text{cm}$, $d = 8.71 \text{cm}$, 近似 $\rho = 0.0139$,

近似 $R_u = 34.68 \text{kg/cm}^2$, $\min. \rho = \dfrac{14}{f_y} = 0.005$

鋼筋排置如圖 **8-3-3** 所示。

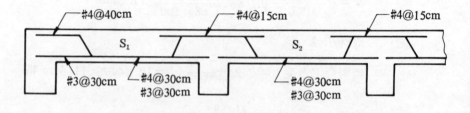

圖 8-3-3

表 8-3-1 單位寬度（1m）版內之鋼筋面積及周長

上行數字，斷面積 A_s（或 A_s'），cm^2 下行數字，周長 Σ_0 cm

以 A_s（或 A_s'）及 $\Sigma_0 = \dfrac{V}{7/8 \, du}$ （V: kg, d: cm, u: kg/cm²）查表求鋼筋直徑及間距，cm

間距	鋼 筋 號 碼											間距
	2	3	4	5	6	7	8	9	10	11	
5	5.66	14.26	25.40	39.60	57.00	77.60	101.40	129.00	163.40	202.00	5
	37.70	60.00	80.00	100.00	120.00	140.00	160.00	180.00	202.00	224.00	
6	4.72	11.88	21.17	33.00	47.50	64.67	84.50	107.50	136.17	168.33	6
	31.42	50.00	66.67	83.33	100.00	116.67	133.33	150.00	168.33	186.67	
7	4.04	10.19	18.14	28.29	40.71	55.43	72.43	92.14	116.71	144.29	7
	26.93	42.86	57.14	71.43	85.71	100.00	114.29	128.57	144.29	160.00	
8	3.54	8.91	15.88	24.75	35.63	48.50	63.38	80.63	102.13	126.25	8
	23.56	37.50	50.00	62.50	75.00	87.50	100.00	112.50	126.25	140.00	
9	3.14	7.92	14.11	22.00	31.67	43.11	56.33	71.67	90.78	112.22	9
	20.94	33.33	44.44	55.56	66.67	77.78	88.89	100.00	112.22	124.44	
10	2.83	7.13	12.70	19.80	28.50	38.80	50.70	64.50	81.70	101.00	10
	18.85	30.00	40.00	50.00	60.00	70.00	80.00	90.00	101.00	112.00	
11	2.57	6.48	11.55	18.00	25.91	35.27	46.09	58.64	74.27	91.82	11
	17.14	27.27	36.36	45.45	54.55	63.64	72.73	81.82	91.82	101.82	
12	2.36	5.94	10.58	16.50	23.75	32.33	42.25	53.75	68.08	84.17	12
	15.71	25.00	33.33	41.67	50.00	58.33	66.67	75.00	84.17	93.33	
13	2.18	5.48	9.77	15.23	21.92	29.85	39.00	49.62	62.85	77.69	13
	14.50	23.08	30.77	38.46	46.15	53.85	61.54	69.23	77.69	86.15	
14	2.02	5.09	9.07	14.14	20.36	27.71	36.21	46.07	58.36	72.14	14
	13.46	21.43	28.57	35.71	42.86	50.00	57.14	64.29	72.14	80.00	
15	1.89	4.75	8.47	13.20	19.00	25.87	33.80	43.00	54.47	67.33	15
	12.57	20.00	26.67	33.33	40.00	46.67	53.33	60.00	67.33	74.67	
16	1.77	4.46	7.94	12.33	17.81	24.25	31.69	40.31	51.06	63.13	16
	11.78	18.75	25.00	31.25	37.50	43.75	50.00	56.25	63.13	70.00	
18	1.57	3.96	7.06	11.50	15.83	21.56	28.17	35.83	45.39	56.11	18
	10.47	14.67	22.22	27.78	33.33	38.89	44.44	50.00	56.11	62.22	
20	1.41	3.57	6.35	9.90	14.25	19.40	25.35	32.25	40.85	50.50	20
	9.42	15.00	20.00	25.00	30.00	35.00	40.00	45.00	50.50	56.00	
22	1.29	3.24	5.77	9.00	12.95	17.64	23.05	29.32	37.14	45.91	22
	8.57	13.64	18.18	22.73	27.27	31.82	36.36	40.91	45.91	50.91	
24	1.18	2.97	5.29	8.25	11.88	16.17	21.13	26.88	34.04	42.08	24
	7.85	12.50	16.67	20.83	25.00	29.17	33.33	37.50	42.08	46.67	
25	1.13	2.85	5.08	7.92	11.40	15.52	20.28	25.80	32.68	40.40	25
	7.54	12.00	16.00	20.00	24.00	28.00	32.00	36.00	40.40	44.80	
26	1.09	2.74	4.88	7.62	10.96	14.92	19.50	24.81	31.42	38.85	26
	7.25	11.54	15.38	19.23	23.08	26.92	30.77	34.62	38.85	43.08	
28	1.01	2.55	4.54	7.07	10.18	13.86	18.11	23.04	29.18	36.07	28
	6.73	10.71	14.29	17.86	21.43	25.00	28.57	32.14	36.07	40.00	
30	0.94	2.38	4.23	6.60	9.50	12.93	16.90	21.50	27.23	33.67	30
	6.28	10.00	13.33	16.67	20.00	23.33	26.67	30.00	33.67	37.33	
32	0.88	2.23	3.97	6.19	8.91	12.13	15.84	20.16	25.53	31.56	32
	5.89	9.38	12.50	15.63	12.75	21.88	25.00	28.13	31.56	35.00	
34			3.74	5.82	8.38	11.41	14.91	18.97	24.03	29.71	34
			11.76	14.71	17.65	20.59	23.53	26.47	29.71	32.94	
36			3.53	5.50	7.92	10.78	14.08	17.92	22.69	28.06	36
			11.11	13.89	16.67	19.44	22.22	25.00	28.06	31.11	
38			3.34	5.21	7.50	10.21	13.34	16.97	21.50	26.58	38
			10.53	13.16	15.79	18.42	21.05	23.68	26.58	29.47	
40			3.18	4.95	7.13	9.70	12.85	16.13	20.43	25.25	40
			10.00	12.50	15.00	17.50	20.00	22.50	25.25	28.00	
42			3.02	4.71	64.79	9.24	12.07	15.36	19.45	24.05	42
			9.52	11.91	14.29	16.67	19.05	21.43	24.05	26.67	
45			2.82	4.40	6.33	8.62	11.27	14.33	18.16	22.44	45
			8.89	11.11	13.33	15.56	17.78	20.00	26.67	24.89	

副鋼筋之　min. $\rho=0.0020$

$A_s=\rho bh=0.0020(100)(11.5)=2.30cm^2$

採用　#3@30cm（排置之　$A_s=2.38cm^2$）

版內之鋼筋間距與鋼筋面積之關係如**表 8-3-1** 所示。在實用上，一般均利用該表作爲版內之鋼筋排置。

8-4　格柵版之概論

在混凝土格柵式梁版構造中，　5公分，　6公分，7.5 公分及 11.5 公分厚度的樓版，由狹窄之橫梁或密間距之格子梁所支承。在通常之情況下，除了在樓版內需要抵抗收縮及溫度應力之鋼筋外，不需放置其他鋼筋，而收縮所需之鋼筋與梁成垂直排置。

圖 8-4-1 爲典型的混凝土格柵式梁版平面圖，從 10 公分至 18 公

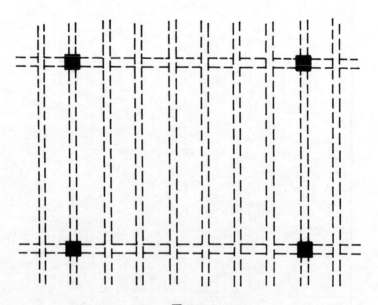

圖 8-4-1

分或 20 公分寬的小梁，由置於柱上的大梁所支承。小梁間之空隙可由
30 公分或 40 公分寬的煅燒黏土或混凝土空心磚來填充，如圖 8-4-2所
示。一般較普遍的做法，卽將版及小梁內之混凝土，灌注在 50 公分或
75 公分寬的可移動鋼盤 (steel pans) 上，其深度有15，20，25，30，
35，40 或 50 公分等尺寸，如圖 8-4-3 所示。

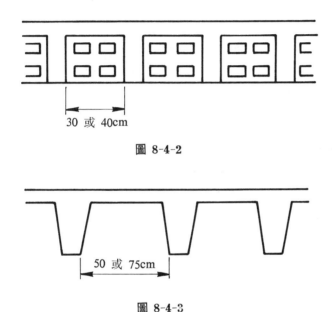

圖 8-4-2

圖 8-4-3

　　混凝土欄柵式梁版構造，在建築技術規則第 385 條有所規定。將較
重要之事項紋述如下:

　　(a) 小梁之淨間距不得大於 75 公分，所有小梁之寬度不得小
　　　　於 10 公分，而深度不得大於寬度的 $3\frac{1}{2}$ 倍。

　　(b) 若填充材料之抗壓強度至少等於小梁混凝土強度時，永
　　　　久填充物之垂直殼可包括在格子梁內一併計算剪力或負彎
　　　　矩。在此種情況下，最小的版厚可爲 4 公分，或小梁淨間
　　　　距的 1/12，取兩者之較小值。

（c）當可移動之模板或填充物，其抗壓強度小於（b）項所要求
之強度時，則混凝土版之厚度不得小於小梁間距的 1/12，
或小於 5 公分。

8-5 櫊柵版之設計

混凝土櫊柵式梁版之設計包括版、小梁及大梁等三項。通常收縮鋼
筋置於小梁垂直方向，而版本身可視爲無筋混凝土。小梁之間的短向跨
徑，可視爲兩端固定。

小梁本身之設計可視爲樓版梁，在負彎矩區域內使用矩形斷面，而
在正彎矩區域內使用丁形斷面。每一跨徑上臨界設計彎矩曲線可由規範
之彎矩係數或按連續梁分析而求得。由於版與密間距小梁交互作用，規
範允許混凝土的剪應力 v_c 可較一般梁所規定值高出 10%。

大梁之設計可視同一般之樓版大梁，但由小梁傳遞過來之載重可考

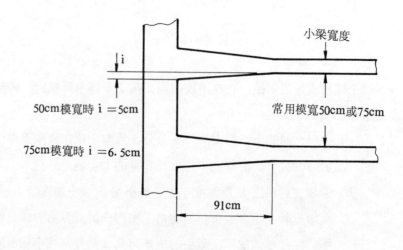

圖 8-5-1

慮為均勻分布於整個跨徑上。

　　採用可拆除鋼盤之小梁，在模板末端做成錐形，可使小梁兩端由 91 公分處開始增加寬度，若模板寬度 50 公分，則小梁兩邊之有效寬度可增加 5 公分，若模板 75 公分寬，則可增加 6.5 公分。此增加之寬度可用以承受接近跨徑末端較大之剪力及負彎矩，如圖 8-5-1 所示。

　　通常與小梁垂直方向還使用橫向分布的肋梁，其最小寬度為 10 公分，頂部及底部至少各一根 4 號鋼筋，此種肋梁在小梁跨徑大於 9 公尺時，設於跨徑 1/3 處。

　　使用填充料之混凝土欄柵式梁版設計實例，如圖 8-5-2 所示。

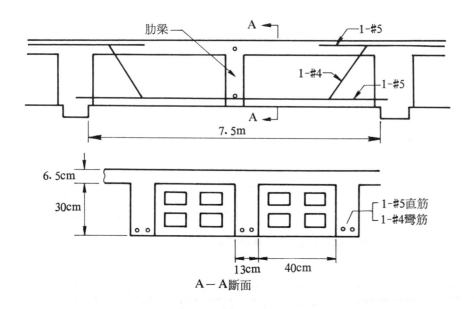

圖 8-5-2

習　　題

1. 何謂單向版?

2. 單向版之厚度由那些因素而定?

3. 試繪連續版之配筋圖。

4. 欄柵版之結構與單向版有何不同?

5. 已知版梁結構斷面如圖所示，版上之活載重 $w_L=400kg/m^2$，$f_c'=280kg/cm^2$，$f_s=1,410kg/cm^2$，支承梁之寬度爲 30cm，據工作應力設計法，試作單向版之設計。

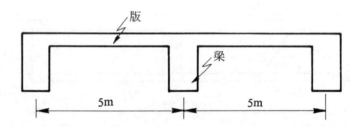

6. 已知版梁結構斷面如圖所示，版上之活載重 $w_L=400kg/cm^2$，$f_c'=350kg/cm^2$，$f_y=4,200kg/cm^2$，支承梁之寬度爲 30cm，據強度設計法，試作單向版之設計。

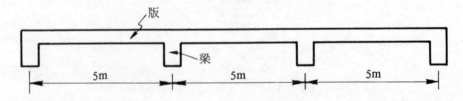

第 九 章
雙 向 版

9-1 引 言

在鋼筋混凝土建築中，最基本又普通的樓版應是版—梁—大梁的構造，如圖 **9-1-1(a)** 所示之陰影部分的樓版，其面積是由一對梁（**B**）和一對大梁（**G**）所圍成。當版之長邊大於或等於短邊兩倍時，大部分的樓版荷重都傳遞至梁，而大梁承受版荷重是爲微少，因此樓版可依據單向版方法設計，單向版已在第八章說明過。

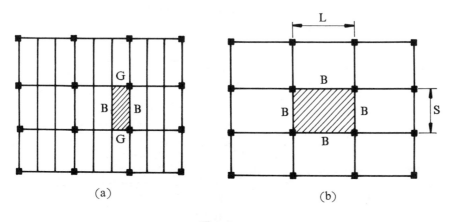

(a) (b)

圖 9-1-1

如圖 **9-1-1(b)** 所示，當長邊 L 與短邊 S 之比小於 2 時，陰影面積

的變位面成為一組成對的曲線，而版之荷重則由版四周之梁共同承擔，因此版內必須排置兩方向之抗拉鋼筋，此種樓版稱為雙向版（two-way slab）。雙向版之應用相當普遍，尤其房屋構築之樓版多半屬於雙向版。

雙向版之載重劃分係屬超靜定結構之問題，不易獲得精確之分析。版載重如何分配傳至各梁，則與版之長短邊比例、四邊連續性情況，以及版梁之剛性（stiffness）等均有密切之關係，尤其梁對版之剛性比將是影響的主要因素。

版之載重分配情形大致可由撓曲原理得知，如圖 9-1-2 所示為一格間（panel）之長方形版，其長邊為 L，短邊為 S。版之單位面積荷重為 w，假設在兩方向之中央各截切一帶，傳遞至短向長梁之荷重為 w_s，傳遞至長向短梁之荷重為 w_l。

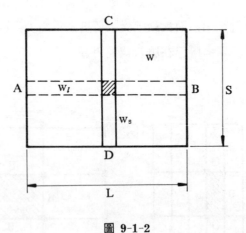

圖 9-1-2

由撓曲公式得

AB 帶之中央撓度　　$\delta_{AB} = \dfrac{5w_l L^4}{384EI}$

CD 帶之中央撓度　　$\delta_{CD} = \dfrac{5w_s S^4}{384EI}$

兩帶在中央之撓度必相等　$\delta_{AB} = \delta_{CD}$

$$\frac{w_l}{w_s} = \frac{S^4}{L^4}$$

$$w = w_s + w_l$$

$$\therefore \quad w_l = \frac{S^4}{S^4 + L^4} \cdot w$$

$$w_s = \frac{L^4}{S^4 + L^4} \cdot w$$

由上式得知短向長梁比長向短梁負擔較大之荷重，卽短向需要較多之鋼筋。

設　$L = 2S$　　　$w_l = 0.059w$

$w_s = 0.941w$

由此可見，當長邊大於或等於短邊 2 倍時， 版載重幾乎由短向負擔，而長向負擔甚微，該版可視爲單向版。

雙向版之設計，在 1963 年之 ACI 規範內有三種設計法， 對於同一條件之雙向版，依據三種設計法所得之結果不完全一致，然而以第二設計法最爲簡便，因此爲一般工程界普遍採用。在 1971 年之規範則有直接設計法 (direct-design method) 及相當構架法 (equivalent-frame method) 兩種，其中以直接設計法較簡單，然而，它的適用性有多項之限制，必須符合這些限制始能採用直接設計法，否則必須採用相當構架法設計之。

1971 年 ACI 規範之設計法， 較 1963 年之設計法卻繁雜甚多，本章仍分別以 1963 年 ACI 規範之第二設計法， 和 1971 年 ACI 規範 （或我國建築技術規則） 之直接設計法爲雙向版設計之依據予以詳述。

9-2 1963 年 ACI 規範之雙向版設計法

1. 雙向版之彎矩

A. 格間內之分帶

按規範將版之兩方向各劃分爲中帶（ middle strip） 及柱帶 (column strip)，如圖 **9-2-1** 所示。

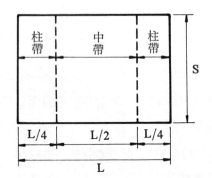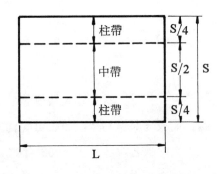

圖 **9-2-1**

$$短向中帶寬度 = \frac{L}{2} \qquad 長向中帶寬度 = \frac{S}{2}$$

$$短向柱帶寬度 = \frac{L}{4} \qquad 長向柱帶寬度 = \frac{S}{4}$$

B. 彎矩

(a) 短向中帶之彎矩　$M = C_s w S^2$

長向中帶之彎矩　$M = C_l w S^2$

C_s——短向之彎矩係數

C_l——長向之彎矩係數

w——版之單位面積荷重

S——短向之跨徑

假若支承梁兩側之版，其負彎矩係數相差較大時應予以修正。

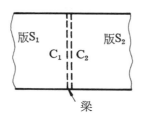

版S_1 　　　版S_2

$C_1 \| C_2$

梁

圖 9-2-2

如圖 9-2-2 所示，設版 S_1 之負彎矩係數 C_1 大於版 S_2 之負彎矩係數 C_2，當 $C_2 < 0.8C_1$ 時，應取 $2/3(C_1 - C_2)$ 爲修正值平均分配於 C_1 及 C_2，

即　修正後之 $C_1 =$ 原有之 $C_1 - \dfrac{2/3(C_1 - C_2)}{2}$

　　　修正後之 $C_2 =$ 原有之 $C_2 + \dfrac{2/3(C_1 - C_2)}{2}$

(b) 柱帶彎矩等於中帶彎矩之 2/3

(c) 不連續邊彎矩等於連續邊彎矩之 1/2

(d) 中帶正彎矩等於連續邊負彎矩之 3/4

C. 格間邊緣之連續情況

欲得版兩方向之中帶彎矩，必先查出其彎矩係數，而彎矩係數係按 $m = S/L$ 值及版各邊之連續性情況而定。

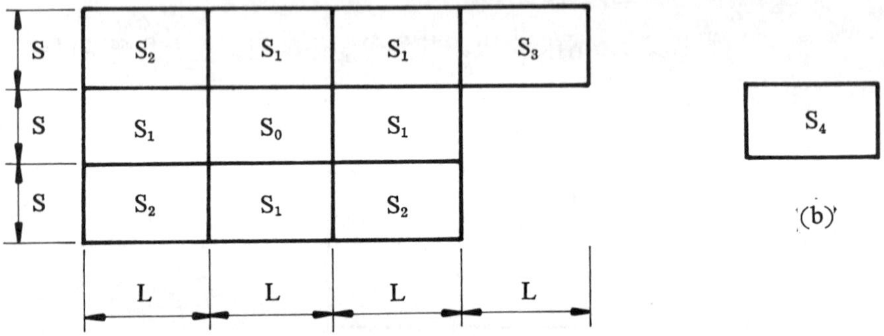

圖 9-2-3

　　如圖 **9-2-3(a)** 所示爲 10 個格間接連之雙向版，**圖 (b)**爲孤立格間之雙向版，每格間按其邊緣連續性情況可分爲五種。

S_0——四邊皆連續之內格間

S_1——一邊不連續之格間

S_2——二邊不連續之格間

S_3——三邊不連續之格間

S_4——四邊皆不連續之格間

D. 彎矩係數

　　1963 年 ACI 規範所訂之雙向版中帶彎矩係數如**表 9-2-1** 。

2. 雙向版之厚度

A. 規範所規定之最小厚度 h

$$\text{min. } h = 9\text{cm}$$

$$\text{或} \quad \text{min. } h = \frac{2(S+L)}{180}$$

或　$\min. h = \dfrac{2(S_n + L_n)}{180}$

S──短向中心至中心之跨徑

L──長向中心至中心之跨徑

S_n──短向之淨跨徑

L_n──長向之淨跨徑

表 9-2-1　雙向版中帶之彎矩係數 C

方　向　 m=S/L 連續性	短跨　m=S/L 值						長　跨 所有m值 均　同
	1.0	0.9	0.8	0.7	0.6	0.5	
情況1.──內格間							
連續邊之負力矩	0.033	0.040	0.048	0.055	0.063	0.083	0.033
中央之正力矩	0.025	0.030	0.036	0.041	0.047	0.062	0.025
情況2.──一邊不連續格間							
連續邊之負力矩	0.041	0.048	0.055	0.062	0.069	0.085	0.041
不連續邊之負力矩	0.021	0.024	0.027	0.031	0.035	0.042	0.021
中央之正力矩	0.031	0.036	0.041	0.047	0.052	0.064	0.031
情況3.──二邊不連續格間							
連續邊之負力矩	0.049	0.057	0.064	0.071	0.078	0.090	0.049
不連續邊之負力矩	0.025	0.028	0.032	0.036	0.039	0.045	0.025
中央之正力矩	0.037	0.043	0.048	0.054	0.059	0.068	0.037
情況4.──三邊不連續格間							
連續邊之負力矩	0.058	0.066	0.074	0.082	0.090	0.098	0.058
不連續邊之負力矩	0.029	0.033	0.037	0.041	0.045	0.049	0.029
中央之正力矩	0.044	0.050	0.056	0.062	0.068	0.074	0.044
情況5.──四邊不連續格間							
不連續邊之負力矩	0.033	0.038	0.043	0.047	0.053	0.055	0.033
中央之正力矩	0.050	0.057	0.064	0.072	0.080	0.083	0.050

B. 抵抗彎矩所需要之厚度

短向　　$\max. M_s = C_s w S^2, \quad d_s = \sqrt{\dfrac{\max. M_s}{Rb}}$

長向　　$\max. M_l = C_l w S^2, \quad d_l = \sqrt{\dfrac{\max. M_l}{Rb}}$

C. 抵抗剪力所需要之厚度

作用於版之剪應力通常小於混凝土之容許剪應力，卽指版幾乎不可能被剪應力所破壞，但慣例上必須作核算以確定其安全。

$$\max. V = 1.15 \frac{wS}{2}$$

$$\max. v = \frac{V}{bd}$$

$\max. v$ 通常小於 $v_c = 0.29\sqrt{f'_c}$

D. 兩方向之有效厚度

雙向版之鋼筋係爲兩方向之排置，其排置位置依正負彎矩而定。在正彎矩區應置於版之下層，在負彎矩區應置於版之上層。按規範，版之兩方向各劃分爲一中帶及兩柱帶。每帶之中央產生正彎矩，而兩端產生負彎矩。因此一格間之正負彎矩如圖 9-2-4 所示，則鋼筋排置如圖 9-2-5 所示。

雙向版之每格間，在中央區域之兩方向彎矩皆爲正，故兩方向之鋼筋必排置於版之下層，而互爲相疊。因短向傳遞較大之荷重，需要較大之有效厚度，所以在中央區域之短向鋼筋置於長向鋼筋之下面，如圖 9-2-6(a) 所示。

在四個角落區域之兩方向彎矩皆爲負，故兩方向之鋼筋必排置於版之上層，而短向鋼筋應置於長向鋼筋之上面，如圖 9-2-6(b) 所示。

至於有正負彎矩之區域，兩方向之鋼筋排置於一上一下，其兩方向之有效厚度不因鋼筋相疊而有差別，如圖 9-2-6(c) 所示。

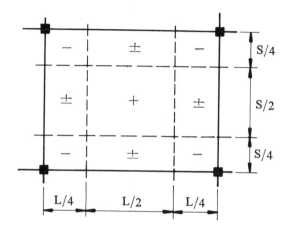

圖 **9-2-4** 雙向版之正負力矩區域

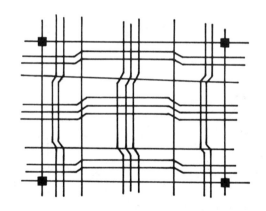

圖 **9-2-5** 雙向版之鋼筋排置

3. 雙向版之鋼筋量

由公式 $M=CwS^2$ 求得之彎矩是為中帶單位寬度（1 公尺）的彎矩，將該彎矩代入下式得中帶單位寬度所需要之鋼筋量。

$$A_s = \frac{M}{f_s jd}$$

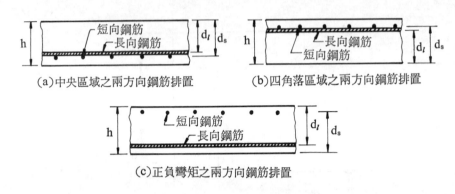

(a)中央區域之兩方向鋼筋排置　　(b)四角落區域之兩方向鋼筋排置

(c)正負彎矩之兩方向鋼筋排置

圖 **9-2-6** 版斷面之鋼筋排置

4. 支承梁之荷重

版重傳遞於格間四邊之支承梁載重，可按圖 **9-2-7** 所示劃分之，短梁負擔三角形面積之版重，長梁負擔梯形面積之版重。

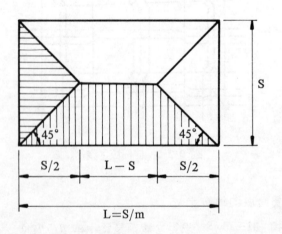

圖 **9-2-7**

短梁所負一格間之總載重爲

$$W_s = \frac{1}{2}(S)\left(\frac{S}{2}\right)w = \frac{wS^2}{4}$$

長梁所負一格間之總載重爲

$$W_l = \frac{(L-S)+L}{2}\left(\frac{S}{2}\right)w = \frac{wS}{4}(2L-S)$$

令　　$m = \frac{S}{L}$　　　　$L = \frac{S}{m}$

$$W_l = \frac{wS^2}{4}\left(\frac{2-m}{m}\right)$$

　　計算支承梁之彎矩時，應將三角形及梯形載重折算爲均布載重，依下列之方法可求得，版重作用於短梁及長梁之均布載重。

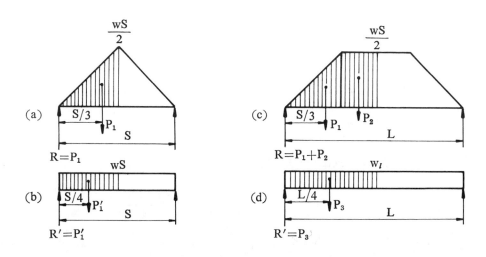

圖 9-2-8

　　如圖 9-2-8 所示，將圖 (a) 三角形版重化爲圖 (b) 之均布載重。圖 (c) 梯形版重化爲圖 (d) 之均布載重。

　　設版之單位面積重量爲 w，短梁上之均布載重爲 w_s，長梁上之均

布載重爲 w_l。

由圖 (a)，梁中央之彎矩爲

$$M_s = R\left(\frac{S}{2}\right) - P_1\left(\frac{S}{6}\right)$$

$$R = P_1 = \frac{wS^2}{8}$$

$$\therefore \quad M_s = \frac{wS^2}{8} \cdot \frac{S}{3} \tag{1}$$

由圖 (b)，梁中央之彎矩爲

$$M'_s = R'\left(\frac{S}{2}\right) - P'_1\left(\frac{S}{4}\right)$$

$$R' = P'_1 = \frac{w_s S}{2}$$

$$\therefore \quad M'_s = \frac{w_s S^2}{8} \tag{2}$$

在條件上，(1) 式＝(2)式，卽 $M_s = M'_s$

得 $\quad w_s = \frac{wS}{3}$

由圖 (c)，梁中央之彎矩爲

$$M_l = R\left(\frac{L}{2}\right) - P_1\left(\frac{L}{2} - \frac{S}{2}\right) - P_2\left(\frac{L-S}{4}\right)$$

$$R = P_1 + P_2$$

$$P_1 = \frac{wS^2}{8}, \quad P_2 = \frac{wS}{4}(L-S)$$

設 $\quad L = \frac{S}{m}$

$$\therefore \quad M_l = \frac{wS^3}{24} + \frac{wS^3}{16m^2} - \frac{wS^3}{16} \tag{3}$$

由圖 (d)，梁中央之彎矩爲

$$M'_l = R\left(\frac{L}{2}\right) - P_3\left(\frac{L}{4}\right)$$

$$R' = P_3 = \frac{w_l L}{2}$$

$$\therefore \quad M'_l = \frac{w_l L^2}{8} = \frac{w_l S^2}{8m^2} \tag{4}$$

在條件上，(3) 式＝ (4)式，即 $M_l = M'_l$

得　$w_l = \frac{wS}{3}\left(\frac{3-m^2}{2}\right)$

9-3　1963 年 ACI 規範之雙向版設計例題

已知版梁結構平面如圖 **9-3-1** 所示，作用於版上之活載重

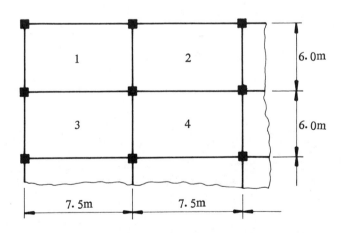

圖 9-3-1

$$w_l = 585 \text{kg/m}^2 \qquad f'_c = 210 \text{kg/cm}^2 \qquad f_s = 1,400 \text{kg/cm}^2$$

據 1963 年 ACI 規範, 設計如圖 **9-3-1** 所示之雙向版。

按邊緣連續情況而分, 版 1, 2, 3, 及 4 為代表性之四個格間雙向版。

設計常數: $k = 0.378$, $j = 0.874$, $\rho = 0.0128$, $R = 15.61 \text{kg/cm}^2$

1. 版厚度之計算

(a) 最小厚度 h

min. h＝9cm

$$\text{min. } h = \frac{2(S+L)}{180} = \frac{2(6.0+7.5)(100)}{180} = 15 \text{cm}$$

(b) 彎矩需要之厚度

設採用 #5 鋼筋, 並假設 h＝15cm

版自重 $\frac{15}{100}(2,400) = 360 \text{kg/m}^2$

短向之有效厚度 d_s——

中帶及柱帶

中央正彎矩處之 $d_s = $ h－短向鋼筋半徑－保護層

$$= 15 - \frac{1.59}{2} - 2 = 12.21 \text{cm}$$

兩端負彎矩處之 $d_s = 15 - \frac{1.59}{2} - 2 = 12.21 \text{cm}$

長向之有效厚度 d_l——

中帶— $\begin{cases}$ 中央正彎矩處之 $d_l = h -$ 短向鋼筋直徑 — 長向鋼筋
半徑 — 保護層

$\qquad\qquad = 15 - 1.59 - \dfrac{1.59}{2} - 2 = 10.62\text{cm}$

兩端負彎矩處之 $d_l = h -$ 長向鋼筋半徑 — 保護層

$\qquad\qquad = 15 - \dfrac{1.59}{2} - 2 = 12.21\text{cm}$

柱帶— $\begin{cases}$ 中央正彎矩處之 $d_l = h -$ 長向鋼筋半徑 — 保護層

$\qquad\qquad = 15 - \dfrac{1.59}{2} - 2 = 12.21\text{cm}$

兩端負彎矩處之 $d_l = h -$ 短向鋼筋直徑 — 長向鋼筋
半徑 — 保護層

$\qquad\qquad = 15 - 1.59 - \dfrac{1.59}{2} - 2 = 10.62\text{cm}$

長向之有效厚度有兩種，為更安全起見，取較小之 $d_l = 10.62\text{cm}$

$$m = \frac{S}{L} = \frac{6.0}{7.5} = 0.8$$

由表 9-2-1 得每格間中帶之正負彎矩係數，如圖 9-3-2 所示。

$$w = w_D + w_L = 360 + 585 = 945\text{kg/m}^2$$

短向之 $\max. M_s = C_s w S^2$

$$= 0.064(945)(6.0)^2/1,000 = 2.177\text{m-t}$$

$$d_s = \sqrt{\frac{M_s}{Rb}} = \sqrt{\frac{2.177(100,000)}{15.61(100)}} = 11.81\text{cm} < 12.21\text{cm} \ \text{可}$$

長向之 $\max. M_l = C_l w S^2$

$$= 0.049(945)(6.0)^2/1,000 = 1.667\text{m-t}$$

$$d_l = \sqrt{\frac{M_l}{Rb}} = \sqrt{\frac{1.667(100,000)}{15.61(100)}} = 10.33\text{cm} < 10.62\text{cm} \ \text{可}$$

(c) 剪力需要之厚度

$$\text{max. } V = 1.15\frac{wS}{2} = 1.15\frac{945(6)}{2} = 3,260\text{kg}$$

$$\text{max. } v = \frac{V}{bd} = \frac{3,260}{100(10.62)} = 3.07\text{kg/cm}^2 < 0.29\sqrt{f'_c} \text{ 可}$$

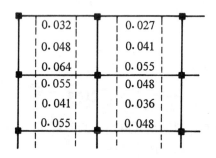

短向中帶之彎矩係數

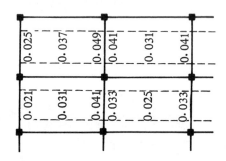

長向中帶之彎矩係數

圖 9-3-2

2. 鋼筋量之計算

按規範, 最小鋼筋比 min. $\rho = 0.0020$, 最大間距 max. $s \leq 3h$, 最小鋼筋量 $A_s = \rho bh = 0.0020$ (100) (15) $= 3.00\text{cm}^2$, 最大間距 $s = 3(15) = 45\text{cm}$, 設採用 #5 鋼筋, 1 -#5 之 $A_s = 1.99\text{cm}^2$

(a) 短向中帶

項　　　　目	格　　間　　1			格　　間　　3	
	外 端	中 間	內 端	兩 端	中 間
(1) 彎矩係數 C	0.032	0.048	0.064	0.055	0.041
(2) $M = CwS^2$ m-kg	1,088.6	1,633.0	2,177.3	1,871.1	1,394.8
(3) 所需之 $A_s = \dfrac{M}{f_s jd}$ cm²/m	7.28	10.92	14.57	12.52	9.33
(4) 所需之 #5 鋼筋間距 cm	27.3	18.2	13.7	15.9	21.3
(5) 註明: w=945kg/m², S=6.0m, f_s=1,400kg/cm², j=0.874, d=12.21cm					

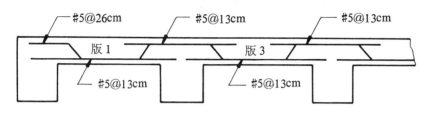

版 1 及版 3 之配筋

項 目	格 間 2			格 間 4	
	外 端	中 間	內 端	兩 端	中 間
(1) 彎矩係數 C	0.027	0.041	0.055	0.048	0.036
(2) $M = CwS^2$ m-kg	918.5	1,394.8	1,871.1	1,633.0	1,224.7
(3) 所需之 $A_s = \dfrac{M}{f_s jd}$ cm²/m	6.14	9.33	12.52	10.92	8.19
(4) 所需之 #5 鋼筋間距 cm	32.4	21.3	15.9	18.2	24.3
(5) 註明: 同上表					

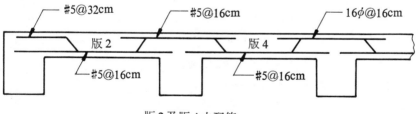

版 2 及版 4 之配筋

(b) 短向柱帶

因柱帶之彎矩爲中帶彎矩之 2/3，故柱帶需要之鋼筋量爲中帶鋼筋量之 2/3。

(c) 長向中帶

項　　　　　目	格　間　1			格　間　2	
	外　端	中　間	內　端	兩　端	中　間
(1) 彎矩係數C	0.025	0.037	0.049	0.041	0.031
(2) $M=CwS^2$ m-kg	850.5	1,258.7	1,667.0	1,394.8	1,054.6
(3) 所需之 $A_s=\dfrac{M}{f_s jd}cm^2/m$	6.54	9.69	12.83	10.73	8.12
(4) 所需之 #5 鋼筋間距 cm	30.4	20.5	15.5	18.5	24.5

(5) 註明: $w=945kg/m^2$, $S=6.0m$, $f_s=1,400kg/cm^2$, $j=0.874$, $d=10.62cm$

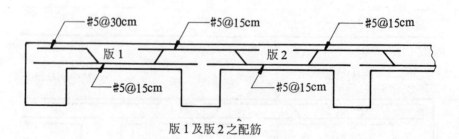

版 1 及版 2 之配筋

項　　　　目	格　間　3			格　間　4	
	外　端	中　間	內　端	兩　端	中　間
(1) 彎矩係數C	0.021	0.031	0.041	0.033	0.025
(2) $M=CwS^2$ m-kg	714.4	1,054.6	1,394.8	1,122.7	850.5
(3) 所需之 $A_s=\dfrac{M}{f_sjd}$cm²/m	5.50	8.12	10.73	8.64	6.54
(4) 所需之 #5 鋼筋間距 cm	36.2	24.5	18.5	23.0	30.4
(5) 註明: 同上表					

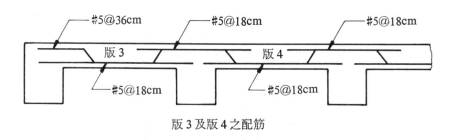

版 3 及版 4 之配筋

(d) 長向柱帶

　　因柱帶之彎矩爲中帶彎矩之 2/3，故柱帶需要之鋼筋量爲中帶鋼筋量之 2/3。

9-4　雙向版之直接設計法

　　版系包括版及其支承梁、柱及牆等，設計方法應符合建築技術規則第 446 條至第 462 條之規定。

雙向作用之版，無論柱帶中有梁或無梁，應依照圖 9-4-1 所示，在
兩方向劃分爲帶，A 帶和 C 帶爲兩相鄰版之中心線所圍成，B 帶和 D 帶

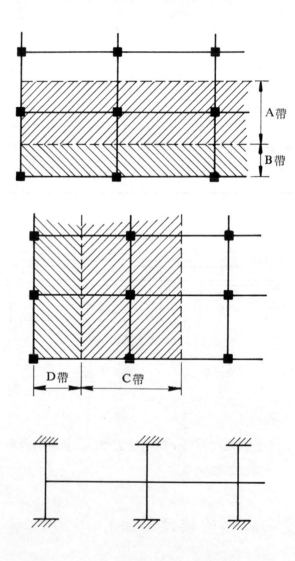

圖 9-4-1　A, B, C 或 D 帶之相當剛性構架典型圖

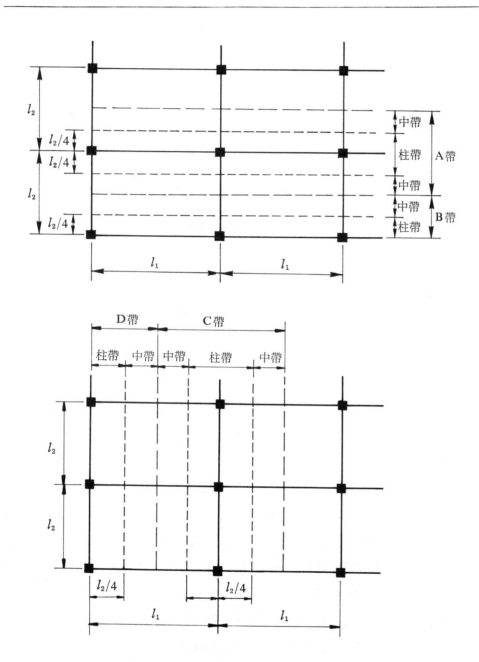

圖 9-4-2　柱帶及中帶之劃分圖

為版之中心線與外柱所圍成。各帶與上方和下方之結合而視為剛性構架 (rigid frame) 予以分析之。

每帶又劃分為柱帶及中帶，柱帶係為柱中線兩側各寬 $1/4 \, l_2$ 之格間部分的設計帶，其寬度不得超過 $1/4 \, l_1$，l_1 為順設計方向之跨徑，l_2 為垂直於 l_1 之跨徑。中帶係為兩柱帶間之格間部分的設計帶，如 **圖 9-4-2** 所示。

將雙向版的直接設計法之設計步驟分項說明如下：

1. 限制條件

雙向版如依據直接設計法設計，應符合建築技術規則第 448 條之規定。

(1) 每向至少須有三個連續格間。

(2) 長方形格間的長邊與短邊之比不得大於 2。

(3) 每向連續兩跨徑之差不得大於較長跨徑之 $1/3$。

(4) 柱與每向連續柱列之中心線偏差，不得大於偏向跨徑之 $1/10$。

(5) 活載重不得大於靜載重之 3 倍。

(6) 如版格間四周均有梁，兩互相垂直方向之梁的相對剛性 (relative stiffness)，即 $\dfrac{l_1^2/\alpha_1}{l_2^2/\alpha_2}$，不得小於 0.2，亦不得大於 5.0，$l_1$ 及

l_2 分別為設計彎矩方向及垂直於設計彎矩方向之支點中心跨徑。

$\alpha = \dfrac{E_{cb}I_b}{E_{cs}I_s}$ 為梁斷面與其兩相鄰版格間中線間（即梁兩側）版寬斷面之撓曲剛性比 (flexure stiffness ratio)。I_b 及 I_s 為梁斷面及版斷面之慣性矩。E_{cb} 及 E_{cs} 為梁及版之彈性模數。

以上這些限制是要保證，設計的雙向版有足夠之規則，使得按指定係數所求得之縱向彎矩與由彈性分析而得者無太大差別。

柱帶內之支承梁的有效斷面，如圖 9-4-3 所示。

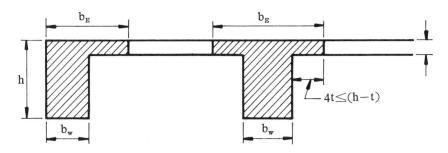

圖 9-4-3 梁之有效斷面

按規範，雙翼丁形梁之 b_E 不得大於 $b_w + 2(h-t)$，亦不得大於 $b_w + 8t$，單翼丁形梁之 b_E 不得大於 $b_w + (h-t)$，亦不得大於 $b_w + 4t$，梁之有效斷面的慣性矩 I_g 由下式求得。

$$I_g = K \frac{b_w h^3}{12}$$

$$K = \frac{1 + \left(\frac{b_E}{b_w} - 1\right)\left(\frac{t}{h}\right)\left[4 - 6\left(\frac{t}{h}\right) + 4\left(\frac{t}{h}\right)^2 + \left(\frac{b_E}{b_w} - 1\right)\left(\frac{t}{h}\right)^3\right]}{1 + \left(\frac{b_E}{b_w} - 1\right)\left(\frac{t}{h}\right)}$$

2. 撓度控制所需要之最小厚度 h

最小厚度應符合建築技術規則第 391 條之規定。

$$h \geq \frac{l_n(800 + 0.0712f_y)}{36,000 + 5,000\beta[\alpha_m - 0.5(1 - \beta_s)(1 + 1/\beta)]}$$

$$h \geq \frac{l_n(800 + 0.0712f_y)}{36,000 + 5,000\beta(1 + \beta_s)}$$

$$h < \frac{l_n(800 + 0.0712f_y)}{36,000}$$

式中　l_n——雙向版之長邊淨跨徑

　　　f_y——鋼筋之屈服強度

β ——長邊淨跨徑與短邊淨跨徑之比，l_n/s_n

β_s ——版周連續邊之總長與四邊總周長之比

α_m ——版周各梁的 α 之平均值

α —— $\dfrac{E_{cb}I_b}{E_{cs}I_s}$，版邊梁之撓曲剛性與梁兩側版中線版寬之撓曲剛性比

3. 總靜定設計彎矩

如圖 **9-4-4** 所示，作用於相當剛性構架每一跨徑之每單位長度的總載重為 wL_2，按規範， 在相當剛性構架上任一跨徑的總靜定設計彎矩為

$$M_0 = \frac{1}{8} wL_2 L_n^2$$

式中　w ——版上之單位面積總載重

L₂ ——相當剛性構架之橫向寬度

L_n ——相當剛性構架之縱向淨跨徑，但不得小於中心至中心跨徑的 65%。

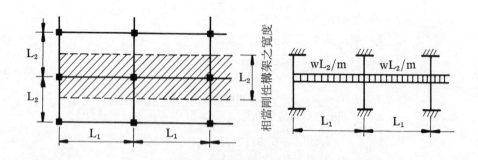

圖 9-4-4

為了達到平衡之條件，則兩支承之負彎矩的平均絕對值，與中央正彎矩之和等於 $1/8\ wL_2 L_n^2$，如圖 9-4-5 所示。

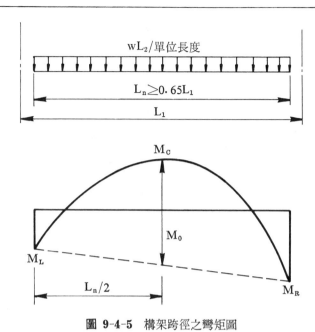

圖 9-4-5 構架跨徑之彎矩圖

$$M_0 = M_c + \frac{1}{2}(M_L + M_R) = \frac{1}{8}wL_2L_n{}^2$$

4. 總靜定彎矩之縱向分配

總靜定彎矩 M_0 之縱向分配與三個重要參數有關，（1）相當外柱 (equivalent exterior column) 之撓曲剛性，此撓曲剛性爲橫向邊梁斷面之扭曲剛性 (torsional stiffness)，以及上部外柱和下部外柱之撓曲剛性的函數。（2）縱向梁斷面之撓曲剛性對版之撓曲剛性的比值 α。（3）靜載重與活載重之比值。

第一個參數是影響外跨徑之 M_0 分給 M_L，M_c 和 M_R，第二、三個參數則會影響外跨徑及內跨徑之正彎矩 M_c 的增加量。

將縱向分配的步驟摘要說明如下：

（1）邊梁之扭曲常數

將橫向邊梁斷面分成多塊完整之矩形（通常分爲兩塊）以求得最

大之扭曲常數C (torsional constant)，如圖 **9-4-6** 所示。

$$C = \sum \left(1 - 0.63 \frac{x}{y} \right) \left(\frac{x^3 y}{3} \right)$$

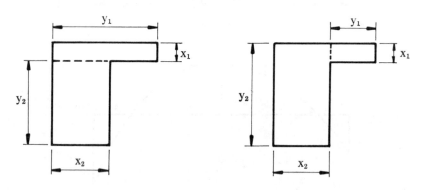

圖 **9-4-6** 邊梁斷面被分為矩形

邊梁斷面被分成為矩形不外乎如圖 **9-4-6** 所示之兩種情況， x 為矩形之短邊， y 為矩形之長邊，由扭曲常數公式求得之兩種C值中取用較大者。

(2) 邊梁之扭曲剛性

由下式可求得橫向邊梁之扭曲剛性 K_t

$$K_t = \sum \frac{9 E_{cs} C}{L_2 (1 - c_2 / L_2)^3}$$

式中 E_{cs}——版之混凝土的彈性模數

C——扭曲常數

c_2——矩形柱在 L_2 方向之尺寸

L_2——橫向之版格間邊長（中心至中心）

(3) 相當外柱之撓曲剛性

由下式可求得相當外柱 (equivalent exterior column) 之撓曲剛性K_{eco}

$$\frac{1}{K_{ec}} = \frac{1}{K_{c1} + K_{c2}} + \frac{1}{K_t}$$

式中　K_{c1}，K_{c2}——分別爲上下外柱之撓曲剛性

　　　K_t——邊梁之扭曲剛性

（4）梁與版之撓曲剛性比的最小値

$$\alpha = \frac{E_{cb}I_b}{E_{cs}I_s}$$

$$\beta_a = \frac{w_D}{w_L}$$

由 α 及 β_a 値查**表 9-4-1** 得梁與版之撓曲剛性比的最小値 α_{min}。

表 9-4-1 α_{min} 値

β_a	邊長比値 L_2/L_1	$\alpha = E_{eb}I_b/E_{cs}I_s$				
		0	0.5	1.0	2.0	4.0
2.0	0.5~2.0	0	0	0	0	0
1.0	0.5	0.6	0	0	0	0
	0.8	0.7	0	0	0	0
	1.0	0.7	0.1	0	0	0
	1.25	0.8	0.4	0	0	0
	2.0	1.2	0.5	0.2	0	0
0.5	0.5	1.3	0.3	0	0	0
	0.8	1.5	0.5	0.2	0	0
	1.0	1.6	0.6	0.2	0	0
	1.25	1.9	1.0	0.5	0	0
	2.0	4.9	1.6	0.8	0.3	0
0.33	0.5	1.8	0.5	0.1	0	0
	0.8	2.0	0.9	0.3	0	0
	1.0	2.3	0.9	0.4	0	0
	1.25	2.8	1.5	0.8	0.2	0
	2.0	13.0	2.6	1.2	0.5	0.3

(5) 上下柱之撓曲剛性對版和梁之撓曲剛性的比值

對於外跨徑及內跨徑，可由下式計算上下柱之撓曲剛性對版和梁之撓曲剛性的比值 α_c。

$$\alpha_c = \frac{K_{c1} + K_{c2}}{K_s + K_b}$$

式中　K_{c1}, K_{c2}——分別爲上柱及下柱之撓曲剛性

　　　　K_s, K_b——分別爲版及梁之撓曲剛性

(6) 正彎矩之修正係數

當靜載重與活載重之比 β_a 小於 2 時，可由下列之情況求得正彎矩之修正係數 δ_s。

當　$\alpha_c \geq \alpha_{min}$　時

　　　$\delta_s = 1.0$　卽正彎矩不需修正

當　$\alpha_c < \alpha_{min}$　時

$$\delta_s = 1 + \frac{2 - \beta_a}{4 + \beta_a}\left(1 - \frac{\alpha_c}{\alpha_{min}}\right)$$

卽正彎矩必須乘以 δ_s

(7) 分配係數

外跨節點之分配係數 DF 可由下式求得。

$$DF = \frac{K_{ec}}{K_{ec} + K_b + K_s}$$

式中　K_{ec}——相當外柱之撓曲剛性

　　　　K_b——梁之撓曲剛性

　　　　K_s——版之撓曲剛性

(8) 縱向彎矩

由總靜定設計彎矩 M_0 分配至各帶之縱向彎矩，可由下列之方法求得。設圖 9-4-7 表示各帶縱向之相當構架，而內外跨徑之兩端

及中央的正負彎矩點分別以 a， b， c， d， 及 e 表示之。

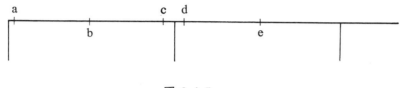

圖 9-4-7

外支承之負彎矩　　　　　$-M_a = 0.65(DF)M_0$

外跨徑之正彎矩　　　　　$+M_b = \delta_s[0.63 - 0.28(DF)]M_0$

外跨徑內支承之負彎矩　　$-M_c = [0.75 - 0.10(DF)]M_0$

內跨徑之負彎矩　　　　　$-M_d = 0.65M_0$

內跨徑之正彎矩　　　　　$+M_e = \delta_s(0.35)M_0$

（9）縱向彎矩之橫向分配

上面所求得之縱向彎矩， 是指各帶上的整個橫向寬度之彎矩， 如圖 9-4-2 之 A 帶， B 帶， C 帶或 D 帶的各寬度之彎矩。這些縱向彎矩將被分配至兩部分，大部分之縱向彎矩分配給柱帶，其餘的就分配給柱帶兩側（如 A 或 C 帶）或一側（如 B 或 D 帶）之中帶。分配給柱帶之縱向彎矩尚需要再分成兩部分，一部分是柱帶內之縱向梁，另一部分為柱帶內之版。

影響縱向彎矩之橫向分配的因素有三，（1）邊長比 L_2/L_1，（2）縱向梁對版之剛性比 α_1 與邊長比的乘積，$\alpha_1 L_2/L_1$，（3）邊梁斷面之扭曲剛性對寬度等於邊梁跨徑之版撓曲剛性的比 $\beta_t = E_{cb}C/(2E_{cs}I_b)$。

關於縱向彎矩分配給柱帶之百分比，可由下列表中以內插法求得。

5. 抵抗彎矩所需要之版厚度

由上述之分析結果可得作用於各帶內之版的最大彎矩，據撓曲理論可求得抵抗彎矩所需要之版厚度。

表 9-4-2　柱帶外支承之負彎矩的分配百分比

L_2/L_1		0.5	1.0	2.0
$\alpha_1\dfrac{L_2}{L_1}=0$	$\beta_t=0$	100%	100%	100%
	$\beta_t\geq2.5$	75%	75%	75%
$\alpha_1\dfrac{L_2}{L_1}\geq1.0$	$\beta_t=0$	100%	100%	100%
	$\beta_t\geq2.5$	90%	75%	45%

表 9-4-3　柱帶內支承之負彎矩的分配百分比

L_2/L_1	0.5	1.0	2.0
$\alpha_1\dfrac{L_2}{L_1}=0$	75%	75%	75%
$\alpha_1\dfrac{L_2}{L_1}\geq1.0$	90%	75%	45%

表 9-4-4　柱帶跨徑中間之正彎矩的分配百分比

L_2/L_1	0.5	1.0	2.0
$\alpha_1\dfrac{L_2}{L_1}=0$	60%	60%	60%
$\alpha_1\dfrac{L_2}{L_1}\geq1.0$	90%	75%	45%

表 9-4-5　柱帶內縱向梁之彎矩的分配百分比

L_2/L_1	0.5	1.0	2.0
$\alpha_1\dfrac{L_2}{L_1}=0$	0%	0%	0%
$\alpha_1\dfrac{L_2}{L_1}\geq0$	85%	85%	85%

$$d = \sqrt{\frac{M_u}{\phi R_u b}}$$

式中　$R_u = \rho f_y \left(1 - \frac{1}{2} \rho m \right)$

ρ 為版之最大鋼筋比 $= 0.5(0.75\rho_b) = 0.375\rho_b$

$$\rho_b = \frac{0.85 f'_c \beta_1}{f_y} \left(\frac{6,100}{6,100 + f_y} \right)$$

$$m = \frac{f_y}{0.85 f'_c}$$

6.　抵抗剪力所需要之版厚度

作用於版之剪應力通常小於混凝土之容許剪應力，即指版幾乎不可能被剪應力所破壞，但慣例上仍須作核算以確定其安全。

$$\text{max. } V_u = 1.15 \frac{w_u S}{2}$$

式中　$w_u = 1.4 w_D + 1.7 w_L$

　　　S ——格間之短邊長度

$$\text{max. } v_u = \frac{V_u}{\phi b d}$$

$\text{max. } v_u$ 通常小於 $v_c = 0.53 \sqrt{f'_c}$

7.　版斷面所需要之鋼筋量

由前述之分析結果可得作用於各帶之柱帶版及中帶版的彎矩，這些彎矩包括外跨徑之外支承、中間和內支承，與內跨徑之內支承和中間的彎矩。據撓曲理論可求得版斷面所需之鋼筋量，並可作鋼筋之排置。按規範，鋼筋之最大間距為版厚的 2 倍，最小鋼筋量不得小於抗脹縮鋼筋（建築技術規則第 373 條）。

$$A_s = \rho b d$$

式中　$\rho = \dfrac{1}{m}\left(1 - \sqrt{1 - \dfrac{2mR_u}{f_y}}\right)$

$$m = \dfrac{f_y}{0.85f_c'}$$

$$R_u = \dfrac{M_u}{\phi bd^2}$$

ρ 值亦可查表 **9-4-6** 求得　（僅適用於 $f_c' = 210\mathrm{kg/cm^2}$，$f_y = 2,800\,\mathrm{kg/cm^2}$）。

表 **9-4-6**　鋼筋比 ρ 與　$R_u = \dfrac{M_u}{\phi bd^2}$ 之關係

$f_c' = 210\mathrm{kg/cm^2}$，$f_y = 2,800\mathrm{kg/cm^2}$，$\rho_{min} = 0.0018$，$\rho_{max} = 0.375$，$\rho_b = 0.0139$

ρ	R_u	ρ	R_u	ρ	R_u	ρ	R_u
0.0018	4.97	0.0051	13.71	0.0082	21.48	0.0113	28.83
19	5.24	52	13.96	83	21.72	114	29.06
20	5.51	53	14.22	84	21.97	115	29.26
21	5.78	54	14.48	85	22.21	116	29.52
22	6.05	55	14.73	86	22.45	117	29.74
23	6.32	56	14.99	87	22.69	118	29.97
24	6.59	57	15.24	88	22.93	119	30.20
25	6.86	58	15.50	89	23.18	120	30.43
26	7.13	59	15.75	90	23.42	121	30.66
27	7.40	60	16.01	91	23.66	122	30.88
28	7.69	61	16.26	92	23.90	123	31.11
29	7.93	62	16.51	93	24.13	124	31.33
30	8.20	63	16.77	94	24.37	125	31.56

31	8.47	64	17.02	95	24.61	126	31.78
32	8.73	65	17.27	96	24.85	127	32.01
33	9.00	66	17.52	97	25.09	128	32.23
34	9.27	67	17.77	98	25.32	129	32.45
35	9.53	68	18.02	99	25.56	130	32.68
36	9.79	69	18.27	0.0100	25.80	131	32.90
37	10.06	70	18.52	101	26.03	132	33.12
38	10.32	71	18.77	102	26.27	133	33.34
39	10.58	72	19.02	103	26.50	134	33.56
40	10.85	73	19.27	104	26.74	135	33.79
41	11.11	74	19.51	105	26.97	136	34.01
42	11.37	75	19.76	106	27.21	137	34.23
43	11.63	76	20.01	107	27.64	138	34.45
44	11.89	77	20.25	108	27.67	139	34.66
45	12.15	78	20.50	109	27.90		
46	12.41	79	20.75	110	28.13		
47	12.67	80	20.99	111	28.37		
48	12.93	81	21.23	112	28.60		
49	13.19						
50	13.45						

9-5 直接設計法之設計例題

已知版梁結構平面如圖 **9-5-1** 所示，作用於版上之活載重 $w_L = 580$ kg/m²，$f'_c = 210$kg/cm²，$f_y = 2,800$kg/cm²，設每層樓高為 3.60m，假設版、梁、柱之斷面如下

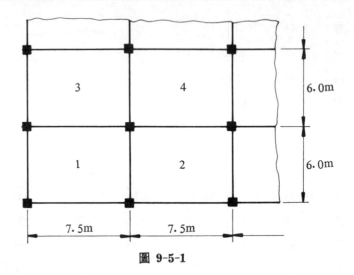

圖 9-5-1

版厚＝16cm

長梁＝35cm×70cm

短梁＝30cm×60cm

柱＝40cm×40cm

試用直接設計法，設計如圖所示之雙向版。

1. 版梁斷面的撓曲剛度比 α 之計算

支承代表性之版 1, 2, 3, 4 的 12 根梁，計有 8 種不同斷面情況。

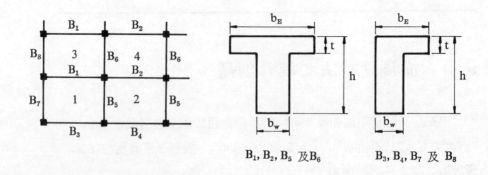

按規範，雙翼丁形梁之 $b_E \leq \begin{cases} b_w + 2(h-t) \\ b_w + 2(4t) \end{cases}$

單翼丁形梁之 $b_E \leq \begin{cases} b_w + (h-t) \\ b_w + 4t \end{cases}$

(a) 梁 B_1 和 B_2 之 α 值

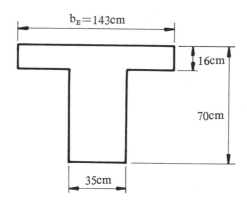

$$b_E = 35 + 2(70-16) = 143 \text{cm}$$

或 $b_E = 35 + 8(16) = 163 \text{cm}$

取用 $b_E = 143 \text{cm}$

$$I_g = K \frac{b_w h^3}{12}$$

$$K = \frac{1 + \left(\frac{b_E}{b_w}-1\right)\left(\frac{t}{h}\right)\left[4 - 6\left(\frac{t}{h}\right) + 4\left(\frac{t}{h}\right)^2 + \left(\frac{b_E}{b_w}-1\right)\left(\frac{t}{h}\right)^3\right]}{1 + \left(\frac{b_E}{b_w}-1\right)\left(\frac{t}{h}\right)}$$

$$\frac{b_E}{b_w} = \frac{143}{35} = 4.086, \quad \frac{t}{h} = \frac{16}{70} = 0.228$$

$$K = \frac{1 + 3.086(0.228)[4 - 6(0.228) + 4(0.228)^2 + 3.086(0.228)^3]}{1 + 3.086(0.228)}$$

$$= 1.775$$

$$梁之\ I_b=1.775\left[\frac{35(70)^3}{12}\right]=1,775,739cm^4$$

$$版之\ I_s=\frac{600(16)^3}{12}=204,800cm^4\ (版全寬爲\ 600cm)$$

$$\alpha=\frac{E_{cb}I_b}{E_{cs}I_s}=\frac{1,775,739}{204,800}$$

$$=8.671\qquad(E_{cb}=E_{cs})$$

(b) 梁 B_3 和 B_4 之 α 值

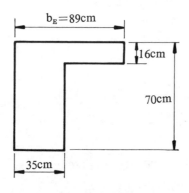

$$b_E=35+(70-16)=89cm$$

或　$b_E=35+4(16)=99cm$

取用 $b_E=89cm$

$$\frac{b_E}{b_w}=\frac{89}{35}=2.543\qquad\frac{t}{h}=\frac{16}{70}=0.228$$

$$K=\frac{1+1.543(0.228)[4-6(0.228)+4(0.228)^2+1.543(0.228)^3]}{1+1.543(0.228)}$$

$$=1.483$$

$$梁之\ I_b=1.483\left[\frac{35(70)^3}{12}\right]=1,483,618cm^4$$

版之 $I_s = \dfrac{300\,(16)^3}{12} = 102,400\text{cm}^4$

$\alpha = \dfrac{1,483,618}{102,400} = 14.488$

(c) 梁 B_5 和 B_6 之 α 值

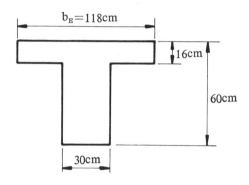

$b_E = 30 + 2\,(60-16) = 118\text{cm}$

或　$b_E = 30 + 8\,(16) = 158\text{cm}$

取用　$b_E = 118\text{cm}$

$\dfrac{b_E}{b_w} = \dfrac{118}{30} = 3.933$

$\dfrac{t}{h} = \dfrac{16}{60} = 0.267$

$K = \dfrac{1 + 2.933(0.267)\left[4 - 6(0.267) + 4(0.267)^2 + 2.933(0.267)^3\right]}{1 + 2.933(0.267)}$

$= 1.764$

梁之 $I_b = 1.764\left[\dfrac{30(60)^3}{12}\right] = 952,560\text{cm}^4$

$$版之 \ I_s = \frac{750(16)^3}{12} = 256,000 cm^4$$

$$\alpha = \frac{952,560}{256,000} = 3.721$$

(d) 梁 B_7 和 B_8 之 α 值

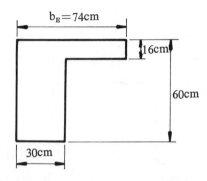

$$b_E = 30 + (60-16) = 74 cm$$

或　$b_E = 30 + 4(16) = 94 cm$

取用　$b_E = 74 cm$

$$\frac{b_E}{b_w} = \frac{74}{30} = 2.467$$

$$\frac{t}{h} = \frac{16}{60} = 0.267$$

$$K = \frac{1 + 1.467(0.267)[4 - 6(0.267) + 4(0.267)^2 + 1.467(0.267)^3]}{1 + 1.467(0.267)}$$

$$= 1.482$$

$$梁之 \ I_b = 1.482\left[\frac{30(60)^3}{12}\right] = 800,280 cm^4$$

$$版之 \ I_s = \frac{375(16)^3}{12} = 128,000 cm^4$$

$$\alpha = \frac{800,280}{128,000} = 6.252$$

8種不同斷面情況之梁 B_1 至 B_8 的 α 值如圖 **9-5-2** 內所示。

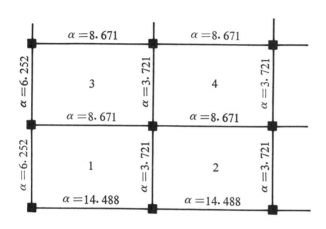

圖 **9-5-2**　各梁之 α 值

2. 規定應用範圍限制之核算

規範規定之限制共有六項，第一至第四項由觀察得知皆符合限制，至於第五及第六項之限制條件由下列計算而決定之。

第五項限制:

靜載重（卽版自重）$w_D = \dfrac{16}{100}(2,400) = 384\text{kg/cm}^2$

活載重　$w_L = 580\text{kg/cm}^2$

$$\frac{w_L}{w_D} = \frac{580}{384} = 1.51 < 3 \quad \text{符合限制條件}$$

第六項限制:

版1.　$\dfrac{L_1^2}{\alpha_1} = \dfrac{(7.5)^2}{1/2(14.488 + 8.671)} = 4.858$

$$\frac{L_2^2}{\alpha_2} = \frac{(6.0)^2}{1/2(6.252+3.721)} = 7.219$$

$$\frac{L_1^2/\alpha_1}{L_2^2/\alpha_2} = \frac{4.858}{7.219} = 0.674$$

版2.　$$\frac{L_1^2}{\alpha_1} = \frac{(7.5)^2}{1/2(14.488+8.671)} = 4.858$$

$$\frac{L_2^2}{\alpha_2} = \frac{(6.0)^2}{1/2(3.721+3.721)} = 9.675$$

$$\frac{L_1^2/\alpha_1}{L_2^2/\alpha_2} = \frac{4.858}{9.675} = 0.502$$

版3.　$$\frac{L_1^2}{\alpha_1} = \frac{(7.5)^2}{1/2(8.671+8.671)} = 6.487$$

$$\frac{L_2^2}{\alpha_2} = \frac{(6.0)^2}{1/2(6.252+3.721)} = 7.219$$

$$\frac{L_1^2/\alpha_1}{L_2^2/\alpha_2} = \frac{6.487}{7.219} = 0.899$$

版4.　$$\frac{L_1^2}{\alpha_1} = \frac{(7.5)^2}{1/2(8.671+8.671)} = 6.487$$

$$\frac{L_2^2}{\alpha_2} = \frac{(6.0)^2}{1/2(3.721+3.721)} = 9.675$$

$$\frac{L_1^2/\alpha_1}{L_2^2/\alpha_2} = \frac{6.487}{9.675} = 0.670$$

以上各版之 $\dfrac{L_1^2/\alpha_1}{L_2^2/\alpha_2}$ 值均在 0.2 至 0.5 之間，故符合限制條件。

3. 撓度控制的最小厚度之計算

各版平均之 α_m 值：

版1.　$\alpha_m = \dfrac{1}{4}(6.252+8.671+3.721+14.488) = 8.283$

版2.　$\alpha_m = \dfrac{1}{4}(3.721+8.671+3.721+14.488) = 7.650$

版3.　$\alpha_m = \frac{1}{4}(6.251 + 8.671 + 3.721 + 8.671) = 6.828$

版4.　$\alpha_m = \frac{1}{4}(3.721 + 8.671 + 3.721 + 8.671) = 6.196$

各版周邊連續因數 β_s 值:

版1.　$\beta_s = \dfrac{7.5 + 6.0}{2(7.5) + 2(6.0)} = 0.5$

版2.　$\beta_s = \dfrac{2(6.0) + 7.5}{2(7.5) + 2(6.0)} = 0.722$

版3.　$\beta_s = \dfrac{2(7.5) + 6.0}{2(7.5) + 2(6.0)} = 0.778$

版4.　$\beta_s = \dfrac{2(7.5) + 2(6.0)}{2(7.5) + 2(6.0)} = 1.0$

長向淨跨徑 $l_n = 7.5 - 0.3 = 7.2m$

短向淨跨徑 $s_n = 6.0 - 0.35 = 5.65m$

$$\beta = \frac{l_n}{s_n} = \frac{7.2}{5.65} = 1.274$$

雙向版之最小厚度 h:

$$h = \frac{l_n(800 + 0.0712f_y)}{36,000 + 5,000\beta[\alpha_m - 0.5(1 - \beta_s)(1 + 1/\beta)]}$$

$$= \frac{l_n}{36 + 6.37[\alpha_m - 0.892(1 - \beta_s)]} \qquad (a)$$

$$h = \frac{l_n(800 + 0.0712f_y)}{36,000 + 5,000\beta(1 + \beta_s)}$$

$$= \frac{l_n}{36 + 6.37(1 + \beta_s)} \qquad (b)$$

$$h = \frac{l_n(800 + 0.0712f_y)}{36,000} = \frac{l_n}{36} \qquad (c)$$

	版	1	2	3	4
厚	最小厚度 (a) 式	8.37	8.66	9.20	9.54
度	不得小於 (b) 式	15.80	15.33	15.21	14.77
(cm)	不得大於 (c) 式	20.0	20.0	20.0	20.0

故本例題中假定之版厚 t ＝16cm 甚爲合適。

4. 總靜定彎矩之計算

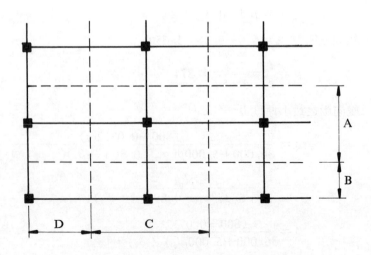

$$w_u = 1.4 w_D + 1.7 w_L$$

$$= 1.4 \left(\frac{16}{100} \times 2,400 \right) + 1.7(580) = 1,524 \, \text{kg/m}^2$$

A帶　$M_0 = \frac{1}{8} w_u l_2 l_n^2$

$$=\frac{1}{8}(1,524)(6.0)(7.2)^2/1,000=59.25\text{m-t}$$

B帶 $\quad M_0=\frac{1}{8}(1,524)(3.0)(7.2)^2/1,000=29.63\text{m-t}$

C帶 $\quad M_0=\frac{1}{8}\text{w}_u l_2 l_n^2$

$$=\frac{1}{8}(1,524)(7.5)(5.65)^2/1,000=45.61\text{m-t}$$

D帶 $\quad M_0=\frac{1}{8}(1,524)(3.75)(5.65)^2/1,000=22.80\text{m-t}$

5. 縱向彎矩之計算

    (a) 邊梁扭曲常數C值

$$C=\Sigma\left(1-0.63\frac{\text{x}}{\text{y}}\right)\left(\frac{\text{x}^3\text{y}}{3}\right)$$

    x ——短邊， y ——長邊

    短梁之C值;

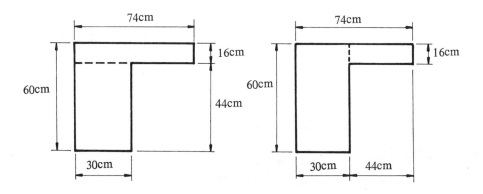

$$C=\left(1-0.63\frac{16}{74}\right)\left(\frac{16^3\times74}{3}\right)+\left(1-0.63\frac{30}{44}\right)\left(\frac{30^3\times44}{3}\right)$$

$$=87,294+225,878=313,172\text{cm}^4$$

或　$C = \left(1 - 0.63\dfrac{16}{44}\right)\left(\dfrac{16^3 \times 44}{3}\right) + \left(1 - 0.63\dfrac{30}{60}\right)\left(\dfrac{30^3 \times 60}{3}\right)$

$= 46,312 + 369,900 = 416,212\text{cm}^4$

取較大之C值，$C = 416,212\text{cm}^4$

長梁之C值；

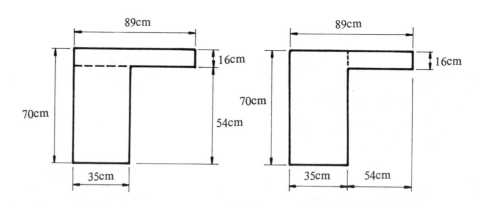

$C = \left(1 - 0.63\dfrac{16}{89}\right)\left(\dfrac{16^3 \times 89}{3}\right) + \left(1 - 0.63\dfrac{35}{54}\right)\left(\dfrac{35^3 \times 54}{3}\right)$

$= 107,747 + 456,614 = 564,360\text{cm}^4$

或　$C = \left(1 - 0.63\dfrac{16}{54}\right)\left(\dfrac{16^3 \times 54}{3}\right) + \left(1 - 0.63\dfrac{35}{70}\right)\left(\dfrac{35^3 \times 70}{3}\right)$

$= 59,963 + 685,285 = 745,248\text{cm}^4$

取較大之C值，$C = 745,248\text{cm}^4$

(b) 邊梁扭曲剛性 K_t 值

$$K_t = \sum \dfrac{9E_{cs}C}{L_2(1 - c_2/L_2)^3}$$

A帶　$K_t = 2 \cdot \dfrac{9E(416,212)}{600(1 - 40/600)^3} = 15,359E$

B帶　$K_t = \dfrac{9E(416,212)}{600(1 - 40/600)^3} = 7,680E$

C帶　$K_t = 2 \cdot \dfrac{9E(745,248)}{750(1-40/750)^3} = 21,083E$

D帶　$K_t = \dfrac{9E(745,248)}{750(1-40/750)^3} = 10,541E$

(c) 相當外柱之剛性 K_{ec} 值

$$\frac{1}{K_{ec}} = \frac{1}{K_{c1}+K_{c2}} + \frac{1}{K_t}$$

$$K_{c1} = K_{c2} = \frac{4EI}{L} = \frac{4E(40)(40)^3/12}{360} = 2,370E$$

A帶　$\dfrac{1}{K_{ec}} = \dfrac{1}{2(2,370E)} + \dfrac{1}{15,359E}$

$\therefore$　$K_{ec} = 3,622E$

B帶　$\dfrac{1}{K_{ec}} = \dfrac{1}{2(2,370E)} + \dfrac{1}{7,680E}$

$\therefore$　$K_{ec} = 2,931E$

C帶　$\dfrac{1}{K_{ec}} = \dfrac{1}{2(2,370E)} + \dfrac{1}{21,083E}$

$\therefore$　$K_{ec} = 3,870E$

D帶　$\dfrac{1}{K_{ec}} = \dfrac{1}{2(2,370E)} + \dfrac{1}{10,541E}$

$\therefore$　$K_{ec} = 3,280E$

(d) α_{min} 值

$$\beta_a = \frac{w_D}{w_L} = \frac{\dfrac{16}{100}(2,400)}{580} = 0.66$$

產生正彎矩乘數 $\delta_s = 1.0$ 所需最小比 α_{min} 如下表所示:

帶　　別	A	B	C	D
$\alpha = \dfrac{E_{cb}I_b}{E_{cs}I_s}$ （由圖 9-5-2）	8.671	14.488	3.721	6.252
L_2/L_1	$\dfrac{6.0}{7.5} = 0.8$	$\dfrac{6.0}{7.5} = 0.8$	$\dfrac{7.5}{6.0} = 1.25$	$\dfrac{7.5}{6.0} = 1.25$
α_{min} （由表 9-4-1）	0	0	0	0

(e) α_c 值

$$\alpha_c = \frac{K_{c1} + K_{c2}}{K_s + K_b}$$

A帶　$K_s = \dfrac{4EI_s}{L} = \dfrac{4E(204,800)}{750} = 1,092E$

$K_b = \dfrac{4EI_b}{L} = \dfrac{4E(1,775,739)}{750} = 9,471E$

$\alpha_c = \dfrac{2,370E + 2,370E}{1,092E + 9,471E} = 0.449$

B帶　$K_s = \dfrac{4E(102,400)}{750} = 546E$

$K_b = \dfrac{4E(1,483,618)}{750} = 7,913E$

$\alpha_c = \dfrac{2,370E + 2,370E}{546E + 7,913E} = 0.560$

C帶　$K_s = \dfrac{4E(256,000)}{600} = 1,707E$

$K_b = \dfrac{4E(952,560)}{600} = 6,350E$

$$\alpha_c = \frac{2,370E + 2,370E}{1,707E + 6,350E} = 0.588$$

D帶 $K_s = \frac{4E(128,000)}{600} = 853E$

$$K_b = \frac{4E(800,280)}{600} = 5,335E$$

$$\alpha_c = \frac{2,370E + 2,370E}{853E + 5,335E} = 0.766$$

(f) δ_s 值

因各帶之 $\alpha_c > \alpha_{min}$

∴ $\delta_s = 1.0$

(g) 分配係數 DF

$$DF = \frac{K_{ec}}{K_{ec} + K_b + K_s}$$

A帶 $DF = \frac{3,622E}{(3,622 + 9,471 + 1,092)E} = 0.255$

B帶 $DF = \frac{2,931E}{(2,931 + 7,913 + 546)E} = 0.257$

C帶 $DF = \frac{3,870E}{(3,870 + 6,350 + 1,707)E} = 0.324$

D帶 $DF = \frac{3,280E}{(3,280 + 5,335 + 853)E} = 0.346$

(h) 各帶之縱向彎矩

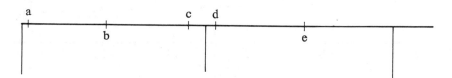

外支承之負彎矩　$-M_a = 0.65(DF)M_0$

外跨徑之正彎矩　$+M_b = \delta_s[0.63 - 0.28(DF)]M_0$

外跨徑內支承之負彎矩　$-M_c = [0.75 - 0.10(DF)]M_0$

內跨徑之負彎矩　$-M_d = 0.65M_0$

內跨徑之正彎矩　$+M_e = \delta_s(0.35)M_0$

各帶之縱向彎矩計算結果如下表所示:

帶　　別	A	B	C	D
DF	0.255	0.257	0.324	0.346
M_0m-t	59.25	29.63	45.61	22.80
M_a	9.82	4.95	9.61	5.13
M_b	33.09	16.54	24.60	12.16
M_c	42.93	21.46	32.73	16.31
M_d	38.51	19.26	29.65	14.82
M_e	20.74	10.37	15.96	7.98

（i）各帶之縱向彎矩在橫方向之分配

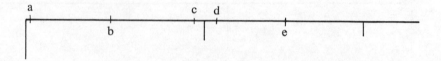

①A帶

柱帶在 a 點之負彎矩係數; ——

$$\frac{L_2}{L_1} = \frac{6.0}{7.5} = 0.8$$

$$\alpha = 8.671 \text{ (由圖 9-5-2)}$$

$$\alpha \frac{L_2}{L_1} = 8.671(0.8) = 6.94 > 1.0$$

$$I_s = \frac{1}{12}(600)(16)^2 = 204,800 cm^4$$

$$\beta_t = \frac{C}{2I_s} = \frac{416,212}{2(204,800)} = 1.016$$

由內插法得柱帶在 a 點之負彎矩係數, 如下表所示:

L_2/L_1		0.5	0.8	1.0
$\alpha\frac{L_2}{L_1}>1.0$	$\beta_t = 0$	100%	100%	100%
	$\beta_t = 1.016$	——	92.28	——
	$\beta_t \geq 2.5$	90	81	75

即 a 點之縱向彎矩 $M_a = 9.82 m\text{-}t$ 被分配至三部分, 柱帶佔 92.28%, 其中之85%分配給梁, 15%分配給版 (因 $\alpha L_2/L_1>1.0$)。中帶之版佔其餘的 7.72%。

柱帶在 c 和 d 點之負彎矩係數; ——

$$\frac{L_2}{L_1} = \frac{6.0}{7.5} = 0.8$$

$$\alpha = 8.671$$

$$\alpha \frac{L_2}{L_1} = 8.671(0.8) = 6.94 > 1.0$$

由內插法得柱帶在 c 點或 d 點之負彎矩係數，如下表所示：

L_2/L_1	0.5	0.8	1.0
$\alpha L_2/L_1 > 1.0$	90%	<u>81%</u>	75%

即 c 點或 d 點之縱向彎矩的81%分配至柱帶，而其中之85%分配給梁，15%分配給版。中帶之版佔其餘的19%。

柱帶在 b 和 e 點之正彎矩係數；——

$$\frac{L_2}{L_1} = \frac{6.0}{7.5} = 0.8$$

$$\alpha = 8.671$$

$$\alpha \frac{L_2}{L_1} = 8.671(0.8) = 6.94 > 1.0$$

由內插法得柱帶在 b 點或 e 點之正彎矩係數，如下表所示：

L_2/L_1	0.5	0.8	1.0
$\alpha L_2/L_1 > 1.0$	90%	<u>81%</u>	75%

如同 c 點或 d 點之彎矩分配比率。

② B帶

柱帶在 a 點之負彎矩係數；——

$$\frac{L_2}{L_1} = \frac{6.0}{7.5} = 0.8$$

$$\alpha = 14.488 \text{ (由圖 9-5-2)}$$

$$\alpha \frac{L_2}{L_1} = 14.488(0.8) = 11.59 > 1.0$$

$$\beta_t = \frac{C}{2I_s} = \frac{416,212}{2(204,800)} = 1.016$$

因 L_2/L_1 及 β_t 之值同 A 帶，且 $\alpha L_2/L_1 > 1.0$，故柱帶在 a 點之負彎矩係數同 A 帶，仍為 92.28%。

柱帶在 c 和 d 點之負彎矩係數；──

$$\frac{L_2}{L_1} = \frac{6.0}{7.5} = 0.8$$

$$\alpha = 14.488$$

$$\alpha \frac{L_2}{L_1} = 14.488(0.8) = 11.59 > 1.0$$

因 L_2/L_1 值同 A 帶，且 $\alpha L_2/L_1 > 1.0$，故柱帶在 c 點或 d 點之彎矩係數同 A 帶，仍為 81%。

柱帶在 b 和 e 點之正彎矩係數；──

$$\frac{L_2}{L_1} = \frac{6.0}{7.5} = 0.8$$

$$\alpha = 14.488$$

$$\alpha \frac{L_2}{L_1} = 14.488(0.8) = 11.59 > 1.0$$

因 L_2/L_1 及 $\alpha L_2/L_1$ 值同 c 和 d 點，故柱帶在 b 點或 e 點之彎矩係數同 c 和 d 點，仍為 81%。

③C 帶

柱帶在 a 點負彎矩係數；──

$$\frac{L_2}{L_1} = \frac{7.5}{6.0} = 1.25$$

$$\alpha = 3.721 \quad (\text{由圖 9-5-2})$$

$$\alpha \frac{L_2}{L_1} = 3.721(1.25) = 4.65 > 1.0$$

$$I_s = \frac{1}{12}(750)(16)^3 = 256,000 \text{cm}^4$$

$$\beta_t = \frac{C}{2I_s} = \frac{745,248}{2(256,000)} = 1.456$$

由內插法得柱帶在 a 點之負彎矩係數, 如下表所示:

L_2/L_1		1.0	1.25	2.0
	$\beta_t = 0$	100%	100%	100%
$\alpha\dfrac{L_2}{L_1} > 1.0$	$\beta_t = 1.456$	——	<u>81.1</u>	——
	$\beta_t \geq 2.5$	75	67.5	45

即 a 點之縱向彎矩 $M_a = 9.61$m-t 被分配至三部分, 柱帶佔 81.1%, 其中之85%分配給梁, 15%分配給版(因 $\alpha L_2/L_1 > 1.0$)。中帶之版佔其餘的 18.9%。

柱帶在 c 和 d 點之負彎矩係數; ——

$$\frac{L_2}{L_1} = \frac{7.5}{6.0} = 1.25$$

$$\alpha = 3.721$$

$$\alpha \frac{L_2}{L_1} = 3.721(1.25) = 4.65 > 1.0$$

由內插法得柱帶在 c 點或 d 點之負彎矩係數, 如下表所示:

L_2/L_1	1.0	1.25	2.0
$\alpha L_2/L_1 > 1.0$	75%	67.5%	45%

即 c 點或 d 點之縱向彎矩的67.5%分配至柱帶，　而其中之
85%分配給梁，15%分配給版。中帶之版佔其餘的32.5%。

柱帶在 b 和 e 點之正彎矩係數；——

$$\frac{L_2}{L_1} = \frac{7.5}{6.0} = 1.25$$

$$\alpha = 3.721$$

$$\alpha\frac{L_2}{L_1} = 3.721(1.25) = 4.65 > 1.0$$

由內插法得柱帶在 b 點或 e 點之正彎矩係數，如下表所示：

L_2/L_1	1.0	1.25	2.0
$\alpha L_2/L_1 > 1.0$	75%	67.5%	45%

如同 c 點或 d 點之彎矩分配比率。

④ D 帶

柱帶在 a 點之負彎矩係數；——

$$\frac{L_2}{L_1} = \frac{7.5}{6.0} = 1.25$$

$$\alpha = 6.252 \ (由圖 9\text{-}5\text{-}2)$$

$$\alpha\frac{L_2}{L_1} = 6.252(1.25) = 7.82 > 1.0$$

$$\beta_t = \frac{C}{2I_s} = \frac{745,248}{2\,(256,000)} = 1.456$$

因 L_2/L_1 及 β_t 之值同C帶，且 $\alpha L_2/L_1 > 1.0$，故柱帶在 a 點之負彎矩係數同C帶，仍為 81.1%。

柱帶在 c 和 d 點之負彎矩係數;——

$$\frac{L_2}{L_1} = \frac{7.5}{6.0} = 1.25$$

$$\alpha = 6.252$$

$$\alpha \frac{L_2}{L_1} = 6.252(1.25) = 7.82 > 1.0$$

因 L_2/L_1 值同C帶，且 $\alpha L_2/L_1 > 1.0$，故柱帶在 c 點或 d 點之彎矩係數同C帶，仍為 67.5%。

柱帶在 b 和 e 點之正彎矩係數;——

$$\frac{L_2}{L_1} = \frac{7.5}{6.0} = 1.25$$

$$\alpha = 6.252$$

$$\alpha \frac{L_2}{L_1} = 6.252(1.25) = 7.82 > 1.0$$

因 L_2/L_1 及 $\alpha L_2/L_1$ 值同 c 和 d 點，故柱帶在 b 點或 e 點之彎矩係數同 c 和 d 點，仍為67.5%。

（j）各帶之縱向彎矩分配至柱帶梁、柱帶版及中帶版之橫向彎矩

A帶： 總寬＝6.0m 柱帶寬＝3.0m 中帶寬＝3.0m

分配彎矩(m-t) 跨徑位置	外 跨 徑			內 跨 徑	
	外端 M_a	中間 M_b	內端 M_c	兩端 M_d	中間 M_e
總 彎 矩	−9.82	+33.09	−42.93	−38.51	+20.74
柱帶梁之彎矩	−7.70	+22.78	−29.56	−26.51	+14.28
柱帶版之彎矩	−1.36	+4.02	−5.22	−4.68	+2.52
中帶版之彎矩	−0.76	+6.29	−8.15	−7.32	+3.94

B帶： 總寬＝3.0m 柱帶寬＝1.5m 半中帶寬＝1.5m

分配彎矩(m-t) 跨徑位置	外 跨 徑			內 跨 徑	
	外端 M_a	中間 M_b	內端 M_c	兩端 M_d	中間 M_e
總 彎 矩	−4.95	+16.54	−21.46	−19.26	+10.37
柱帶梁之彎矩	−3.88	+11.39	−14.77	−13.26	+7.14
柱帶版之彎矩	−0.67	+2.01	−2.61	−2.34	+1.26
中帶版之彎矩	−0.38	+3.14	−4.08	−3.66	+1.97

C帶： 總寬＝7.5m 柱帶寬＝3.0m 中帶寬＝4.5m

分配彎矩(m-t) 跨徑位置	外 跨 徑			內 跨 徑	
	外端 M_a	中間 M_b	內端 M_c	兩端 M_d	中間 M_e
總 彎 矩	−9.61	+24.60	−32.73	−29.65	+15.96
柱帶梁之彎矩	−6.62	+14.11	−18.78	−17.01	+9.16
柱帶版之彎矩	−1.17	+2.49	−3.31	−3.00	+1.62
中帶版之彎矩	−1.82	+8.00	−10.64	−9.64	+5.18

D帶:　　　　總寬＝3.75m　柱帶寬＝1.5m　半中帶寬＝2.25m

跨徑位置 分配彎矩(m-t)	外　跨　徑			內　跨　徑	
	外端 M_a	中間 M_b	內端 M_c	兩端 M_d	中間 M_e
總　　彎　　矩	−5.13	+12.16	−16.13	−14.82	+7.98
柱 帶 梁 之 彎 矩	−3.54	+6.98	−9.36	−8.50	+4.58
柱 帶 版 之 彎 矩	−0.62	+1.23	−1.65	−1.50	+0.81
中 帶 版 之 彎 矩	−0.97	+3.95	−5.30	−4.82	+2.59

上列四個表中，　以第一表 A 帶爲例說明表內各值之計算如下：

總彎矩得自 E（h）項之計算結果，柱帶外跨徑之外支承（a點）的負彎矩係數爲 92.28%，中帶版之負彎矩係數爲(100−92.28)%＝7.72%。

因　$\alpha_1 L_2/L_1 > 1.0$，依規範柱帶內之梁的彎矩爲柱帶彎矩之85%，而柱帶內之版的彎矩爲柱帶彎矩之15%。

外跨徑之外端 M_a；——

$$柱帶梁之彎矩 = -9.82\left(\frac{92.28}{100}\right)\left(\frac{85}{100}\right) = -7.70$$

$$柱帶版之彎矩 = -9.82\left(\frac{92.28}{100}\right)\left(\frac{15}{100}\right) = -1.36$$

$$中帶版之彎矩 = -9.82\left(\frac{7.72}{100}\right) \qquad = -0.76$$

$$總彎矩 = -9.82$$

柱帶內支承（c 和 d 點）之負彎矩係數爲81%。

外跨徑之內端 M_c; ——

柱帶梁之彎矩 $= -42.93\left(\dfrac{81}{100}\right)\left(\dfrac{85}{100}\right) = -29.56$

柱帶版之彎矩 $= -42.93\left(\dfrac{81}{100}\right)\left(\dfrac{15}{100}\right) = -5.22$

中帶版之彎矩 $= -42.93\left(\dfrac{100-81}{100}\right)\ \ = -8.15$

$\overline{\qquad\qquad\qquad\qquad\qquad}$

總彎矩 $= -42.93$

內跨徑之兩端 M_d; ——

柱帶梁之彎矩 $= -38.51\left(\dfrac{81}{100}\right)\left(\dfrac{85}{100}\right) = -26.51$

柱帶版之彎矩 $= -38.51\left(\dfrac{81}{100}\right)\left(\dfrac{15}{100}\right) = -4.68$

中帶版之彎矩 $= -38.51\left(\dfrac{100-81}{100}\right)\ \ = -7.32$

$\overline{\qquad\qquad\qquad\qquad\qquad}$

總彎矩 $= -38.51$

柱帶各跨徑之中間（ b 和 e 點）之正彎矩係數爲81%。

外跨徑之中間 M_b; ——

柱帶梁之彎矩 $= 33.09\left(\dfrac{81}{100}\right)\left(\dfrac{85}{100}\right) = 22.78$

柱帶版之彎矩 $= 33.09\left(\dfrac{81}{100}\right)\left(\dfrac{15}{100}\right) = 4.02$

中帶版之彎矩 $= 33.09\left(\dfrac{100-81}{100}\right)\ \ = 6.29$

$\overline{\qquad\qquad\qquad\qquad\qquad}$

總彎矩 $= 33.09$

內跨徑之中間 M_e; ——

$$柱帶梁之彎矩 = 20.74\left(\frac{81}{100}\right)\left(\frac{85}{100}\right) = 14.28$$

$$柱帶版之彎矩 = 20.74\left(\frac{81}{100}\right)\left(\frac{15}{100}\right) = 2.52$$

$$中帶版之彎矩 = 20.74\left(\frac{100-81}{100}\right) = 3.94$$

$$總彎矩 = 20.74$$

6. 彎矩所需要之版厚度

各帶每 m 寬度之最大彎矩分別爲:

A帶   max. M = 8.15/3.0 = 2.72m-t

B帶   max. M = 4.08/1.5 = 2.72m-t

C帶   max. M = 10.64/4.5 = 2.36m-t

D帶   max. M = 5.30/2.25 = 2.36m-t

取用   max. M = 2.72m-t

$$\rho_b = \frac{0.85 f'_c \beta_1}{f_y}\left(\frac{6,100}{6,100+f_y}\right)$$

$$= \frac{0.85(210)(0.85)}{2,800}\left(\frac{6,100}{6,100+2,800}\right) = 0.0372$$

版之最大鋼筋比 = $0.5(0.75\rho_b) = 0.375\rho_b$

$$\text{max. } \rho = 0.375(0.0372) = 0.0139$$

$$m = \frac{f_y}{0.85 f'_c} = \frac{2,800}{0.85(210)} = 15.68$$

$$R_u = \rho f_y\left(1 - \frac{1}{2}\rho m\right)$$

$$= 0.0139(2,800)\left[1 - \frac{1}{2}(0.0139)(15.68)\right]$$

$$= 34.68 \text{kg/cm}^2$$

$$d = \sqrt{\frac{M_u}{\phi R_u b}} = \sqrt{\frac{2.72(100,000)}{0.9(34.68)(100)}} = 9.33 \text{cm}$$

設採用 #4 鋼筋，淨保護層 2cm

則需要之厚度 $h = 9.33 + \dfrac{1.27}{2} + 2 = 11.97 \text{cm} < 16 \text{cm}$ 可

平均之　$d = 16 - (1.27 + 2) = 12.73 \text{cm}$

7. 剪力所需要之版厚度

$$\max. V_u = 1.15 \frac{w_u S}{2}$$

$$= 1.15 \frac{1,524(6.0)}{2} = 5,257.8 \text{kg}$$

$$\max. v_u = \frac{V_u}{\phi b d}$$

$$= \frac{5,257.8}{0.85(100)(12.73)} = 4.86 \text{kg/cm}^2 < 0.53 \sqrt{f_c'} \text{ 可}$$

8. 鋼筋量之計算

鋼筋之最大間距 $= 2h = 2(16) = 32 \text{cm}$

最少鋼筋量 $A_s = \min. \rho(bh) = 0.0020(100)(16) = 3.20 \text{cm}^2$

設採用 #4 鋼筋

長跨徑之　$d = 16 - \left(1.27 + \dfrac{1.27}{2} + 2\right) = 12.1 \text{cm}$

$$\rho_{min} = \frac{3.20}{100(12.1)} = 0.00264$$

短跨徑之　$d = 16 - \left(\dfrac{1.27}{2} + 2\right) = 13.4 \text{cm}$

$$\rho_{min} = \frac{3.20}{100(13.4)} = 0.00239$$

(a) A帶（長跨徑）

柱帶寬＝300cm　b＝300−35＝265cm　d＝12.1cm

斷面	外跨徑			內跨徑	
	外端	中間	內端	兩端	中間
M_u m-t	−1.36	+4.02	−5.22	−4.68	+2.52
$R_u = \dfrac{M_u}{\phi bd^2} = 2.811 M_u\,\text{kg/cm}^2$	3.89	11.51	14.94	13.41	7.21
ρ （查表 9-4-6）	$\rho<0.00264$	0.00425	0.00558	0.00498	0.00263
所需之 $A_s = \rho bd$ cm²	8.46	13.63	17.89	15.97	8.43
所需之間距　　cm	39.5>32	24.5	18.7	20.9	39.6>32

中帶寬＝300cm　　b＝300cm　　d＝12.1cm

斷面	外跨徑			內跨徑	
	外端	中間	內端	兩端	中間
	同上表	同上表	同上表	同上表	同上表
M_u m-t	−0.76	+6.29	−8.15	−7.32	+3.94
$R_u = \dfrac{M_u}{\phi bd^2} = 2.530 M_u\,\text{kg/cm}^2$	1.92	15.91	20.62	18.52	9.97
ρ （查表 9-4-6）	$\rho<0.00264$	0.00596	0.00785	0.00700	0.00367
所需之 $A_s = \rho bd$ cm²	9.58	21.63	28.50	25.41	13.32
所需之間距　　cm	39.8>32	17.6	13.4	15.0	28.6

(b)　B帶（長跨徑）

柱帶寬＝150cm　　$b=150-\dfrac{35}{2}=132.5$cm　　d＝12.1cm

斷　　面	外　跨　徑			內　跨　徑	
	外　端	中　間	內　端	兩　端	中　間
	（斷面圖）	（斷面圖）	（斷面圖）	（斷面圖）	（斷面圖）
M_u　m-t	−0.67	+2.01	−2.61	−2.34	+1.26
$R_u=\dfrac{M_u}{\phi bd^2}=5.622M_u\,kg/cm^2$	3.84	11.51	14.95	13.41	7.21
ρ　（查表 9-4-6）	$\rho<0.00264$	0.00426	0.00558	0.00498	0.00263
所需之　$A_s=\rho bd\ cm^2$	4.23	6.83	8.95	7.98	4.22
所需之間距　　cm	39.5＞32	24.4	18.6	20.9	39.6＞32

中帶寬＝150cm　　　b＝150cm　　　d＝12.1cm

斷　　面	外　跨　徑			內　跨　徑	
	外　端	中　間	內　端	兩　端	中　間
	同上表	同上表	同上表	同上表	同上表
M_u　m-t	−0.38	+3.14	−4.08	−3.66	+1.97
$R_u=\dfrac{M_u}{\phi bd^2}=5.059M_u\,kg/cm^2$	1.92	15.89	20.64	18.52	9.97
ρ　（查表 9-4-6）	$\rho<0.00264$	0.00595	0.00786	0.00700	0.00367
所需之　$A_s=\rho bd\ cm^2$	4.79	10.80	14.27	12.71	6.66
所需之間距　　cm	39.8＞32	17.6	13.3	15.0	28.6

(c) C帶（短跨徑）

柱帶寬＝300cm　b＝300－30＝270cm　d＝13.4cm

斷　　面	外　跨　徑			內　跨　徑	
	外　端	中　間	內　端	兩　端	中　間
M_u m-t	-1.17	$+2.49$	-3.31	-3.00	$+1.62$
$R_u=\dfrac{M_u}{\phi bd^2}=2.335M_u \text{kg/cm}^2$	2.68	5.70	7.57	6.88	3.71
ρ（查表 9-4-6）	$\rho<0.00239$	$\rho<0.00239$	0.00276	0.00256	$\rho<0.00239$
所需之 $A_s=\rho bd$ cm²	8.65	8.65	9.96	9.08	8.65
所需之間距　　cm	39.3＞32	32	34.2＞32	37.5＞32	32

中帶寬＝450cm　　b＝450cm　　d＝13.4cm

斷　　面	外　跨　徑			內　跨　徑	
	外　端	中　間	內　端	兩　端	中　間
	同上表	同上表	同上表	同上表	同上表
M_u m-t	-1.82	$+8.00$	-10.64	-9.64	$+5.18$
$R_u=\dfrac{M_u}{\phi bd^2}=1.375M_u$ kg/cm²	2.50	11.00	14.63	13.26	7.12
ρ（查表 9-4-6）	$\rho<0.00239$	0.00406	0.00546	0.00493	0.00260
所需之 $A_s=\rho bd$ cm²	14.41	24.48	32.92	29.73	15.68
所需之間距　　cm	39.7＞32	23.3	17.4	19.2	36.4＞32

(d) D帶（短跨徑）

柱帶寬＝150cm　　　$b=150-\dfrac{30}{2}=135$cm　　　d＝13.4cm

斷　　面	外　跨　徑			內　跨　徑	
	外　端	中　間	內　端	兩　端	中　間
M_u m-t	-0.62	$+1.23$	-1.65	-1.50	$+0.81$
$R_u=\dfrac{M_u}{\phi bd^2}=4.670M_u$kg/cm²	2.85	5.63	7.57	6.88	3.71
ρ（查表 9-4-6）	$\rho<0.00239$	$\rho<0.00239$	0.00276	0.00256	$\rho<0.00239$
所需之 $A_s=\rho bd$ cm²	4.32	4.32	4.99	4.54	4.32
所需之間距　　cm	39.3＞32	32	34.1＞32	37.5＞32	32

中帶寬＝225cm　　　b＝225cm　　　d＝13.4cm

斷　　面	外　跨　徑			內　跨　徑	
	外　端	中　間	內　端	兩　端	中　間
	同上表	同上表	同上表	同上表	同上表
M_u m-t	-0.97	$+3.95$	-5.30	-4.82	$+2.59$
$R_u=\dfrac{M_u}{\phi bd^2}=2.750M_u$ kg/cm²	2.67	10.86	14.58	13.26	7.12
ρ（查表 9-4-6）	$\rho<0.00239$	0.00400	0.00544	0.00493	0.00260
所需之 $A_s=\rho bd$ cm²	7.21	12.06	16.40	14.86	7.84
所需之間距　　cm	39.6＞32	23.7	17.4	19.2	36.4＞32

9-6 平版之概論

平版型態的樓版構造乃為鋼筋混凝土樓面系統中之一種。版之下面並無梁或大梁支承，版載重直接傳遞於所支承之柱上，當版荷重較大時，柱子有向上穿透樓版之傾向，為避免版被此種穿透剪力所造成的斜向裂縫，一般都是將柱頂斷面放大成一倒置的錐臺，即所謂的柱冠 (column capital)，另外，為剪力之抵抗，可將柱子四周之版加厚，此種被加厚的部分稱為柱頭版 (drop panel)，如圖 9-6-1 所示。

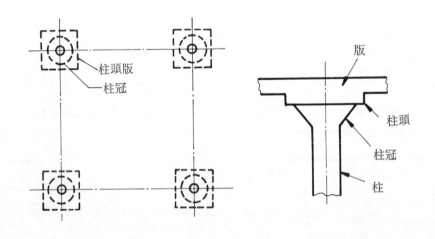

柱頭版
柱冠

版
柱頭
柱冠
柱

圖 9-6-1

當版之跨徑較小及載重較輕時，版與柱之間可不用柱冠及柱頭版，此種型態的樓版稱為平板式版 (flat-plate slab)，如圖 9-6-2 所示。

平版或平板式版如同雙向版均為雙向作用之版，因而其設計方法類似雙向版。關於平版之設計方法，在 1971 年 ACI 之規範則有直接設

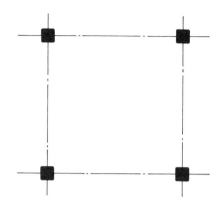

圖 9-6-2

計法及相當構架法兩種。 設計方法應符合建築技術規則第 446 條至第 462 條之規定。雖然直接設計法比較相當構架法簡單，但必須符合建築技術規則第448條規定之限制條件始能應用，否則必須採用相當構架法設計之。有關平版之設計方法不在本章內作詳細的論述。

平版式樓面較之他種樓面，具有下列之特點：

(a) 一般跨徑，在通常條件下，以現行之規範設計之平版樓版比梁等支承之樓版更爲經濟。

(b) 同樣淨高及同樣層數之建築物，以平版樓面構造可得較小之總高度。

(c) 平版樓面因無較多突出之角隅，防火之效能較他種樓面爲佳。由實際經驗獲知，鋼筋混凝土遭受火焚時，曝露邊緣及突出部分受損最大。

(d) 模板工作較簡單，費用節省。

(e) 平版樓面之底面爲平面，室內光線較爲充足，空氣亦易於流通。

　　（f）施工中易檢驗鋼筋放置適當與否，又灌注混凝土之條件良好。

　　平版式樓面，因具備上述各種優點，大型房屋，如工廠、倉庫、多層式車場等多用之。樓面構造以每方向最少有三個以上之格間爲宜，各柱之間隔應大致相等。

習　　題

1. 何謂雙向版?

2. 試繪雙向版之鋼筋排列。

3. 1971 年 ACI 規範之雙向版設計法有那兩種? 在何種情況下，
   應用相當構架法?

4. 平版與雙向版有何不同?

5. 平版構造中之柱頭版及柱冠有何用途?

6. 已知 5.4m×6m 之內格間雙向版，版上之活載重 $w_L=450kg$
   $/cm^2$, $f'_c=280kg/cm^2$, $f_s=1,410kg/cm^2$, 據 1963 年 ACI
   規範，設計該雙向版。

7. 已知雙向版如圖所示，版上之活載重 $w_L=500kg/cm^2$, $f'_c=$
   $210kg/cm^2$, $f_s=1,410kg/cm^2$, 據 1963 年 ACI 規範，設計
   該雙向版。

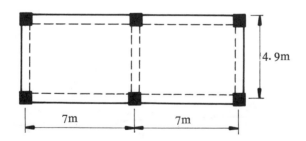

8. 已知雙向版如圖所示，版上之活載重 $w_L=500kg/cm^2$, $f'_c=$
   $210kg/cm^2$, $f_y=2,800kg/cm^2$, 設每層樓高為 3.5m，據1971
   年 ACI 規範，設計雙向版。

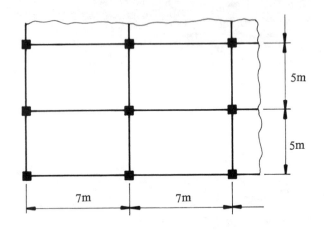

假設

版厚＝15cm

長梁＝35cm×70cm

短梁＝30cm×60cm

柱＝35cm×35cm

第 十 章
柱之工作應力設計法

10-1 引 言

　　凡承受軸載重 (axial load) 或軸載重與彎矩同時作用之桿件稱為柱 (column)。柱在鋼筋混凝土構架中為一主要桿件。實際上，幾乎所有的柱都是同時承受軸載重與彎矩。假若，確有真正之軸載重之柱，按規範仍訂有最小之偏心，而以最小偏心載重設計之。柱之設計計算應考慮之主要因素包括細長比 (slender ratio) 及上下端結構等在內，因此其設計步驟較其他桿件更加複雜。

　　細長比常由l/r表示，該比值愈大，則愈容易發生側潰 (buckling)。

　　　　l ——桿件長度

　　　　r ——廻轉半徑 (radius of gyration)，$r = \sqrt{I/A}$

　　當 kl/r 大於極限細長比時，破壞是屈曲而起，如 kl/r 小於極限細長比時，則其作用為一粗短柱，是為單純的壓碎而破壞。k 為有效長度因素，其值視端點束制 (end restraint) 程度而定。總而言之，柱按細長比可分為短柱與長柱。短柱之設計分析可依一般理論公式而求得，不必考慮細長比之問題，即斷面之強度不因受長度之影響而減少。大細長比所可能減少強度之問題不在本書內討論。

　　本章所論述之柱載重，自軸載重、最小偏心載重、中等偏心載重，以至大偏心載重作用之下，對於柱所產生之影響。有關設計之規範應符

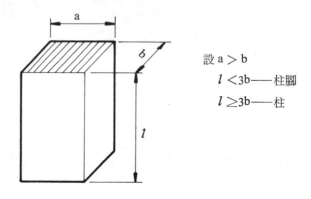

設 a＞b

$l＜3b$——柱腳

$l≧3b$——柱

圖 10-1-1

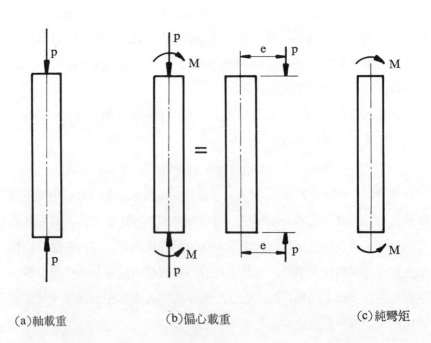

(a)軸載重　　　　　(b)偏心載重　　　　　(c)純彎矩

圖 10-1-2

合建築技術規則第 442 條之規定。

　　不加鋼筋之純混凝土（plain concrete）不可用來做柱，又在高度不超過斷面最小邊長之三倍時不稱爲柱，而視爲柱腳（pedestal），如圖 **10-1-1** 所示。

　　柱承受載重之情況不外乎下列三種，如圖 **10-1-2** 所示。

　　如圖 **10-1-2(a)** 之承受軸載重桿件稱爲受壓桿件，亦可稱爲柱，但在一般之構架中罕見這種載重情況之柱。

　　如圖 **10-1-2(b)** 之偏心載重是爲柱載重之通常情況。偏心載重可視爲軸載重和彎矩兩者同時作用，彎矩大小視偏心距 e 之大小而定。

　　如圖 **10-1-2(c)** 之承受純彎矩（pure moment）桿件是屬撓曲桿件，故應視爲梁。

10-2　柱之種類

　　一般之鋼筋混凝土柱按斷面形狀、縱向鋼筋及橫向鋼箍而分類爲下列四種。

　　1. 環鋼箍混凝土柱

　　環鋼箍混凝土柱（tied column）之斷面通常爲方形，係於混凝土柱中置有縱向鋼筋，並於縱向鋼筋之外側，每隔一段距離置有圍繞縱向鋼筋之環鋼箍，如圖 **10-2-1(a)** 所示。此種柱之設計較簡單，施工亦易，故爲一般建築工程普遍採用。

　　2. 螺鋼箍混凝土柱

　　螺鋼箍混凝土柱（spiral column）之斷面通常爲圓形，係於混凝土柱中置有縱向鋼筋，並於縱向鋼筋之外側，用較細之鋼線以螺旋狀環繞之，如圖 **10-2-1(b)** 所示。此種柱能承受較大之載重，但設計及施工均較繁。

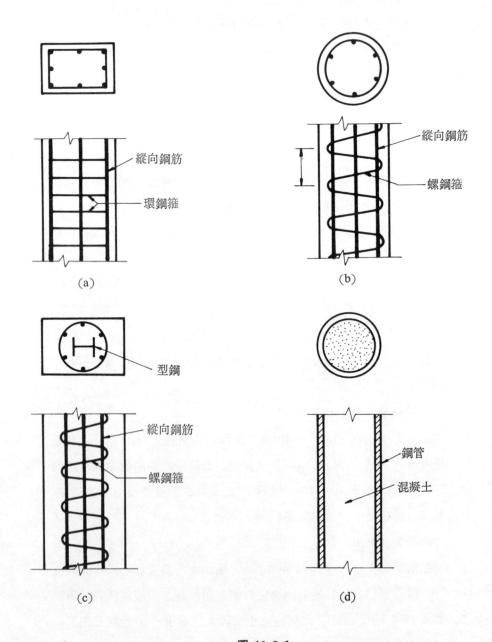

縱向鋼筋

環鋼箍

(a)

縱向鋼筋

螺鋼箍

(b)

型鋼

縱向鋼筋

螺鋼箍

(c)

鋼管

混凝土

(d)

圖 10-2-1

3. 組合柱

組合柱（composite column）係於置有縱向鋼筋及螺鋼箍之混凝土柱內，加置結構型鋼（如工字鋼、槽鋼等），如圖 **10-2-1(c)** 所示。當柱載重甚大時，爲減小斷面常用組合柱。

4. 鋼管混凝土柱

鋼管混凝土柱（concrete-filled pipe column）係爲具有相當厚度之鋼管內塡滿混凝土而成，如圖 **10-2-1(d)** 所示。此種柱之構造簡單，施工容易。

10-3　環鋼箍混凝土柱

在規範中雖然沒規定柱斷面之最小尺寸，但習慣上，主要柱之最小邊長宜爲 20 公分，斷面積宜大於 600 平方公分。

柱內之縱向鋼筋至少要 4 根，而且其尺寸應在 #5 以上，斷面之鋼筋比不得小於 0.01，亦不得大於 0.06。

1. 環鋼箍之功用

　　(a) 控制縱向鋼筋之位置。

　　(b) 阻止混凝土橫向之變形並縮小柱之斷面。

　　(c) 阻止縱向鋼筋在較大應力作用下發生側潰。

　　(d) 如同梁之腰鋼筋具有抗剪之效用。

　　(e) 增強柱之黏握，卽使在保護層混凝土之剝脫後亦不易破壞。

2. 環鋼箍直徑 ϕ_2 之規定

　　(a) 當縱向鋼筋直徑 $\phi_1 \leq 32\text{mm}\phi$ 時，$\phi_2 \geq 9\text{mm}\phi$。

　　(b) 當縱向鋼筋直徑 $\phi_1 > 32\text{mm}\phi$ 時，$\phi_2 \geq 13\text{mm}\phi$。

3. 環鋼箍間距 s 之規定

參照圖 10-3-1 所示。

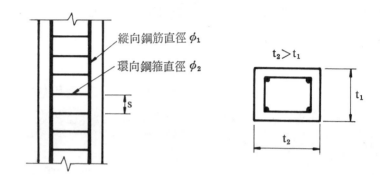

圖 10-3-1

(a) 環鋼箍之間距不得大於縱向鋼筋直徑之16倍， $s \leq 16\phi_1$。

(b) 環鋼箍之間距不得大於本身直徑之 48 倍， $s \leq 48\phi_2$。

(c) 環鋼箍之間距不得大於斷面最小邊長， $s \leq t_1$。

4. 環鋼箍排置之規定

當縱向鋼筋在 8 根以下，同時其間距小於 15 公分，則排列在中間之縱向鋼筋可免用鋼箍紮捆，若間距大於 15 公分時，則每根縱向鋼筋皆須用鋼箍紮捆，如圖 10-3-2 所示。

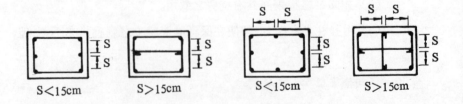

圖 10-3-2

　　當縱向鋼筋 10 根以上，同時每邊至少有 4 根時，即使間距小於15
公分仍須用鋼箍紮捆，如圖 **10-3-3** 所示。

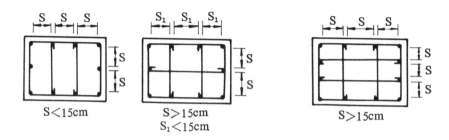

S<15cm　　　　　S>15cm　　　　　S>15cm
　　　　　　　　S₁<15cm

$$圖\ \mathbf{10\text{-}3\text{-}3}$$

　　圓形鋼箍可用於圓形核心之柱，如圖 **10-3-4** 所示。

$$圖\ \mathbf{10\text{-}3\text{-}4}$$

　5.　保護層

　　縱向鋼筋之保護層至少須大於其直徑，但最少亦要 4 公分。

10-4　螺鋼箍混凝土柱

　　在規範中雖然沒規定柱斷面之最小尺寸，但習慣上，主要柱之最小
直徑宜為 25 公分，斷面積宜大於 600 平方公分。

　　柱內之縱向鋼筋至少要 6 根，而且其尺寸應在 #5 以上，斷面之鋼
筋比不得小於 0.01，亦不得大於 0.08。

螺鋼箍之功用與環鋼箍相同，然而螺鋼箍對於承受載重之能力較顯著，其強度可由下式表示之。

螺鋼箍之強度　$P_n = k_s f_{sy} A_{sp} = 2 f_{sy} A_{sp}$

式中　k_s——常數，其平均值 2

　　　f_{sy}——螺鋼箍之屈服強度

　　　A_{sp}——柱單位長度之螺鋼箍體積

1. 螺鋼箍之鋼筋比

螺鋼箍之使用量通常以鋼筋比表示之，而其鋼筋比即為鋼箍圍繞一圈之鋼箍體積與螺距 s 長度的柱核心體積之比，參照圖 **10-4-1** 之所示。

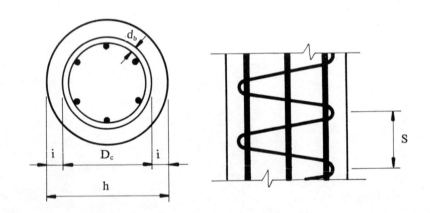

圖 10-4-1

$$\rho_s = \frac{\text{鋼箍圍繞一圈之鋼箍體積}}{\text{螺距 s 長度之柱核心體積}} = \frac{a_s \pi (D_c - d_b)}{(\pi D_c^2 / 4)s}$$

式中　ρ_s——螺鋼箍之鋼筋比

　　　a_s——螺鋼箍之斷面積

　　　d_b——螺鋼箍之直徑

D_c——柱核心直徑

s ——螺鋼箍之螺距

2. 規範

螺鋼箍在規範中有下列之規定:

(a) 螺鋼箍之最小鋼筋比 $\rho_s = 0.45 \left(\dfrac{A_g}{A_c} - 1 \right) \dfrac{f_c}{f_{sy}}$

式中 $f_{sy} \leq 4,200 \mathrm{kg/cm^2}$

A_g——柱總斷面積，$\dfrac{\pi h^2}{4}$

A_c——柱核心斷面積，$\dfrac{\pi D_c^{\,2}}{4}$

(b) 螺鋼箍之淨螺距 s 至少 2.5 公分，但不得大於 7.5 公分。

(c) 螺鋼箍直徑 $d_b \geq 9\mathrm{mm}\phi$。

(d) 在錨定處應多加繞一圈半。

(e) 續接（splice）處應用焊接，或搭接 $48d_b$，或至少 30 公分。

(f) 保護層 i 至少 4 公分，並與核心灌注為一體。

10-5 軸載重

柱承受軸載重之情況是罕見的，但分析柱之軸載重不失為一項基本的理論，並且由試驗方面得到證明。

事實上，柱所承受之載重由於活荷重作用之變化，或考慮側向橫力（如風壓力、地震力等）之作用，或施工時柱未能完全正直等原因，以致柱載重存在有或多或少之偏心距。軸載重在理論上雖屬可能，但規範內規定有最小之偏心距。

1. 環鋼箍混凝土柱之軸載重

由於環鋼箍混凝土柱之易脆性，特別是在軸載重時更易破碎之現象，因此環鋼箍混凝土柱之容許軸載重等於螺鋼箍混凝土柱85%。

$$P = 0.85A_g(0.25f'_c + f_s\rho_g)$$

式中　A_g——柱總斷面積

　　　　$f_s = 0.4f_y$，但不得大於 2,110kg/cm²

　　　　ρ_g——縱向鋼筋面積與 A_g 之比，A_{st}/A_g

規範規定之最小偏心距，$e_{min} = 0.10h$

　　　　h——沿載重作用方向之柱寬度

2. 螺鋼箍混凝土柱之軸載重

$$P = 0.25f'_cA_g + f_sA_{st}$$

$$= A_g(0.25f'_c + f_s\rho_g)$$

式中　$f_s = 0.4f_y$，但不得大於 2,110kg/cm²

規範規定之最小偏心距，$e_{min} = 0.05h$

　　　　h——柱之直徑

3. 最小偏心距之柱載重

依據規範之規定，當 $e \leq e_{min}$ 時均不考慮彎矩作用，而以最大容許軸載重 P_a 計算，其載重大小與上述之軸載重公式相同

環鋼箍混凝土柱　　　$P_a = 0.85A_g(0.25f'_c + f_s\rho_g)$

螺鋼箍混凝土柱　　$P_a = A_g(0.25f'_c + f_s\rho_g)$

例題　已知環鋼箍混凝土柱之斷面如圖 10-5-1 所示，$f'_c = 210kg/cm²$，

　　　　$f_y = 3,500kg/cm²$，試求軸載重（或最小偏心距之載重）。

解

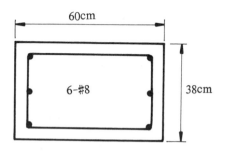

圖 **10-5-1**

$$P = P_a = 0.85A_g(0.25f'_c + f_s\rho_g)$$

$$A_g = 38(60) = 2,280cm^2$$

$$f_s = 0.4f_y = 0.4(3,500) = 1,400kg/cm^2$$

$$\rho_g = \frac{A_{st}}{A_g} = \frac{6(5.07)}{2,280} = 0.0133$$

$$P = [0.85(2,280)(0.25 \times 210 + 1,400 \times 0.0133)]/1,000$$

$$= 137.8t$$

10-6　平衡狀態之偏心距

根據強度設計法，斷面在平衡狀態之主要條件爲當混凝土之應變 $\epsilon_c = 0.003$，且同時鋼筋之應變 $\epsilon_s = f_y/E_s$。由此條件可求解平衡狀態之偏心距 e_b。（參照第十一章之 11-3）

雖然工作應力設計法之軸載重 $P = \dfrac{P_u}{2.5}$，彎矩 $M = \dfrac{M_u}{2.5}$，但其平衡狀態之偏心距則不受影響，卽與強度設計法求得之 e_b 相同。然而規範所訂之 e_b 值則相當保守。

按建築技術規則第 442 條之規定，e_b 值可依下式計算

環鋼箍混凝土柱　　$e_b=(0.67\rho_g m+0.17)\,d$

螺鋼箍混凝土柱　$e_b=0.43\rho_g mD_s+0.14t$

式中　ρ_g——縱向鋼筋面積與柱總斷面積之比

$m=f_y/0.85f'_c$

d ——受拉鋼筋重心至壓力外緣之距離

D_s——螺旋鋼箍混凝土柱之縱向鋼筋中心所圍圓之直徑

t ——螺旋鋼箍混凝土柱之直徑

例題　已知環鋼箍混凝土柱斷面如圖 **10-6-1** 所示 ，$f'_c=210kg/cm^2$,　$f_y=3,500kg/cm^2$, 試求平衡狀態之偏心距 e_b。

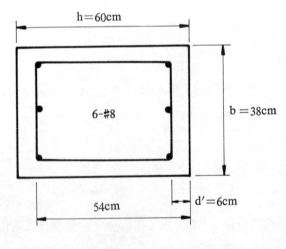

圖 **10-6-1**

解

$$e_b=(0.67\rho_g m+0.17)\,d$$
$$\rho_g=\frac{A_{st}}{A_g}=\frac{6\,(5.07)}{38(60)}=0.01334$$

$$m = \frac{f_y}{0.85f'_c} = \frac{3,500}{0.85(210)} = 19.61$$

$$\therefore \quad e_b = [0.67(0.01334)(19.61) + 0.17](54) = 18.64 \text{cm}$$

10-7 偏心載重

　　據 ACI 1971 年之設計規範規定採用工作應力法時，以 40% 之 P_u 及 M_u 爲鋼筋混凝土柱之容許載重，但我國之建築技術規則及土木工程學會之設計規範，則與 ACI 1971 年規範略有出入，而是採用了 ACI 1963 年之規範。

　　建築技術規則及土木工程學會（或1963年 ACI）之設計規範，將柱之設計分爲三個階段，卽 $e \leq e_{min}$ 爲第一類柱，$e_{min} < e < e_b$（或 $P > P_b$）爲第二類柱，$e > e_b$（或 $P < P_b$）爲第三類柱。

　　以縱座標表示軸載重 P，橫座標表示彎矩M，由偏心距 e = 0 變化至 e = ∞，則 P 與M之關係如圖 **10-7-1** 所示，$\overline{AB}$, $\overline{BC}$ 及 $\overline{CD}$ 爲簡化後之 P 與M交互作用圖。

　　(a) 在 A′ 點；　e = 0 ，　$P = P_0$，　M = 0 卽表示軸載重A
　　　　點；規範規定之最小偏心距，e = e_{min}。
　　　　故區域 I 之 AB 段爲第一類柱，不考慮彎矩作用，而以最
　　　　大容許軸載重 P_a 設計。

　　(b) 在 BC 段；$e_{min} < e < e_b$ 或 $P > P_b$，區域 II 之 BC 段內
　　　　爲第二類柱，柱受壓力控制。

　　(c) 在 CD 段；$e > e_b$ 或 $P < P_b$，區域 III 之 CD 段內爲第三
　　　　類柱，柱受拉力控制。

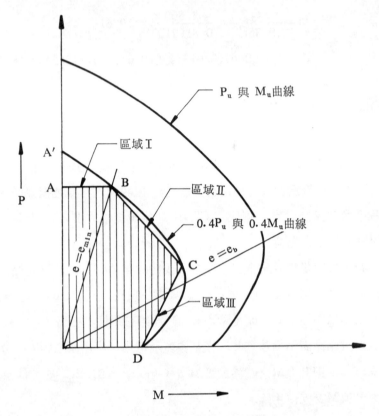

圖 10-7-1　P 與 M 之交互作用圖

10-8　柱設計

柱設計之計算過程相當繁雜，在已知軸載重及彎矩之條件下，欲得合理之斷面時需要反覆計算數次始能達到目的。柱之設計由軸載重與彎矩之相關變化分為三類，第一類柱為最小偏心距，作用於柱之彎矩甚小不予以考慮，而按最大容許軸載重設計。第二類柱由壓力控制，可將彎矩變換為一相當軸載重 (equivalent axial load)，然後按第一類柱之方法設計。第三類柱由拉力控制，可將軸載重與彎矩變換為一相當純彎矩

(equivalent pure moment) 而設計之。

　　一般柱設計都先假設一適當之斷面尺寸， 而僅計算斷面內之 鋼 筋 量，所假設之柱斷面可大亦可小，斷面大則鋼筋量減少，斷面小則鋼筋 量要多，但斷面之鋼筋比必須符合規範之規定。最小鋼筋比為0.01，最 大鋼筋比為 0.06，普通柱之鋼筋比以 0.03 為佳。

　　在應用上，有關柱設計皆採用查表或查圖法，旣迅速又正確。中國 土木工程師學會出版之《鋼筋混凝土設計手册工作應力法》（土木 401 —59）內， 列有各種鋼筋混凝土柱之設計圖表供設計者參考使用。 在 ACI 出版之「設計手册」內亦有詳細之設計圖表。

　　本章僅以查圖法說明柱之設計，故將設計規範內較常用之設計圖摘 錄於後，並列舉例題說明其設計步驟。至於詳細之圖表讀者可查閱設計 手册。

　　柱設計查圖法之步驟如下：

（1）已知柱承受之軸載重 P 及彎矩M。

（2）假設柱之斷面尺寸， b 與 t ， t 為沿載重方向之柱寬。

（3）參照下圖之註明，計算 g 值。

（4）計算 $\dfrac{P}{f'_c A_g}$ 及 $\dfrac{M}{f'_c A_g t}$，$A_g = bt$。

（5）由相關設計圖中查出相當之 ρ_g。

（6）試求 $A_{st} = \rho_g A_g$，按相關設計圖中所附之圖例排置斷面之縱向鋼 筋。

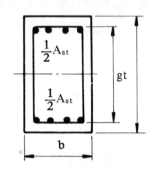

例題 1　已知作用於柱之軸載重 P＝180t，彎矩 M＝30m-t，f'_c＝210
kg/cm²，f_y＝3,520kg/cm²，假設柱斷面尺寸 b＝38cm，t＝
60cm，g＝0.8，試求柱斷面之縱向鋼筋量。

解

$$A_g＝(38)(60)＝2,280cm²$$

$$\frac{P}{f'_c A_g}＝\frac{180(1,000)}{210(2,280)}＝0.376$$

$$\frac{M}{f'_c A_g t}＝\frac{30(100,000)}{210(2,280)(60)}＝0.104$$

g＝0.8，由圖 **10-8-1(b)** 得 ρ_g＝0.055

$$\therefore\ A_{st}＝\rho_g A_g＝0.055(2,280)＝125.4cm²$$

採用 16-#10(A_s＝130.2cm²)

環鋼箍之排置

縱向鋼筋直徑 ϕ_1≤32mmϕ，故選用 #3 爲環鋼箍

（直徑ϕ_2＝9.53mm）

$$s＝16\phi_1＝16(3.2)＝51.2cm$$

$$s＝48(0.95)＝45.6cm$$

或　s＝最小邊長＝＝38cm

故選用環鋼箍　♯3@38cm。

例題 2　已知作用於柱之軸載重 P＝48t，彎矩 M＝22m-t，

f'_c＝210kg/cm², f_y＝4, 210kg/cm²，　假設柱斷面尺寸　b＝38

cm，　t＝60cm，　g＝7.5，試求柱斷面之縱向鋼筋量。

解

$$A_g＝38(60)＝2,280\text{cm}^2$$

$$\frac{P}{f'_c A_g}＝\frac{48(1,000)}{210(2,280)}＝0.100$$

$$\frac{M}{f'_c A_g t}＝\frac{22(100,000)}{210(2,280)(60)}＝0.077$$

g＝0.8，由圖 **10-8-2(b)** 得 ρ_g＝0.022

g＝0.7，由圖 **10-8-2(c)** 得 ρ_g＝0.024

以內插法得　g＝0.75 時，ρ_g＝0.023

$$\therefore \quad A_{st}＝\rho_g A_g＝0.023(2,280)＝52.44\text{cm}^2$$

採用　4-♯10 及　4-♯8(A_s＝52.84cm²)

環鋼箍之排置與例題 1 相同。

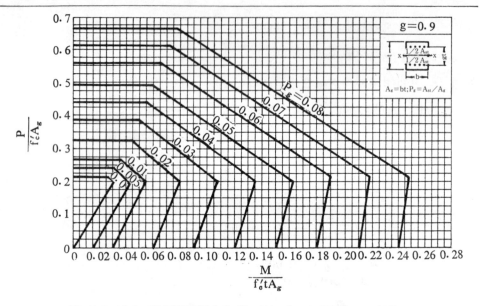

圖 10-8-1(a) 環鋼箍混凝土柱 $f'_c=210$; $f_y=3,520(f_s=1,410)$

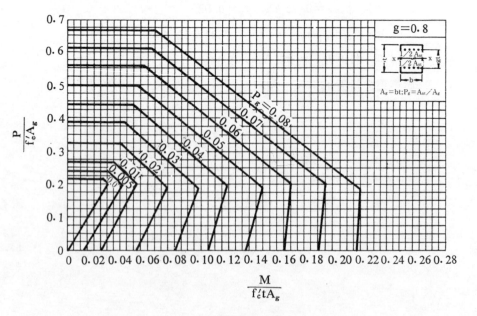

圖 10-8-1(b)

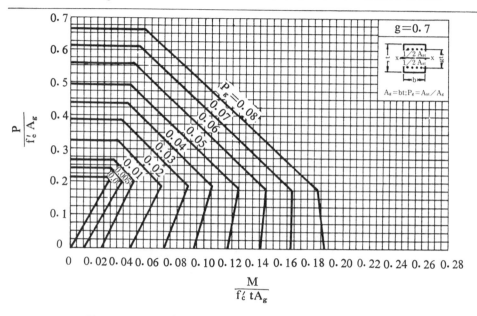

圖 10-8-1(c)　環鋼箍混凝土柱　$f'_c=210$；$f_y=3,520(f_s=1,410)$

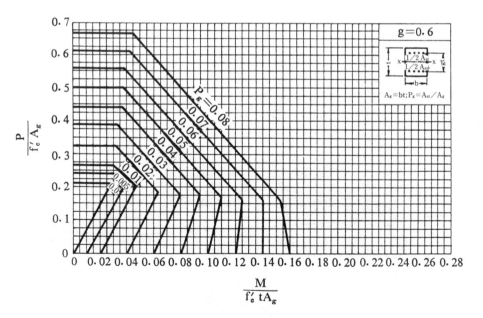

圖 10-8-1(d)

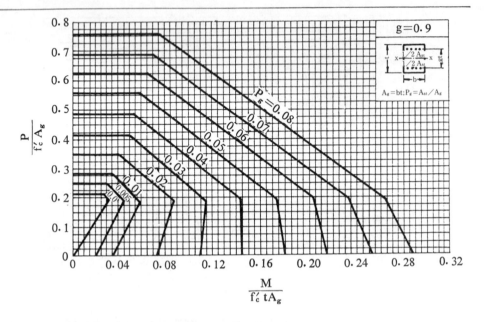

圖 10-8-2(a)　環鋼箍混凝土柱 $f'_c=210$; $f_y=4,210(f_s=1,690)$

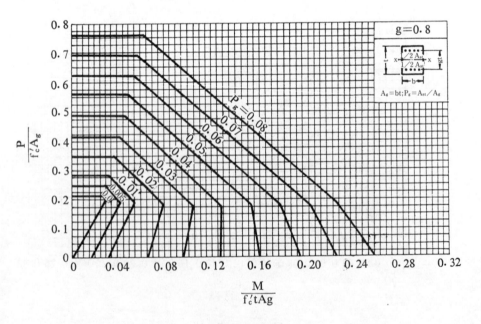

圖 10-8-2(b)

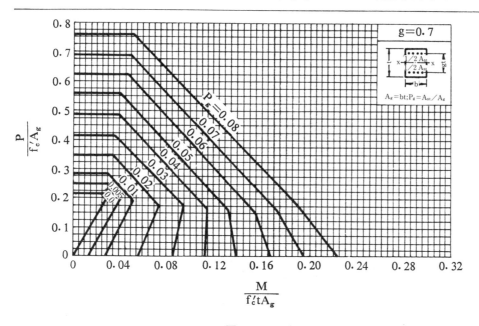

圖 10-8-2(c)

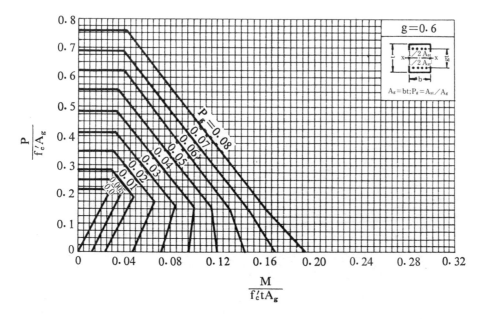

圖 10-8-2(d)

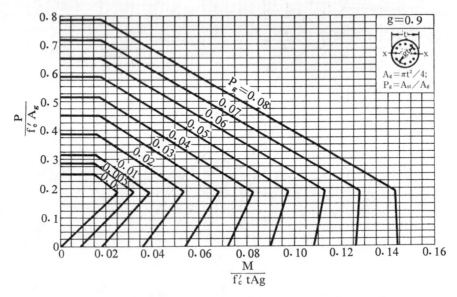

圖 10-8-3(a)　環鋼箍混凝土柱　$f'_c = 210$; $_s f_y = 3,520 (f = 1,410)$

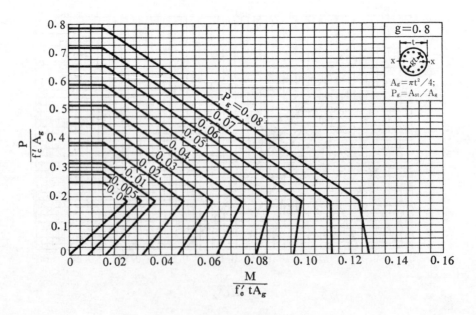

圖 10-8-3(b)

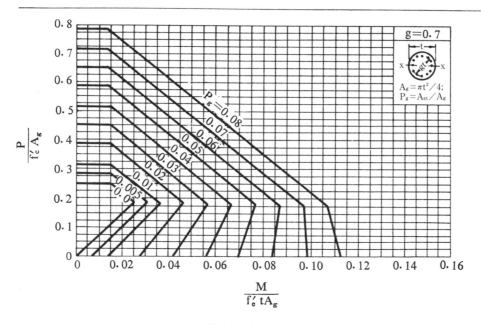

圖 10-8-3(c)

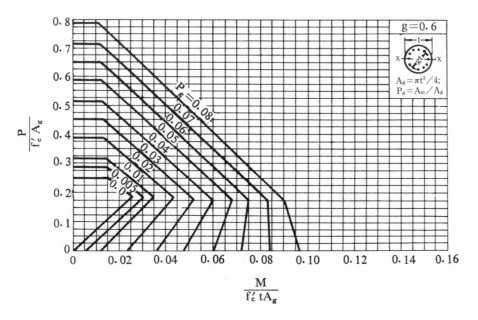

圖 10-8-3(d)

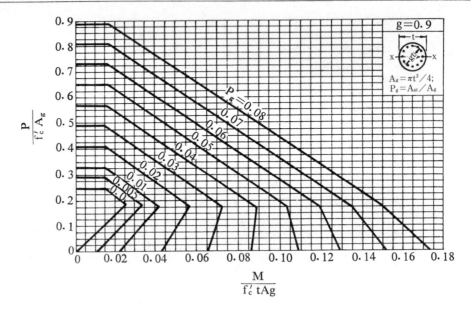

圖 **10-8-4**(a)　環鋼箍混凝土柱 f′_c=210; f_y=4,210(f_a=1,690)

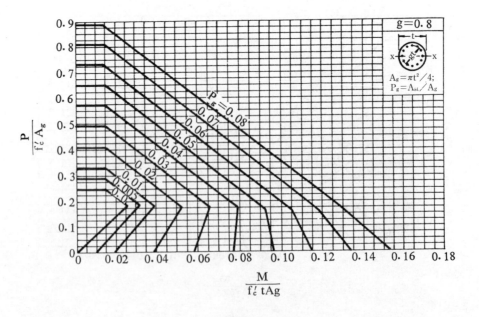

圖 **10-8-4**(b)

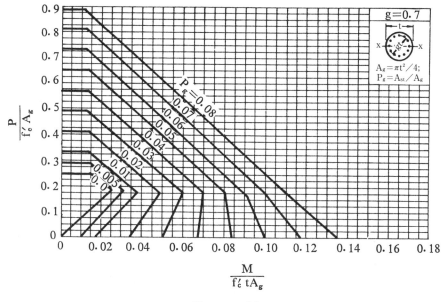

圖 **10-8-4**(c)

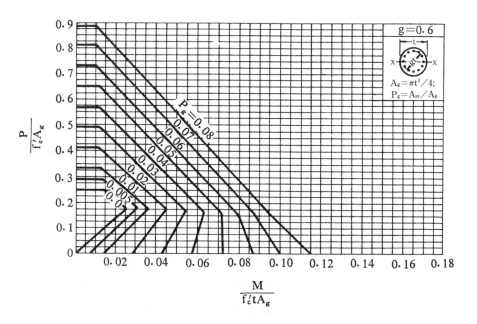

圖 **10-8-4**(d)

習 題

1. 一般鋼筋混凝土柱有那幾種?

2. 通常柱承受何種載重?

3. 試述環鋼箍及螺鋼箍之使用量。

4. 環鋼箍之功用何在?

5. 已知環鋼箍及螺鋼箍混凝土柱之斷面為 2,500cm²,採用 6 -#9 鋼筋,$f'_c=280$kg/cm²,$f_y=3,500$kg/cm²,試求兩柱之軸載重。

6. 已知環鋼箍及螺鋼箍混凝土柱之斷面如圖所示,$f'_c=280$kg/cm²,$f_y=2,800$kg/cm²,試求兩柱在平衡狀態之偏心距。

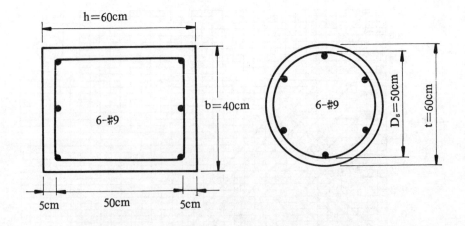

7. 已知作用於柱之軸載重 P = 100t,彎矩 M = 35m-t,$f'_c=210$ kg/cm²,$f_y=4,210$kg/cm²,假設柱斷面尺寸 b = 35cm, t = 50cm, g = 0.8,試求柱斷面之縱向鋼筋,並作環鋼箍之配筋。

8. 已知作用於柱之軸載重　P＝100t，　彎矩　M＝35m-t，f′$_c$＝210 kg/cm²，f$_y$＝4,210kg/cm²，假設柱斷面直徑 t ＝47cm，　g ＝ 0.8，試求柱斷面之縱向鋼筋，並作螺鋼箍之配筋。

第十一章
柱之強度設計法

11-1 引 言

強度設計法的鋼筋混凝土柱之種類、尺寸之限制、鋼筋比之限制、最小偏心距、環鋼箍之規定，及螺鋼箍之規定等等，均與工作應力設計法相同，可參考第十章各項之說明。

潛變及收縮應變對柱之行為非常顯著而重要，同時柱的長度效應 (length effect) 把所使用之設計彎矩變得很複雜。長度效應之問題不在本書內討論。

柱承受載重後卽生變形，按應變分布情況，柱內之混凝土及鋼筋產生相應之應力。若載重持續相當時間，混凝土則開始潛變而重新分配其相應之應力，混凝土將所負擔之應力轉移到受壓鋼筋上。故鋼筋混凝土柱若依據彈性理論分析，則所得結果必與實際不符。但鋼筋混凝土柱之極限強度之值根據試驗結果，大致尙可確定。

當柱之載重達到極限強度時，環鋼箍混凝土柱卽生破壞，但螺鋼箍混凝土柱不會立卽破壞，鋼箍之外層混凝土先行逐漸脹裂剝落，延續一時期後才會完全毀壞。影響鋼筋混凝土柱行為之因素較為複雜，因此規範採用較低之減強因數。環鋼箍混凝土柱之減強因數 $\phi = 0.70$，螺鋼箍混凝土柱之減強因數 $\phi = 0.75$。

11-2 軸載重

軸載重在理論上雖屬可能，但為防止因施工技術、材料品質，或其他原因引起之意外偏心載重，因此規範有最小偏心距之規定。

　　1. 環鋼箍混凝土柱之標稱軸載重

$$P_n = 0.85f'_c(A_g - A_{st}) + A_{st}f_y$$

　　式中　A_g——柱總斷面積

　　　　　A_{st}——柱斷面內之縱向鋼筋面積

設計軸載重　$P_u = \phi P_n$

規範規定　$\phi = 0.70$，並訂有最小之偏心距 $e_{min} = 0.10h$

　　2. 螺鋼箍混凝土柱之標稱軸載重

$$P_n = 0.85[0.85f'_c(A_g - A_{st}) + A_{st}f_y]$$

設計軸載重　$P_u = \phi P_n$

規範規定　$\phi = 0.75$，並訂有最小之偏心距 $e_{min} = 0.05h$

例題　已知環鋼箍混凝土柱之斷面如圖 **11-2-1** 所示，$f'_c = 210 \text{kg/cm}^2$，$f_y = 3,500 \text{kg/cm}^2$，試求極限軸載重,及最小偏心距之極限載重。

解

　(1) 極限軸載重之計算

$$P_n = 0.85f'_c(A_g - A_{st}) + A_{st}f_y$$

$$A_g = 38(60) = 2,280 \text{cm}^2$$

$$A_{st} = 6(5.07) = 30.42 \text{cm}^2$$

$$P_n = [0.85(210)(2,280 - 30.42) + 30.42(3,500)]/1,000$$

$$= 508t$$

$$P_u = \phi P_n = 0.70(508) = 355.6t$$

（2）最小偏心距的極限載重之計算

$$e_{min}=0.10h=0.10(60)=6cm$$

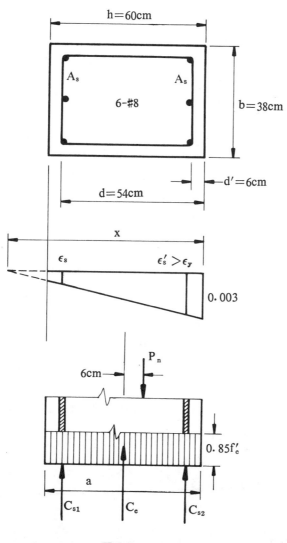

圖 11-2-1

$$a = \beta_1 x$$

$$x = \frac{a}{\beta_1} = \frac{60}{0.85} = 70.59 \text{cm}$$

$$\epsilon_y = \frac{f_y}{E_s} = \frac{3,500}{2.04 \times 10^6} = 0.00172$$

由應變圖，

$$\epsilon_s = \frac{x - d}{x} \epsilon_c$$

$$= \frac{70.59 - 54}{70.59} (0.003) = 0.000705 < \epsilon_y$$

$$C_c = 0.85 f_c' ab$$

$$= 0.85(210)(60)(38)/1,000 = 407 \text{t}$$

$$C_{s1} = (\epsilon_s E_s - 0.85 f_c') A_s$$

$$= [0.000705(2.04 \times 10^6) - 0.85(210)](3 \times 5.07)/1,000$$

$$= 19.1 \text{t}$$

$$C_{s2} = (f_y - 0.85 f_c') A_s'$$

$$= [3,500 - 0.85(210)](3 \times 5.07)/1,000 = 50.5 \text{t}$$

由平衡條件，

$$P_n = C_c + C_{s1} + C_{s2} = 407 + 19.1 + 50.5 = 476.6 \text{t}$$

$$P_u = \phi P_n = 0.70(476.6) = 333.6 \text{t}$$

11-3 平衡狀態

在第五章曾說明了梁斷面之平衡狀態，其條件為當混凝土之應變 $\epsilon_c = 0.003$，且同時鋼筋之應變 $\epsilon_s = f_y/E_s$。此種定義對於柱斷面仍然有效。設一偏心載重 P_b 作用於柱斷面，若使偏心距 $e_b = M_u/P_u$，則斷面

之混凝土應變 $\epsilon_c = 0.003$，同時鋼筋之應變 $\epsilon_s = f_y/E_s$，該斷面是謂平衡狀態，如圖 11-3-1 所示。

由應變圖，$\dfrac{x_b}{d} = \dfrac{0.003}{0.003 + f_y/E_s}$

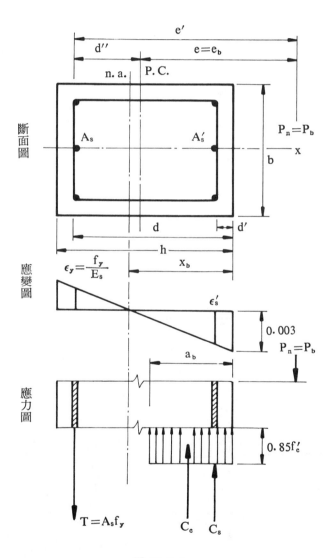

圖 11-3-1

故中立軸之位置　$x_b = \dfrac{0.003}{0.003 + f_y/E_s} d$

混凝土之抗壓強度　$C_c = 0.85 f_c' a_b b$

受壓鋼筋 A_s' 之抗壓強度 $C_s = (f_y - 0.85 f_c') A_s'$

受拉鋼筋 A_s 之抗拉強度 $T = A_s f_y$

　　由平衡條件　$P_b = C_c + C_s - T$

　　對塑性中心 (plastic centroid, P.C., 斷面內之混凝土面積和鋼筋面積之重心) 之彎矩平衡, $\sum M_{p.c.} = 0$

$$P_b e_b = C_c \left(d - \frac{a_b}{2} - d'' \right) + C_s (d - d' - d'') + T d''$$

$$\because \quad M_b = P_b e_b$$

$$\therefore \quad e_b = \frac{M_b}{P_b}$$

例題　已知環鋼箍混凝土柱斷面如圖 **11-3-2(a)** 所示,　$f_c' = 210 \text{kg/cm}^2$, $f_y = 3,500 \text{kg/cm}^2$,　試求平衡狀態之柱載重 P_b 及其偏心距 e_b。

解

$$x_b = \frac{0.003}{0.003 + f_y/E_s} d$$

$$= \frac{0.003}{0.003 + 3,500/(2.04 \times 10^6)} (54) = 34.4 \text{cm}$$

$$a_b = \beta_1 x_b = 0.85(34.4) = 29.2 \text{cm}$$

$$C_c = 0.85 f_c' a_b b$$

$$= 0.85(210)(29.2)(38)/1,000 = 198.1 \text{t}$$

$$\epsilon_s' = \frac{x_b - d'}{x_b} \epsilon_c$$

$$= \frac{34.4 - 6}{34.4} (0.003) = 0.00247 > \epsilon_y$$

$$C_s = (f_y - 0.85 f_c') A_s'$$

$$=[3,500-0.85(210)](3\times5.07)/1,000=50.5t$$

$$T=A_s f_y=(3\times5.07)(3,500)/1,000=53.2t$$

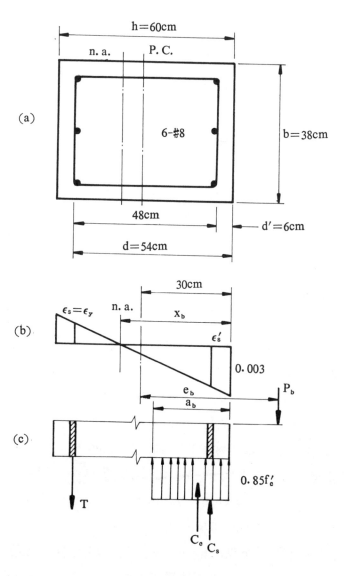

圖 11-3-2

$$\therefore \quad P_b = C_c + C_s - T = 198.1 + 50.5 - 53.2 = 195.4t$$

對塑性中心 P.C. 之彎矩平衡，$\sum M_{p.c.} = 0$

$$M_b = P_b e_b = C_c\left(\frac{h}{2} - \frac{a_b}{2}\right) + C_s\left(\frac{h}{2} - d'\right) + T\left(\frac{h}{2} - d'\right)$$

$$= [198.1(15.4) + 50.5(24) + 53.2(24)]/100$$

$$= 55.4\text{m-t}$$

$$\therefore \quad e_b = \frac{M_b}{P_b} = \frac{55.4(100)}{195.4} = 28.35\text{cm}$$

11-4 偏心載重

柱所能承受之極限載重 P_n 及 M_n，決定於 P_n 之作用位置或其偏心距 e 之大小，e 大時 P_n 減小，e 小時 P_n 可增大。因此，當柱承受之載重，由無偏心距之軸載重逐漸變化為純彎矩時，其軸載重與彎矩之相互關係可繪成柱的載重交互作用圖。

當 e 等於零或甚小時，柱之整個斷面或大部分斷面則受壓縮，使得受拉鋼筋未達到屈服前，混凝土之應變已達 0.003，即所謂壓力控制 (compression control)。當 e 等於 e_b 時，則受拉鋼筋達到屈服，同時混凝土之應變亦達 0.003，即所謂平衡狀態。當 e 較大或甚大時，柱之大部分斷面受拉，混凝土之應變達到 0.003，而受拉鋼筋之應變已大於屈服點，此稱為拉力控制 (tension control)。

以縱座標表示軸載重 P_n，橫座標表示彎矩 M_n，由偏心距 e = 0 變化至 e = ∞，則 P_n 與 M_n 之關係如圖 **11-4-1** 所示。

(a) 在 a 點；e = 0，$P_n = P_0$，$M_n = 0$，即表示軸載重。

a' 點；規範規定之最小偏心距，$e = e_{min}$。

(b) 在 b 點；$e = e_b$，$P_n = P_b$，$M_n = M_b$，此時混凝土應變達 0.003，且受拉鋼筋應力達 f_y，是謂平衡狀態。

(c) 在 c 點; $e = \infty$, $P_n = 0$, $M_n = M_0$, 即表示純彎矩。

(d) 在 ab 段; 在此段內, $e < e_b$ 或 $P_n > P_b$, 柱受壓力控制, 混凝土之應變達 0.003, 排置於最外側之壓力鋼筋應力

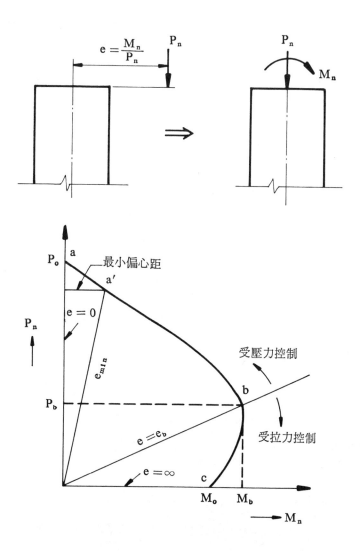

圖 11-4-1 P_n 與 M_n 之交互作用圖

通常達 f_y，而排置於最外側之拉力鋼筋應力通常小於 f_y。

 (e) 在 bc 段；在此段內，$e > e_b$ 或 $P_n < P_b$，柱受拉力控制，混凝土應變達 0.003，排置於最外側之壓力鋼筋應力通常達 f_y，同時排置於最外側之拉力鋼筋應力亦達 f_y。

例題 已知環鋼箍混凝土柱之斷面如圖 **11-4-2** 所示，$f'_c = 210 \text{kg/cm}^2$，$f_y = 3,500 \text{kg/cm}^2$，試求 $e = 20 \text{cm}$ 之極限載重及 $e = 35 \text{cm}$ 之極限載重。

解

 (1) $e = 20 \text{cm}$ 之極限載重計算

  由 11-3 之例題得知該斷面之 $e_b = 28.35 \text{cm}$

   $e = 20 \text{cm} < e_b$，故斷面受壓力控制。

   $C_c = 0.85 f'_c (\beta_1 x) b$

    $= 0.85(210)(0.85x)(38)/1,000 = 5.77x$

  設 $\epsilon'_s \geq \epsilon_y$

   $C_s = (f_y - 0.85 f'_c) A'_s$

    $= [3,500 - 0.85(210)](3 \times 5.07)/1,000 = 50.5 \text{t}$

   $\epsilon_s = \dfrac{d - x}{x} \epsilon_c$

   $T = A_s f_s = A_s (\epsilon_s E_s)$

    $= (3 \times 5.07)\left(\dfrac{54 - x}{x}\right)(0.003)(2.04 \times 10^6)/1,000$

    $= \dfrac{5,024 - 93x}{x}$

  對 P_n 之彎矩平衡，$\sum M_{P_n} = 0$

   $C_c \left(\dfrac{a}{2} - 10\right) - C_s(10 - 6) - T(d - 10) = 0$

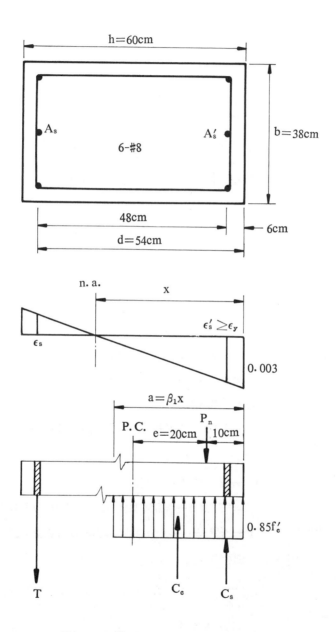

圖 11-4-2

$$5. 77x\left(\frac{0. 85x}{2}-10\right)-50. 5(4)-\frac{5,024-93x}{x}(44)= 0$$

$$x^3-23. 5x^2+1,586. 3x-90,144= 0$$

$$x =40. 1cm$$

$$\epsilon_y=\frac{f_y}{E_s}=\frac{3,500}{2. 04\times10^6}=0. 00172$$

$$\epsilon'_s=\frac{x-6}{x}\epsilon_c=\frac{40. 1-6}{40. 1}(0. 003)=0. 00255>\epsilon_y \ \text{可}$$

$$C_c=5. 77x=5. 77(40. 1)=231. 4t$$

$$C_s=50. 5t$$

$$T =\frac{5,024-93x}{x}=\frac{5,024-93(40. 1)}{40. 1}=32. 3t$$

$$\therefore \ \ P_n=C_c+C_s- T$$

$$=231. 4+50. 5-32. 3=249. 6t$$

$$P_n=\phi P_n=0. 7(249. 6)=174. 7t$$

(2) $e =35cm>e_b$，故斷面受拉力控制

斷面之應變圖及應力圖如圖 **11-4-3** 所示

$$C_c=0. 85f'_c(\beta_1x) b$$

$$=0. 85(210)(0. 85x)(38)/1,000=5. 77x$$

設 $\epsilon'_s\geq\epsilon_y$

$$C_s=(f_y-0. 85f'_c)A'_s$$

$$=[3,500-0. 85(210)](3 \times5. 07)/1,000=50. 5t$$

$$T =A_sf_y=(3 \times5. 07)(3,500)/1,000=53. 2t$$

對 P_n 之彎矩平衡，$\sum M_{Pn}= 0$

$$C_c\left(\frac{a}{2}+ 5 \right)+C_s(6 + 5)- T (54+ 5)= 0$$

$$5. 77x\left(\frac{0. 85x}{2}+ 5 \right)+50. 5(11)-53. 2(59)= 0$$

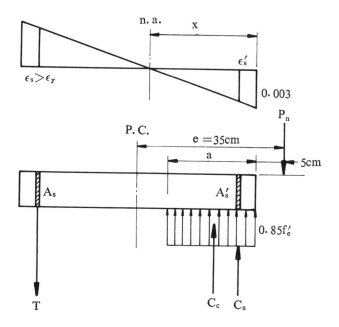

圖 11-4-3

$$x^2+11.76x-1,053.3=0$$

$$x=27.1cm$$

$$\epsilon'_s=\frac{x-6}{x}\epsilon_c=\frac{27.1-6}{27.1}(0.003)=0.00233>\epsilon_y \text{ 可}$$

$$C_c=5.77x=5.77(27.1)=156.4t$$

$$C_s=50.5t$$

$$T=53.2t$$

$$\therefore \quad P_n=156.4+50.5-53.2=153.7t$$

$$P_u=\phi P_n=0.7(153.7)=107.6t$$

11-5 柱設計

　　柱設計之計算過程相當繁雜，在已知軸載重及彎矩之條件下，欲得
合理之斷面有時需要反覆計算數次始能達到目的。一般柱設計都先假設
一適當之斷面尺寸，而僅計算斷面內之鋼筋量。在已知之載重下，所假
設之柱斷面可大亦可小，斷面大則鋼筋量減少，斷面小則鋼筋量要多。
但斷面之鋼筋比必須符合規範之規定，最小鋼筋比為 0.01，最大鋼筋
比為 0.06，普通柱之鋼筋比以 0.03 為佳。

　　在應用上，有關柱設計皆採用查表或查圖法，卽迅速又正確。中國
土木水利工程學會混凝土研究會，在民國 64 年 6 月出版之「鋼筋混凝
土設計手冊強度設計法」（土木 404—64）內，列有各種鋼筋混凝土柱
之設計圖表供設計者參考使用。在 ACI 出版之「設計手冊」內亦有詳
細之設計圖表。

　　本章摘錄其中較常用之圖表，並列舉例題說明圖表之用法。至於詳
細之圖表讀者可查閱設計手冊。

　　1. 最小偏心距之柱設計

設計步驟如下：

(1) 已知柱之軸載重 P_u 及最小偏心距 e_{min} 按規範之規定，環鋼箍
　　柱 $e_{min} = 0.10t$，螺鋼箍柱 $e_{min} = 0.05t$。

(2) 假設柱之斷面尺寸，b 與 t，t 為沿載重方向之柱寬。

(3) 計算 $K_m = \dfrac{P_u}{f_c'bt}$，此值為容許最小偏心距之K值。

(4) 參照下圖之註明，計算 g 值。$g = \dfrac{gt}{t}$。

(5) 由相關設計資料表中查出 K_m 值相當之 $\rho_t m$。

(6) 計算 $m = \dfrac{f_y}{0.85f_c'}$，以求 ρ_t。

(7) 試求 $A_{st} = \rho_t A_g$。

(8) 據鋼筋表選用鋼筋，並作鋼筋排置。

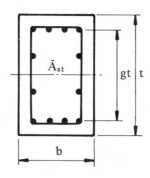

例題 已知作用於柱之軸載重 $P_u = 300t$，$f_c' = 210kg/cm^2$，$f_y = 3,520$ kg/cm^2，假設柱斷面尺寸 $b = 45cm$，$t = 45cm$，試求柱斷面之縱向鋼筋量。

解

$$A_g = bt = 45(45) = 2,025cm^2$$

最小偏心距之 K_m 值為

$$K_m = \frac{P_u}{f_c'bt} = \frac{300(1,000)}{210(2,025)} = 0.705$$

設採用 #10 為縱向鋼筋，#4 為環鋼箍，

$$gt = t - 2 \text{（保護層＋環鋼箍直徑＋縱向鋼筋半徑）}$$

$$= 45 - 2\left(4.0 + 1.27 + \frac{3.22}{2}\right) = 31.24cm$$

$$g = \frac{gt}{t} = \frac{31.24}{45} = 0.69$$

由表 11-5-1(a) 查 $\rho_t m$ 與 K_m 之關係如下表，並以內插法計算 $g = 0.69$ 時之 K_m 值。

$\rho_t m$	K_m		
	$g = 0.6$	$g = 0.7$	$g = 0.69$
0.5	0.6761	0.6853	0.6844
0.6	0.7163	0.7273	0.7262

由上表知 $g = 0.69$，$K_m = 0.705$ 時之 $\rho_t m$，應用內插法求得，

$$\rho_t m = 0.5 + \frac{0.705 - 0.6844}{0.7262 - 0.6844}(0.1) = 0.5493$$

$$m = \frac{f_y}{0.85 f'_c} = \frac{3,520}{0.85(210)} = 19.72$$

$$\rho_t = \frac{\rho_t m}{m} = \frac{0.5493}{19.72} = 0.02785$$

$$A_{st} = \rho_t A_g = 0.02785(2,025) = 56.39 \text{cm}^2$$

採用 7 -#10 ($A_s = 56.98\text{cm}^2$) 已够用，但四面排置鋼筋宜用 8 -#10($A_s = 65.12\text{cm}^2$)

環鋼箍之排置

$$s = 16\phi_1 = 16(3.2) = 51.2\text{cm}$$

$$s = 48\phi_2 = 48(1.27) = 60.9\text{cm}$$

$$s = \text{最小邊長} = 45\text{cm}$$

故選用環鋼箍 3 -#4@45cm

本例題之 $\rho_t m$ 值亦可利用查圖法求得。

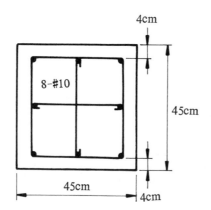

2. 偏心載重之柱設計

設計步驟如下:

(1) 已知柱承受之軸載重 P_u 及彎矩 M_u。

(2) 假設柱之斷面尺寸, b 與 t , t 為沿載重方向之柱寬。

(3) 計算 $K = \dfrac{P_u}{f'_c bt}$ 及 $\dfrac{e}{t} = \dfrac{M_u}{P_u t}$。

(4) 計算 g 值。

(5) 由相關設計圖中查出 K 值相當之 $\rho_t m$。

(6) 計算 $m = \dfrac{f_y}{0.85 f'_c}$, 以求 ρ_t。

(7) 試求 $A_{st} = \rho_t A_g$。

(8) 據鋼筋表選用鋼筋, 並作鋼筋排置。

例題 已知作用於柱之靜載重 $P_D = 15t$, $M_D = 10\text{m-t}$, 活載重 $P_L = 30t$,

$M_L = 20\text{m-t}$, $f'_c = 210\text{kg/cm}^2$, $f_y = 3,520\text{kg/cm}^2$, 假設柱斷面

b = 50cm, t = 50cm, 試求柱斷面之縱向鋼筋量。

表 11-5-1(a)　環鋼箍混凝土柱，四面鋼筋排置，單向彎矩

f_c' f_y kg/cm²	$\rho_t m$	g=0.6			g=0.7			g=0.8			g=0.9			K_0
		K_b	e_b/t	K_m	K_b	e_b/t	K_m	K_b	e_b/t	K_m	K_b	e_b/t	K_m	
	0.0	0.2569	0.2841	0.4760	0.2729	0.2707	0.4760	0.2890	0.2572	0.4760	0.3050	0.2437	0.4805	0.5950
	0.1	0.2563	0.3302	0.5160	0.2749	0.3189	0.5178	0.2928	0.3080	0.5200	0.3103	0.2972	0.5225	0.6515
	0.2	0.2558	0.3764	0.5560	0.2768	0.3665	0.5597	0.2966	0.3575	0.5638	0.3156	0.3489	0.5684	0.7080
	0.3	0.2552	0.4228	0.5960	0.2788	0.4134	0.6015	0.3004	0.4058	0.6076	0.3209	0.3989	0.6140	0.7644
210 3520	0.4	0.2546	0.4695	0.6360	0.2807	0.4597	0.6435	0.3043	0.4529	0.6513	0.3262	0.4473	0.6594	0.8209
	0.5	0.2541	0.5163	0.6761	0.2827	0.5053	0.6853	0.3081	0.4987	0.6949	0.3315	0.4942	0.7045	0.8774
	0.6	0.2535	0.5634	0.7163	0.2846	0.5503	0.7273	0.3119	0.5435	0.7385	0.3367	0.5396	0.7497	0.9339
	0.7	0.2530	0.6106	0.7564	0.2866	0.5947	0.7693	0.3158	0.5872	0.7822	0.3420	0.5835	0.7948	0.9904
	0.8	0.2524	0.6581	0.7965	0.2885	0.6385	0.8112	0.3196	0.6298	0.8258	0.3473	0.6262	0.8398	1.0469
	0.9	0.2519	0.7057	0.8367	0.2905	0.6817	0.8533	0.3234	0.6714	0.8694	0.3526	0.6675	0.8848	1.1033
	1.0	0.2513	0.7536	0.8770	0.2924	0.7243	0.8953	0.3272	0.7121	0.9131	0.3579	0.7077	0.9298	1.1598

表 11-5-1(b)　環鋼箍混凝土柱，二面鋼筋排置，單向彎矩

f_c' f_y kg/cm²	$\rho_t m$	g=0.6			g=0.7			g=0.8			g=0.9			K_0
		K_b	e_b/t	K_m	K_b	e_b/t	K_m	K_b	e_b/t	K_m	K_b	e_b/t	K_m	
	0.0	0.2569	0.2841	0.4760	0.2729	0.2707	0.4760	0.2890	0.2572	0.4760	0.3050	0.2437	0.4805	0.5950
	0.1	0.2554	0.3540	0.5182	0.2714	0.3469	0.5209	0.2875	0.3392	0.5239	0.3035	0.3309	0.5273	0.6515
	0.2	0.2538	0.4246	0.5603	0.2699	0.4241	0.5653	0.2860	0.4221	0.5707	0.3020	0.4189	0.5765	0.7080
	0.3	0.2523	0.4961	0.6024	0.2684	0.5021	0.6094	0.2844	0.5059	0.6168	0.3005	0.5079	0.6245	0.7644
210 3520	0.4	0.2508	0.5684	0.6444	0.2669	0.5810	0.6533	0.2829	0.5906	0.6625	0.2990	0.5977	0.6718	0.8209
	0.5	0.2493	0.6416	0.6864	0.2654	0.6608	0.6970	0.2814	0.6762	0.7078	0.2975	0.6885	0.7187	0.8774
	0.6	0.2478	0.7158	0.7283	0.2639	0.7415	0.7406	0.2799	0.7627	0.7529	0.2960	0.7802	0.7652	0.9339
	0.7	0.2463	0.7908	0.7702	0.2624	0.8231	0.7842	0.2784	0.8501	0.7980	0.2945	0.8728	0.8117	0.9904
	0.8	0.2448	0.8667	0.8122	0.2608	0.9057	0.8276	0.2769	0.9386	0.8428	0.2930	0.9663	0.8577	1.0469
	0.9	0.2433	0.9436	0.8541	0.2593	0.9892	0.8711	0.2754	1.0279	0.8876	0.2914	1.0609	0.9037	1.1033
	1.0	0.2418	1.0214	0.8961	0.2578	1.0737	0.9146	0.2739	1.1183	0.9324	0.2899	1.1564	0.9496	1.1598

表 11-5-1(c)　螺旋鋼箍混凝土柱

f_c' f_y kg/cm²	$\rho_t m$	g=0.6			g=0.7			g=0.8			g=0.9			K_0
		K_b	e_b/D	K_m*	K_b	e_b/D	K_m*	K_b	e_b/D	K_m*	K_b	e_b/D	K_m*	
	0.0	0.2069	0.2496	0.4451	0.2240	0.2347	0.4451	0.2412	0.2200	0.4451	0.2584	0.2054	0.4451	0.5007
	0.1	0.2070	0.2853	0.4826	0.2274	0.2707	0.4836	0.2469	0.2570	0.4848	0.2658	0.2438	0.4862	0.5482
	0.2	0.2071	0.3210	0.5203	0.2308	0.3057	0.5223	0.2525	0.2624	0.5246	0.2732	0.2801	0.5272	0.5958
	0.3	0.2072	0.3567	0.5580	0.2341	0.3397	0.5611	0.2580	0.3263	0.5644	0.2806	0.3145	0.5681	0.6433
210 3520	0.4	0.2073	0.3924	0.5959	0.2375	0.3727	0.6000	0.2638	0.3586	0.6043	0.2880	0.3472	0.6089	0.6908
	0.5	0.2073	0.4280	0.6338	0.2409	0.4047	0.6390	0.2695	0.3897	0.6443	0.2954	0.3782	0.6498	0.7383
	0.6	0.2074	0.4637	0.6718	0.2443	0.4359	0.6781	0.2752	0.4194	0.6845	0.3028	0.4077	0.6908	0.7859
	0.7	0.2075	0.4992	0.7099	0.2476	0.4663	0.7172	0.2808	0.4480	0.7246	0.3102	0.4357	0.7318	0.8334
	0.8	0.2076	0.5348	0.7481	0.2510	0.4958	0.7565	0.2865	0.4754	0.7648	0.3176	0.4625	0.7729	0.8809
	0.9	0.2077	0.5703	0.7862	0.2544	0.5245	0.7958	0.2922	0.5018	0.8051	0.3249	0.4881	0.8143	0.9285
	1.0	0.2077	0.6058	0.8245	0.2577	0.5525	0.8351	0.2978	0.5291	0.8454	0.3323	0.5125	0.8555	0.9760

解

設計載重為

$$P_u = 1.4(15) + 1.7(30) = 72t$$

$$M_u = 1.4(10) + 1.7(20) = 48m\text{-}t$$

$$e = \frac{M_u}{P_u} = \frac{48(100)}{72} = 66.7cm$$

$$A_g = bt = 50(50) = 2,500cm^2$$

$$K = \frac{P_u}{f'_c bt} = \frac{72(1,000)}{210(2,500)} = 0.137$$

$$\frac{e}{t} = \frac{66.7}{50} = 1.334 \text{ 或 } K\frac{e}{t} = 0.183$$

設採用 #10 為縱向鋼筋，#4 為環鋼箍，

$$gt = 50 - 2\left(4.0 + 1.27 + \frac{3.22}{2}\right) = 36.24cm$$

$$g = \frac{gt}{t} = \frac{36.24}{50} = 0.72 \approx 0.7$$

由表 11-5-1(b) 查 $K = 0.137$ 及 $K\frac{e}{t} = 0.183$ 得

$$\rho_t m = 0.82$$

$$m = \frac{f_y}{0.85 f'_c} = \frac{3,520}{0.85(210)} = 19.72$$

$$\rho_t = \frac{\rho_t m}{m} = \frac{0.82}{19.72} = 0.04158$$

$$A_{st} = \rho_t A_g = 0.04158(2,500) = 103.9cm^2$$

採用 13-#10($A_s = 105.8cm^2$) 已够用，但四面排置鋼筋

宜用 14-#10($A_s = 114.0cm^2$)

環鋼箍之排置

$$s = 16\phi_1 = 16(3.2) = 51.2cm$$

$$s = 48\phi_2 = 48(1.27) = 60.9cm$$

$$s = 最小邊長 = 50\text{cm}$$

故選用環鋼箍　$3-\#4@50\text{cm}$。

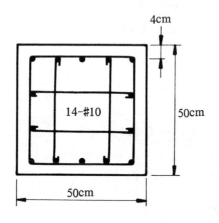

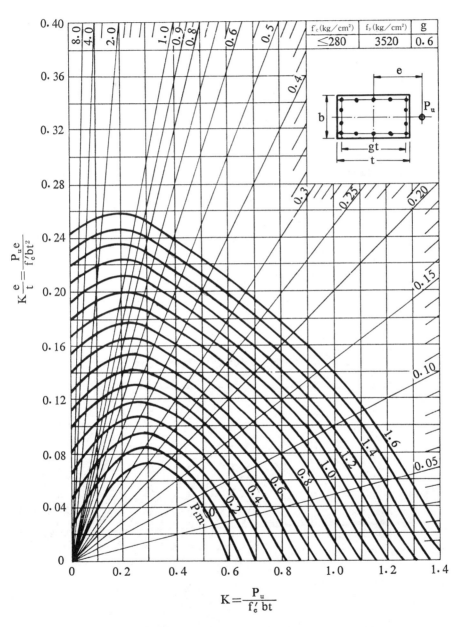

圖 11-5-1(a)　環鋼箍混凝土柱，四面鋼筋排置，單向彎矩

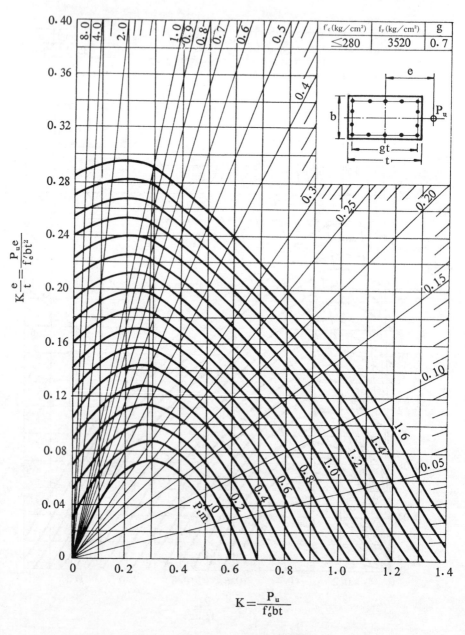

圖 11-5-1(b)　環鋼箍混凝土柱，四面鋼筋排置，單向彎矩

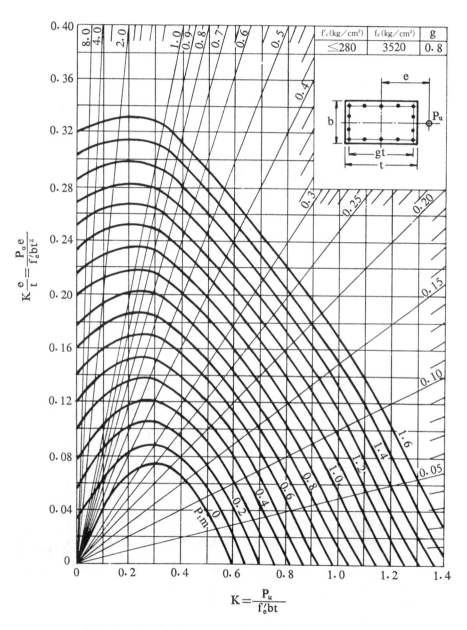

圖 11-5-1(c) 環鋼箍混凝土柱，四面鋼筋排置，單向彎矩

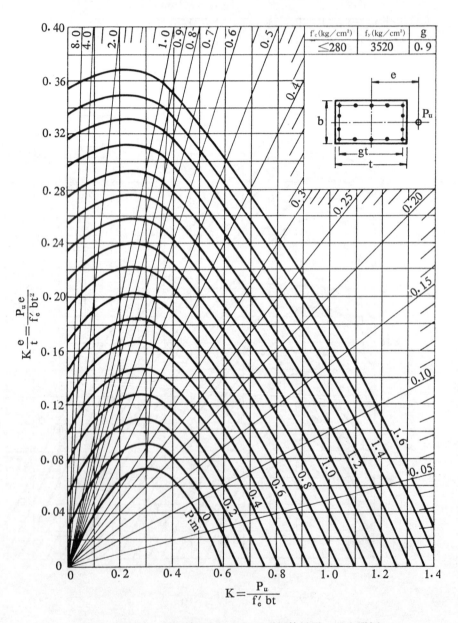

圖 11-5-1(d)　環鋼箍混凝土柱，四面鋼筋排置，單向彎矩

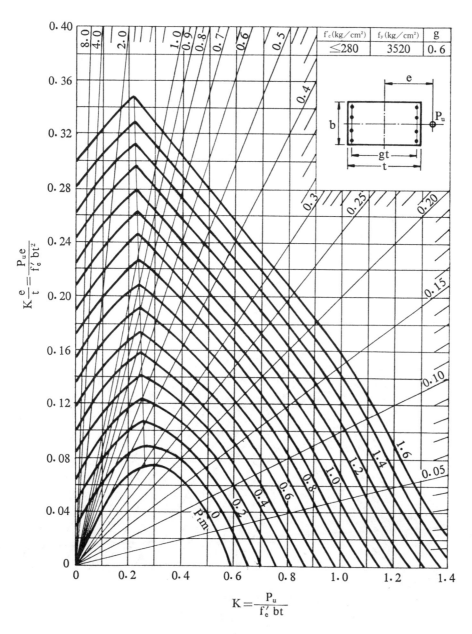

圖 11-5-2(a)　環鋼箍混凝土柱，二面鋼筋排置，單向彎矩

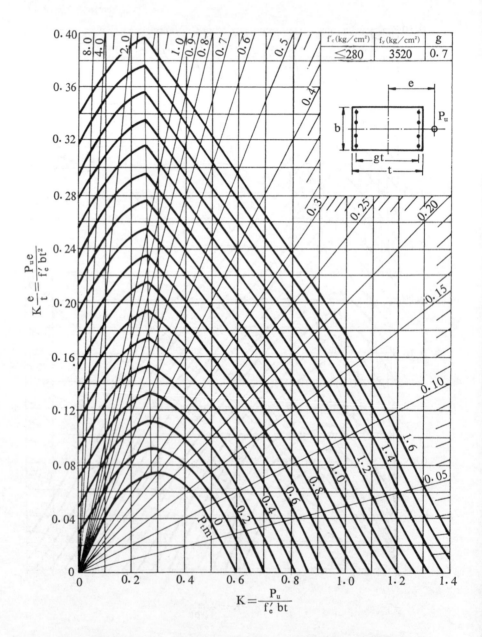

圖 11-5-2(b)　環鋼箍混凝土柱，二面鋼筋排置，單向彎矩

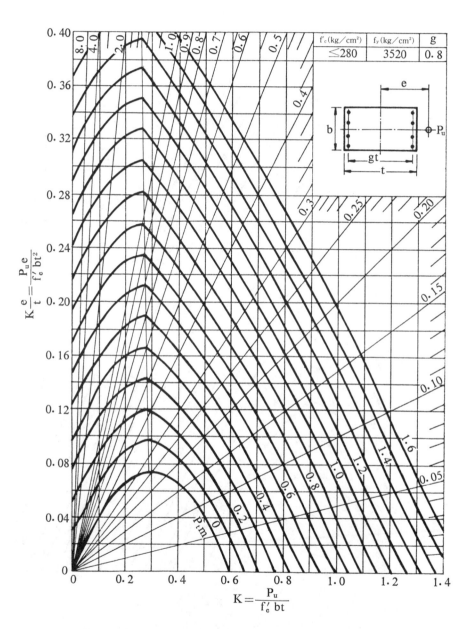

圖 11-5-2(c)　環鋼箍混凝土柱，二面鋼筋排置，單向彎矩

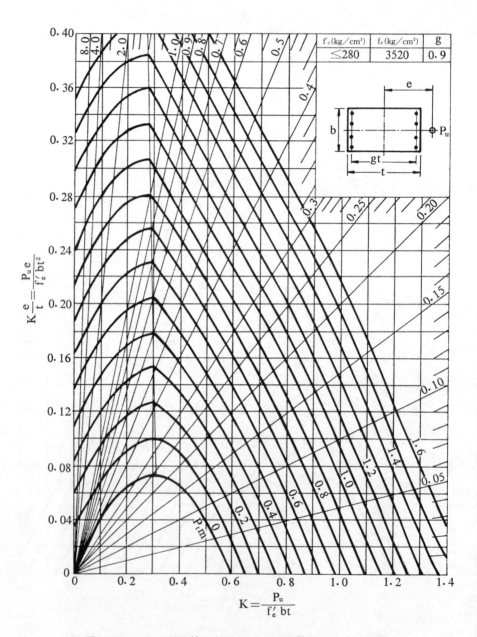

圖 11-5-2(d) 環鋼箍混凝土柱，二面鋼筋排置，單向彎矩

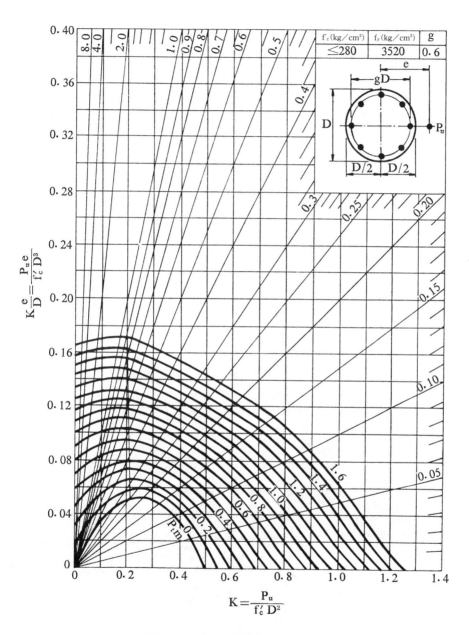

圖 11-5-3(a) 螺鋼箍混凝土柱

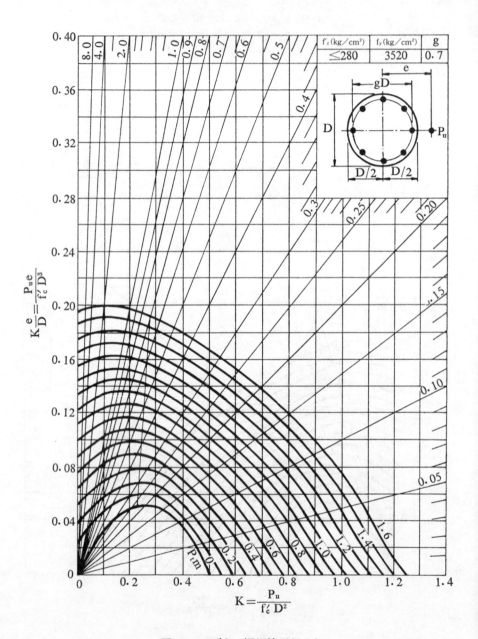

圖 **11-5-3**(b)　螺鋼箍混凝土柱

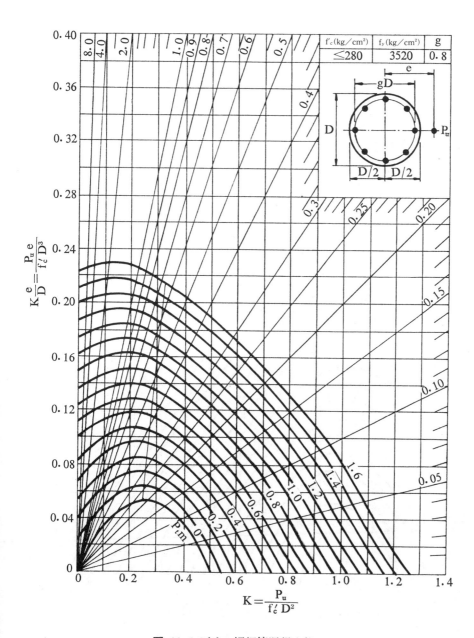

圖 11-5-3(c) 螺鋼箍混凝土柱

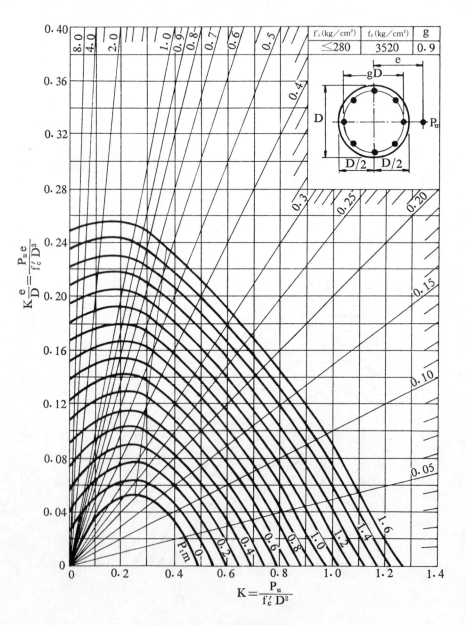

圖 11-5-3(d)　螺鋼箍混凝土柱

習　　題

1. 已知環鋼箍混凝土之斷面如圖所示， $f'_c=280kg/cm^2$ ， $f_y=4,200kg/cm^2$，

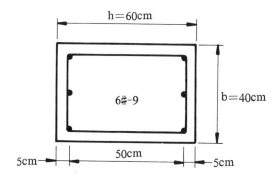

(a) 試求該柱之軸載重。

(b) 試求該柱在平衡狀態之載重及偏心距。

(c) 試求 $e=20cm$ 之載重。

(d) 試求 $e=40cm$ 之載重。

2. 已知作用於柱之軸載重 $P_u=400t$， $f'_c=210kg/cm^2$， $f_y=3,520$ kg/cm^2， 假設柱斷面尺寸 $b=50cm$， $t=50cm$， 試求柱斷面之縱向鋼筋，並作環鋼箍之配筋。

3. 已知作用於柱之軸載重 $P_u=400t$， $f'_c=210kg/cm^2$， $f_y=3,520$ kg/cm^2， 假設柱斷面直徑 $t=56cm$， 試求柱斷面之縱向鋼筋，並作螺鋼箍之配筋。

4. 已知作用於柱之靜載重 $P_D=16t$， $M_D=12m$-t， 活載重 $P_L=26t$， $M_L=18m$-t， $f'_c=210kg/cm^2$， $f_y=3,520kg/cm^2$， 假設柱斷面 $b=45cm$， $t=45cm$， 試求柱斷面之縱向鋼筋，並作

環鋼箍之配筋。

5. 已知作用於柱之靜載重 $P_D=16t$, $M_D=12m\text{-}t$, 活載重 $P_L=26t$, $M_L=18m\text{-}t$, $f'_c=210kg/cm^2$, $f_y=3,520kg/cm^2$, 假設柱斷面直徑 $t=50cm$, 試求柱斷面之縱向鋼筋, 並作螺鋼箍之配筋。

第十二章
基　　　礎

12-1　引　　言

　　一結構物所承受之全部載重，經由版傳遞於梁，梁傳遞於柱，因而柱所負之荷重頗大。爲結構物基礎須能安全使用，使其不致發生構造之損壞及傾斜等現象，必須將柱之底部予以擴大，而令其單位荷重不超過該基礎土壤之容許承載力，此種柱底擴大部分稱爲基腳 (footing)。

　　基礎乃爲結構物之一部分，基礎須能承載其本身重量，構造物之重量，靜載重及活載重等。基礎之形式及尺度，須能適合地基土壤之性質，然而基礎設計須符合兩大要求，一是結構物之總沉陷量儘可能爲最小。二是若有沉陷，則整個結構物各部分沉陷應均勻。欲達這兩大目的，必須使用基腳。

　　基礎工程包括範圍甚廣，基腳乃爲基礎之一種。有關基礎構造之一般規定，在建築技術規則第二章之基礎構造中，由第 56 條至第 130 條中有詳細之規定。有關鋼筋混凝土基腳之設計則在第 463 條至第 471 條有所規定。本章僅述鋼筋混凝土基腳有關設計之部分。

12-2　基腳之種類

　　由於基礎土壤性質不同，基腳之設計有許多之型式，大約可分爲下

列幾種。

1. 牆基腳 (wall footing)：牆壁底部之基腳，如圖 12-2-1(a) 所示。

2. 單柱基腳 (single column footing)：每根柱之底部各有一基腳，如圖 12-2-1(b) 所示。

3. 聯合基腳 (combined footing)：兩根柱之底部共有一基腳，按基腳形狀有矩形、梯形、帶式等。當外柱落在地基界限之邊緣，或兩柱間隔不大，或柱載重甚大時，因沒有足夠之地皮構築單柱基腳，故兩柱聯合共有一基腳，如圖 12-2-1(c) 所示。

4. 筏式基礎 (raft foundation) 或蓆式基礎(mat foundation)：

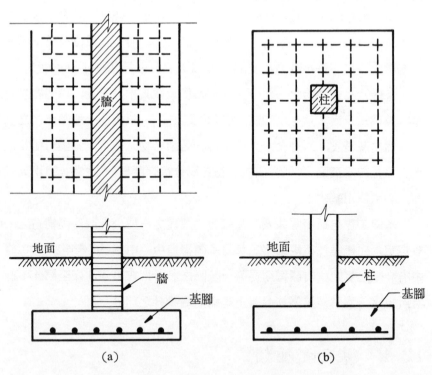

(a)   (b)

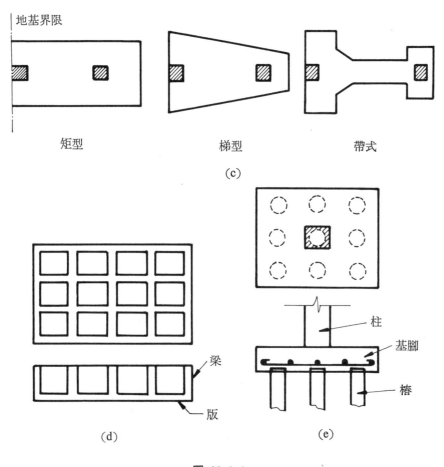

圖 12-2-1

在整個建築面積上使用較厚之鋼筋混凝土版或版梁結構作為基礎。當土壤承載力低或柱載重甚大時，多採用此種基礎，如圖 12-2-1(d) 所示。

　　5. 椿基脚 (pile footing)：基脚置於基礎椿頭上，將載重經基礎椿傳達於更深土壤層，如圖 12-2-1(e) 所示。

12-3 土壤容許承載力

基礎之土壤容許承載力 (allowable bearing pressure) 依土壤之種類、結構及分布而異，土壤大致可分成礫石、砂土、粉土及黏土四種。無塑性土壤如砂土、礫石或其混合土壤可支承構造物之載重，滲透性大易排水且無冰凍現象，係爲良好之基礎用土壤。粉土之性質較不穩定，承受由下而上之水壓則產生流砂，被迫而向四周推移，發生危險之沉陷現象。黏土係爲細微土粒所組成，具有塑性，而滲透性至小，當黏土承受構造物之載重時，因孔隙水之排出非常緩慢，必須經一相當時期後，始產生沉陷現象。

凡重要之基礎工程，在結構物基礎設計之前，應先行實地之各種試驗，確定基礎之承載力。各種土壤之容許承載力大致如表 12-3-1 所示。

表 12-3-1　各種土壤容許承載力

土　壤　種　類	容許承載力 t/m²
流砂，軟弱粉土	1～2
濕粉土	10～20
軟弱黏土	2～5
堅硬黏土	20～25
黏土與砂土之混合土壤	20～30
濕細砂	20
粗　砂	30
礫石與粗砂	40～50

12-4　牆基腳之設計

　　鋼筋混凝土牆或砌磚牆之基腳，若以鋼筋混凝土建造最爲經濟，斷面小，自重輕。牆荷重及基腳自重經由基腳傳遞於其下之土壤上，而土壤承受這些載重則有向上之反作用力。故基腳可視以牆爲支點而承受均布載重之版。設計時係取單位寬度來計算。

　　如圖 **12-4-1** 所示，牆若是混凝土牆，則有極大之剛性，牆內之有效厚度可視爲無限大，故基腳之最大彎矩發生於①─①斷面上。若是砌磚牆，則最大彎矩是在牆面及牆中心之中點處。基腳之最大斜張力與水平成 45°，故剪力之臨界斷面 (critical section) 是在距牆面 d 處之②─②斷面上。

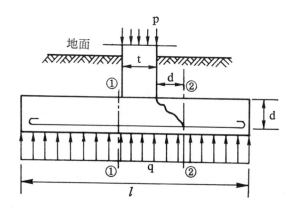

圖 12-4-1

　　①─①斷面上之最大彎矩爲

$$M = \frac{1}{2}(l - t)\, q\left(\frac{l - t}{4}\right) = \frac{1}{8}\, q\, (l - t)^2$$

式中　q —— 向上土壓力

　　　l —— 基腳寬度

　　　t —— 牆之厚度

②—②斷面上之最大剪力爲

$$V = q\left(\frac{l - t}{2} - d\right)$$

基腳設計內容包括寬度、厚度以及鋼筋量等三項，寬度尺寸由柱載重和容許土壓力而定，厚度則由彎矩及剪力而定，通常基腳厚度均由剪力所控制。至於鋼筋量須依據撓曲理論求得。

例題　如圖 12-4-2 所示，已知 45cm 厚度之混凝土牆，　每公尺長承受 25t 之靜載重及 15t 之活載重。基腳底之容許承載力爲 24t/m²，基底距地面 1.5m，土壤單位重爲 1.6t/m³，$f'_c=210kg/cm^2$，$f_y=2,800kg/cm^2$ （$f_s=1,400kg/cm^2$），設計該牆之基腳。

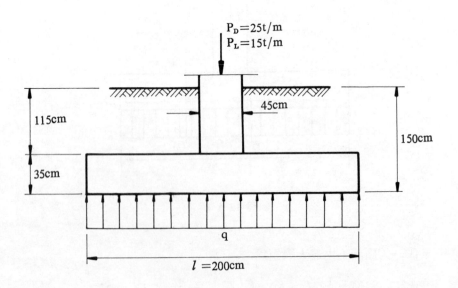

P_D=25t/m
P_L=15t/m

45cm

115cm

150cm

35cm

q

$l = 200cm$

圖 12-4-2

解

（1）據工作應力設計法

假設基腳厚度爲 35cm

基腳之覆蓋土壤重量 $1.15(1.6)=1.84t/m^2$

基腳自重 $0.35(2.4)=0.84t/m^2$

承受柱載重之容許土壓力爲

$$q_e = 24-(1.84+0.84)=21.32t/m^2$$

故需要之基腳寬度 $\quad l = \frac{P_D+P_L}{q_e}=\frac{25+15}{21.32}=1.876m$

採用 $\quad l = 2.0m \quad d=35-9=26cm$

向上土壓力 $\quad q = \frac{25+15}{(2.0)(1.0)}=20t/m^2$

$$M=\frac{1}{8}q(l-t)^2=\frac{1}{8}(20)(2.0-0.45)^2=60m\text{-}t$$

$$f_c=0.45 \quad f'_c=94.5kg/cm^2 \quad n=9$$

$$k=\frac{94.5}{94.5+1,400/9}=0.378$$

$$j=1-\frac{0.378}{3}=0.874$$

$$R=\frac{1}{2}(94.5)(0.378)(0.874)=15.61kg/cm^2$$

$$\therefore \quad d=\sqrt{\frac{M}{Rb}}=\sqrt{\frac{6.0(100,000)}{15.61(100)}}=19.6cm<26cm \quad 可但$$

基腳之厚度通常由剪力所控制，卽剪力所需要之厚度大於彎矩所
需要之厚度。

$$V=q\left(\frac{l-t}{2}-d\right)=20\left(\frac{2.0-0.45}{2}-0.26\right)=10.3t$$

混凝土之容許剪應力 $v_c=0.29\sqrt{f'_c}=4.20kg/cm^2$

$$\therefore \quad d = \frac{V}{bv_c} = \frac{10.3(1,000)}{100(4.20)} = 24.5cm < 26cm \quad 可$$

剪力所需之 d 與供給之 d 頗接近，由此可知 35cm 厚度尙爲理想。基腳之抗拉鋼筋

$$A_s = \frac{M}{f_s jd} = \frac{6.0(100,000)}{1,400(0.874)(26)} = 18.86cm^2/每公尺寬$$

採用 #6@15cm($A_s = 19.01cm^2$)

基腳之抗脹縮鋼筋 min. $\rho = 0.0020$

$$A_s = \rho lh = 0.0020(200)(35) = 14.0cm^2$$

採用 11-#4($A_s = 13.97cm^2$)

核算握裹應力

容許握裹應力 $\quad u = \frac{3.24\sqrt{f'_c}}{D} = \frac{3.24\sqrt{210}}{1.91} = 24.58kg/cm^2$

需要之埋置長度 $\quad L = \frac{A_s f_s}{u\sum_0} = \frac{2.86(1,400)}{24.58(6.0)} = 27.2cm$

供應長度 $\quad L = \frac{l-t}{2} - 側面保護層（約 7.5cm）$

$$= \frac{200-45}{2} - 7.5 = 70.0cm > 27.2cm \quad 可$$

(2) 據強度設計法

假設基腳厚度爲 35cm

基腳之覆蓋土壤重量 $1.15(1.6) = 1.84t/m^2$

基腳自重 $0.35(2.4) = 0.84t/m^2$

承受柱載重之容許土壓力爲

$$q_e = 24 - (1.4 + 0.84) = 21.32t/m^2$$

故需要之基腳寬度 $\quad l = \frac{25+15}{21.32} = 1.876m$

採用　$l = 2.0\text{m}$　$d = 35 - 9 = 26\text{cm}$

向上土壓力　$q_u = \dfrac{1.4P_D + 1.7P_L}{lb}$

$$= \frac{1.4(25) + 1.7(15)}{2.0(1.0)} = 30.25\text{t/m}^2$$

$$M_u = \frac{1}{8}q_u(l - t)^2 = \frac{1}{8}(30.25)(20 - 0.45)^2 = 9.08\text{m-t}$$

$f_c' = 210\text{kg/cm}^2$, $f_y = 2,800\text{kg/cm}^2$, $\rho_b = 0.0372$

版之最大鋼筋比　$\max. \rho = 0.375\rho_b = 0.0139$

$$m = \frac{f_y}{0.85f_c'} = \frac{2,800}{0.85(210)} = 15.69$$

$$R_u = \rho f_y \left(1 - \frac{1}{2}\rho m\right)$$

$$= 0.0139(2,800)\left[1 - \frac{1}{2}(0.0139)(15.69)\right]$$

$$= 34.68\text{kg/cm}^2$$

$$\therefore \quad d = \sqrt{\frac{M_u}{\phi R_u b}} = \sqrt{\frac{9.08(100,000)}{0.9(34.68)(100)}}$$

$$= 17.06\text{cm} < 26\text{cm} \ 可$$

$$V_u = q_u\left(\frac{l - t}{2} - d\right) = 30.25\left(\frac{2.0 - 0.45}{2} - 0.26\right)$$

$$= 15.58\text{t}$$

混凝土之容許剪應力　$v_c = 0.53\sqrt{f_c'} = 7.68\text{kg/cm}^2$

$$\therefore \quad d = \frac{V_u}{\phi b v_c} = \frac{15.58(1,000)}{0.85(100)(7.68)} = 23.9\text{cm} < 26\text{cm} \ 可$$

基腳之抗拉鋼筋

因　$b = 100\text{cm}$　$d = 26\text{cm}$

確實之　$R_u = \dfrac{M_u}{\phi bd^2} = \dfrac{9.08(100,000)}{0.9(100)(26)^2} = 14.92\text{kg/cm}^2$

$$\rho = \frac{1}{m}\left(1 - \sqrt{1 - \frac{2mR_u}{f_y}}\right)$$

$$= \frac{1}{15.69}\left[1 - \sqrt{1 - \frac{2(15.69)(14.92)}{2,800}}\right] = 0.00557$$

$$A_s = \rho bd = 0.00557(100)(26) = 14.48\text{cm}^2/\text{每公尺寬}$$

採用 #6@19cm （$A_s = 15.05\text{cm}^2$）

基腳之抗脹縮鋼筋 min. $\rho = 0.0020$

$$A_s = \rho l h = 0.0020(200)(35) = 14.0\text{cm}^2$$

採用 11-#4 （$A_s = 13.97\text{cm}^2$）

核算握持長度

$$l_d = \frac{0.0594A_b f_y}{\sqrt{f_c'}} \geq 0.0057 d_b f_y$$

$$l_d = \frac{0.0594(2.86)(2,800)}{\sqrt{210}} = 32.83\text{cm}$$

又　　$l_d = 0.0057(1.91)(2,800) = 30.48\text{cm}$

供應長度　$l_d = \dfrac{200 - 45}{2} - 7.5 = 70.0\text{cm} > 32.83\text{cm}$　可

12-5　單柱基腳之設計

單柱基腳有正方形及長方形，通常方柱採用正方形基腳，而長方柱則採用長方形基腳。柱斷面若爲圓形時，可將其折算爲同斷面積之方柱，然後依方柱設計其基腳。

作用於基腳底面之向上壓力分爲兩部分，一爲僅由柱載重作用下所產生之向上壓力，稱爲淨向上壓力（net upward pressure），一爲由基腳自重及基腳上覆蓋土重作用下所產生之向上土壓力，但眞正作用於基腳之載重是爲淨向上壓力而已。故基腳之大小由此淨向上壓力所決定，厚度則由彎矩及剪力所決定，兩者之中，通常剪力所需要之厚度大於彎矩所需要之厚度，卽基腳之厚度由剪力所控制。作用於基腳之彎矩係爲兩方向，故鋼筋應依兩方向之彎矩大小而排置。正方形基腳之兩方向鋼筋量相同，各平均分布於每方向之全寬度內。矩形基腳時，長方向之鋼

筋係依長向之彎矩計算，而平均分布於短邊之全寬度內，短向鋼筋係依
短向之彎矩計算，但長邊寬度內之中央部分和兩側部分之鋼筋排置不相
同。

　1. 基腳之載重

　如圖 12-5-1 所示爲一單柱基腳。

q_1——基腳自重及覆蓋土重所生之向上壓力

q_2——柱載重 P 所生之向上壓力，卽淨向上土壓力

土壤承載力　$q = q_1 + q_2$

土壤有效承載力　$q_e = $ 容許 $q - q_1$

所需要之基腳面積　$A = \dfrac{P}{q_e}$

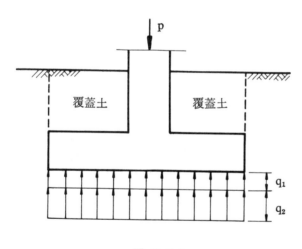

圖 12-5-1

　2. 作用於基腳之最大彎矩

　如圖 12-5-2 所示，長向最大彎矩是在 cd 面，係由 q_2 作用於 abcd
面積所生。

　卽長向 $M = q_2$(abcd 面積) $(l_1/2)$

短向最大彎矩是在 ef 面，係由 q_2 作用於 aefg 面積所生，即短向 $M = q_2 (aefg \ 面積) (l_2/2)$

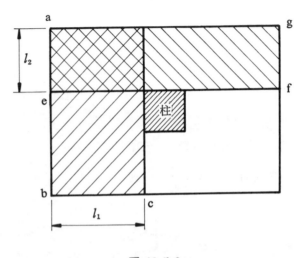

圖 12-5-2

3. 作用於基腳之最大剪力

作用於基腳之剪力分爲兩種，一爲雙向作用之穿破剪力（punch shear），一爲單向作用之撓曲剪力（flexural shear），如圖 12-5-3 所示。

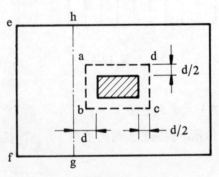

圖 12-5-3

(a) 雙向之穿破剪力

最大之雙向穿破剪力是作用於距柱表面 d/2 之 abcd 四周斷面，d 爲基腳之有效厚度。設 V_1 爲雙向穿破剪力，

max. $V_1 = q_2$（基腳總面積—abcd 面積）

max. $v_1 = \dfrac{V_1}{b_0 d} \leq v_c$ ——工作應力設計法

max. $v_{u1} = \dfrac{V_{u1}}{\phi b_0 d} \leq v_{uc}$ ——強度設計法

式中　b_0——abcd 之周長

按規範，$v_c = 0.53\sqrt{f'_c}$　$v_{uc} = 1.06\sqrt{f'_c}$

(b) 單向之撓曲剪力

最大之單向撓曲剪力是作用於距柱表面 d 之 gh 斷面，d 爲基腳之有效厚度。設 V_2 爲單向撓曲剪力，

max. $V_2 = q_2$（efgh 面積）

max. $v_2 = \dfrac{V_2}{bd} \leq v_c$ ——工作應力設計法

max. $v_{u2} = \dfrac{V_{u2}}{\phi bd} \leq v_{uc}$ ——強度設計法

式中　b——ef 或 gh 之寬度

按規範，$v_c = 0.29\sqrt{f'}_c$　$v_{uc} = 0.53\sqrt{f'_c}$

4. 鋼筋量

基腳兩向之鋼筋量係由兩向之彎矩大小所決定，但每向之最小鋼筋比不得小於 $14/f_y$。

(a) 方形基腳

基腳兩向之彎矩大小相同，但因鋼筋排置有上下層之關係，致兩向之基腳有效厚度不相等，因此兩向之需要鋼筋量亦不同。在實用上兩向鋼筋均用一樣之排置，而以上層鋼筋排置爲準。

(b) 矩形基腳

長向鋼筋按長向彎矩計算，而將鋼筋平均排置於 S 寬度內，如圖 12-5-4 所示。

短向鋼筋按短向彎矩計算，但中央 B 範圍內需要較多之鋼筋。

按規範，B 寬度內之鋼筋量＝短向總鋼筋量 $\times \left(\dfrac{2}{\beta + 1} \right)$

式中　$\beta = \dfrac{L}{S}$

其餘之鋼筋量則平均排置於短向之兩側部分。

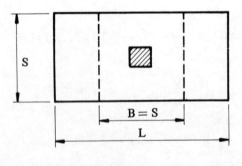

圖 12-5-4

5. 混凝土之承載壓應力

混凝土支承接觸面積上之承載壓應力(bearing compressive stress)，不得超過 $0.85\phi f'_c$。如支承面（卽基腳面積）大於承載面（卽柱斷面

積），其容許承載壓應力可按上值增（$\sqrt{A_2/A_1}$）倍，但不得大於 2。

即最大承載壓應力 $= 0.85\phi f'_c \sqrt{\dfrac{A_2}{A_1}} \leq 2\,(0.85\phi f'_c)$

式中　$\phi = 0.70$

A_1──承載面積，A_2──支承面積

如混凝土之承載壓應力超過容許值時，須以鋼筋握裹力承受超過之力。可用柱之主筋或另用接合鋼筋（dowel）延伸至支持構材中承受之，其握持長度須依規定計算。

6. 接合鋼筋

為了基腳與柱子之連接，規範規定至少要用四根接合鋼筋，如圖 12-5-5 所示。接合鋼筋之最小斷面積為

min. $A_s = 0.5\%(c_1 \times c_2)$

式中　c_1, c_2──柱斷面尺寸

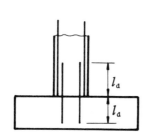 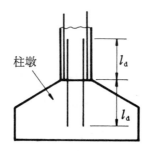

圖 12-5-5

接合鋼筋之長度在柱內及基腳內均要符合規範

$l_d = 0.076 d_b f_y / \sqrt{f'_c} \geq 0.0043 d_b f_y \geq 20\text{cm}$

計算柱內之 l_d 時，公式中 d_b 為柱鋼筋之直徑。

計算基腳內之 l_d 時，公式中 d_b 為接合鋼筋之直徑。

例題 如圖 12-5-6 所示，已知 45cm×45cm 方柱，承受 80t 之靜載重及 60t 之活載重。基腳底之土壤容許承載力為 24t/m²，基底距地面 1.5m。土壤單位重為 1.6t/m³，$f'_c=210kg/cm²$，$f_y=2,800kg/cm²(f_s=1,400kg/cm²)$。設計該單柱基腳。

解

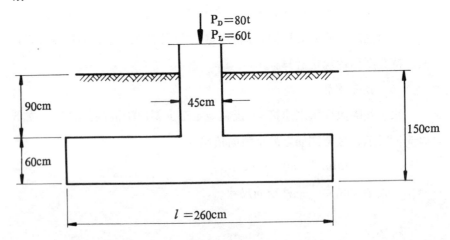

$P_D=80t$
$P_L=60t$

90cm

45cm

150cm

60cm

$l=260cm$

圖 12-5-6

(1) 據工作應力設計法

　　假設基腳厚度為 60cm

　　基腳之覆蓋土壤重量 $0.9(1.6)=1.44t/m²$

　　基腳自重 $0.6(2.4)=1.44t/m²$

　　土壤有效承載力 $q_e=24-(1.44+1.44)=21.12t/m²$

　　故需要之基腳面積 $\dfrac{P_D+P_L}{q_e}=\dfrac{80+60}{21.12}=6.63m²$

　　基腳之寬度 $l=\sqrt{6.63}=2.57m$

　　採用 $l=2.6m$，設採用 #7 鋼筋

　　　　$d=$ 總厚度 $-$ (保護層 $+1.5$ 倍鋼筋直徑)

$$=60-(7.5+1.5\times2.22)=49.2\text{cm}$$

淨向上土壓力　$q_2=\dfrac{80+60}{(2.6)^2}=20.7\text{t/m}^2$

如圖 12-5-7 所示，ab 斷面之最大彎矩爲

$$\text{max. M}=20.7(2.60\times1.075)\left(\dfrac{1.075}{2}\right)=31.09\text{m-t}$$

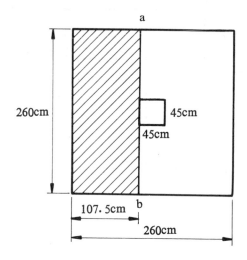

圖 12-5-7

$f'_c=210\text{kg/cm}^2,\ f_s=1,400\text{kg/cm}^2,\ R=15.61\text{kg/cm}^2$

$$d=\sqrt{\dfrac{M}{Rl}}=\sqrt{\dfrac{31.09(100,000)}{15.61(260)}}=27.7\text{cm}<49.2\text{cm 可}$$

但基腳之厚度通常由剪力所控制，卽剪力所需要之厚度大於彎矩
所需要之厚度。

穿破剪力：

如圖 12-5-8 所示，abcd 之周長爲

$$b_0=4(45+d)=4(45+49.2)=376.8\text{cm}$$

$$\max. V_1 = q_2 \ (\text{基腳總面積} - abcd \ \text{面積})$$

$$= 20. 7(2. 6^2 - 0. 942^2) = 121. 57t$$

混凝土之容許穿破剪應力　$v_c = 0. 53\sqrt{f'_c} = 7. 68 \text{kg/cm}^2$

$$\therefore \quad d = \frac{V_1}{b_0 v_c} = \frac{121. 57(1,000)}{376. 8(7. 68)} = \quad 0 \text{cm} < 49. 2\text{cm} \ \text{可}$$

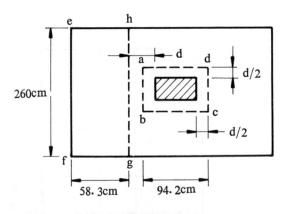

圖 12-5-8

撓曲剪力：

$$\max. V_2 = q_2 \ (efgh \ \text{面積})$$

$$= 20. 7(2. 6 \times 0. 583) = 31. 37t$$

混凝土之容許撓曲剪應力　$v_c = 0. 29\sqrt{f'_c} = 4. 20 \text{kg/cm}^2$

$$\therefore \quad d = \frac{V_2}{b v_c} = \frac{31. 37(1,000)}{260(4. 20)} = 28. 7\text{cm} < 49. 2\text{cm} \ \text{可}$$

可作用於基腳之兩種剪應力以穿破剪應力較大，亦就是基腳厚度由穿破剪力所控制。

抗拉鋼筋：

$$A_s = \frac{M}{f_s jd} = \frac{31. 09(100,000)}{1,400(0. 874)(49. 2)} = 51. 64\text{cm}^2$$

採用 14-#7(A_s＝54.18cm²) 每一方向

核算握裹應力:

容許握裹應力 $u = \dfrac{3.24\sqrt{f'_c}}{D} = \dfrac{3.24\sqrt{210}}{2.22} = 21.15\,\text{kg/cm}^2$

需要之埋置長度 $L = \dfrac{A_s f_s}{u\sum_0} = \dfrac{3.87(1,400)}{21.15(6.97)} = 36.75\,\text{cm}$

供應長度 $L = \dfrac{l-t}{2} -$ 側面保護層（約7.5cm）

$\qquad = \dfrac{260-45}{2} - 7.5 = 100\,\text{cm} > 36.75\,\text{cm}$ 可

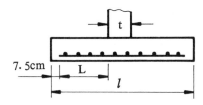

(2) 強度設計法

假設基腳厚度為 60cm

基腳之覆蓋土壤重量 0.9(1.6)＝1.44t/m²

基腳自重 0.6(2.4)＝1.44t/m²

土壤有效承載力 q_e＝24－(1.44＋1.44)＝21.12t/m²

故需要之基腳面積 $\dfrac{80+60}{21.12} = 6.63\,\text{m}^2$

基腳之寬度 $l = \sqrt{6.63} = 2.57\,\text{m}$

採用 l＝2.6m，設採用 #7 鋼筋

$\qquad d = 60 - (7.5 + 1.5 \times 2.22) = 49.2\,\text{cm}$

淨向上土壓力 $q_u = \dfrac{1.4(80) + 1.7(60)}{(2.6)^2} = 31.66\,\text{t/m}^2$

如圖 12-5-7 所示，ab 斷面之最大彎矩爲

$$\text{max. } M_u = 31.66(2.60 \times 1.075)\left(\frac{1.075}{2}\right) = 47.56\text{m-t}$$

$$f_c' = 210\text{kg/cm}^2, \quad f_y = 2,800\text{kg/cm}^2, \quad \rho_b = 0.0372$$

版之最大鋼筋比　$\text{max. } \rho = 0.375(0.0372) = 0.0139$

$$m = \frac{f_y}{0.85f_c'} = \frac{2,800}{0.85(210)} = 15.69$$

$$R_u = \rho f_y\left(1 - \frac{1}{2}\rho m\right)$$

$$= 0.0139(2,800)\left[1 - \frac{1}{2}(0.0139)(15.69)\right]$$

$$= 34.68\text{kg/cm}^2$$

$$d = \sqrt{\frac{M_u}{\phi R_u b}} = \sqrt{\frac{47.56(100,000)}{0.9(34.68)(260)}}$$

$$= 24.2\text{cm} < 49.2\text{cm 可}$$

穿破剪力：

如圖 12-5-8 所示，abcd 之周長爲

$$b_0 = 4(45 + 49.2) = 376.8\text{cm}$$

$$\text{max. } V_{u1} = 31.66(2.6^2 - 0.942^2) = 185.94\text{t}$$

混凝土之容許穿破剪應力　$v_{uc} = 1.06\sqrt{f_c'} = 15.36\text{kg/cm}^2$

$$\therefore \quad d = \frac{V_{u1}}{\phi b_0 v_{uc}} = \frac{185.94(1,000)}{0.85(376.8)(15.36)}$$

$$= 37.8\text{cm} < 49.2\text{cm 可}$$

可撓曲剪力：

$$\text{max. } V_{u2} = 31.66(2.6 \times 0.583) = 47.99\text{t}$$

混凝土之容許撓曲剪應力　$v_{uc} = 0.53\sqrt{f_c'} = 7.68\text{kg/cm}^2$

$$\therefore \quad d = \frac{V_{u2}}{\phi b v_{uc}} = \frac{47.99(1,000)}{0.85(260)(7.68)}$$

$$= 28.3\text{cm} < 49.3\text{cm 可}$$

抗拉鋼筋:

因 $b = 260\text{cm}$, $d = 49.2\text{cm}$

確實之 $R_u = \dfrac{M_u}{\phi bd^2} = \dfrac{47.56(100,000)}{0.9(260)(49.2)^2} = 8.40\text{kg/cm}^2$

$\rho = \dfrac{1}{m}\left(1 - \sqrt{\dfrac{1 - 2mR_u}{f_y}}\right)$

$\qquad = \dfrac{1}{15.69}\left[1 - \sqrt{1 - \dfrac{2(15.69)(8.40)}{2,800}}\right] = 0.00307$

min. $\rho = \dfrac{14}{f_y} = \dfrac{14}{2,800} = 0.005 > 0.00307$

$A_s = \rho bd = 0.005(260)(49.2) = 63.96\text{cm}^2$

採用 17-#7（$A_s = 65.8\text{cm}^2$）每一方向

核算握持長度:

$$l_d = \dfrac{0.0594A_b f_y}{\sqrt{f_c'}} \geq 0.0057d_b f_y$$

$$l_d = \dfrac{0.0594(3.87)(2,800)}{\sqrt{210}} = 44.42\text{cm}$$

或 $l_d = 0.0057(2.22)(2,800) = 35.43\text{cm}$

供應長度 $l_d = \dfrac{260-45}{2} - 7.5 = 100\text{cm} > 44.42\text{cm}$ 可

核算承載壓應力:

接觸面上之承載壓應力為

$\dfrac{1.4P_D + 1.7P_L}{A_1} = \dfrac{(1.4 \times 80 + 1.7 \times 60)(1,000)}{45(45)} = 105.7\text{kg/cm}^2$

容許承載壓應力 $= 0.85\phi f_c'\sqrt{\dfrac{A_2}{A_1}} \leq 2(0.85\phi f_c')$

$\qquad 0.85\phi f_c'\sqrt{\dfrac{A_2}{A_1}} = 0.85(0.70)(210)\left(\sqrt{\dfrac{260^2}{45^2}}\right)$

$\qquad\qquad\qquad = 721.9\text{kg/cm}^2 > 105.7\text{kg/cm}^2$ 可

或 $2(0.85\phi f_c') = 2(0.85)(0.70)(210)$

表 12-5-1

$f_s = 1,410 kg/cm^2$ 　　按本學會規範（土木401—59）

$f'_c = 175 kg/cm^2$ 　　容許應力為：

$n = 10$ 　　$v_e = 0.29\sqrt{f'_c}$　第 4.9 節（1）甲

$f_c = 78.8 kg/cm^2$ 　　$v_c = 0.53\sqrt{f'_c}$　第 4.9 節（1）乙

$f'_c = 210 kg/cm^2$ 　　$u = \dfrac{3.23\sqrt{f'_c}}{D}$　第 5.2 節（3）甲

$n = 9$

$f_c = 94. kg/cm^2$

$f'_c = 175$						$f'_c = 210$					
基腳寬 cm	總載重 t	基腳自重 t	A cm	t cm	每向數量	基腳寬 cm	總載重 t	基腳自重 t	A cm	t cm	每向數量
土　壤　承　力＝10t/m²											
90	8.10	0.49	25	25	3-13φ	90	8.10	0.49	25	25	3-13φ
105	11.0	0.66	25	25	3-16	105	11.0	0.66	25	25	3-16
120	14.4	0.86	25	25	7-13	120	14.4	0.86	25	25	7-13
135	18.2	1.31	25	30	5-16	135	18.2	1.31	25	30	5-16
150	22.5	1.62	25	30	7-16	150	22.5	1.62	25	30	7-16
165	27.2	2.29	25	35	7-16	165	27.2	2.89	25	35	7-16
180	32.4	2.72	25	35	5-22	180	32.4	2.72	25	35	5-22
195	38.0	3.65	25	40	5-22	195	38.0	3.65	25	40	5-22
210	44.1	4.23	25	40	9-19	210	44.1	4.23	25	40	9-19
225	50.6	5.47	25	45	9-19	225	50.6	4.86	25	40	8-22
240	57.6	6.22	25	45	11-19	240	57.6	6.22	25	45	11-19
255	65.0	7.80	25	50	12-19	255	65.0	7.02	25	45	10-22
270	72.9	8.75	25	50	8-25	270	72.9	8.75	25	50	8-25
285	81.2	10.7	25	55	8-85	285	81.2	9.75	25	50	12-22
300	90.0	11.9	25	55	10-25	300	90.0	11.9	25	55	13-22
315	99.2	14.3	35	60	10-25	315	99.2	13.1	25	55	11-25
330	108.9	15.7	30	60	11-25	330	108.6	15.7	25	60	9-29
345	119.0	17.1	30	60	10-29	345	119.0	17.1	25	60	8-32
360	120.6	20.3	30	65	10-29	360	129.6	18.7	30	60	9-32
375	140.6	27.9	30	65	9-32	375	140.6	21.9	30	65	9-32
390	152.1	25.6	30	70	12-29	390	152.1	23.7	30	65	13-29
405	164.0	27.6	35	70	13-29	405	164.0	27.6	30	70	11-32
420	176.4	29.6	35	70	15-29	420	176.4	29.6	30	70	15-29
435	189.2	32.1	35	75	15-29	435	189.2	31.8	35	70	16-29
450	202.5	36.5	35	75	13-32	450	202.5	34.0	35	70	14-32

表 12-5-1 （續）

基腳寬 cm	總載重 t	基腳自重 t	A cm	t cm	每向數量	基腳寬 cm	總載重 t	基腳自重 t	A cm	t cm	每向數量
		$f'_c=175'$						$f'_c=210$			
				土壤承力＝15t/m²							
90	12.2	0.49	25	25	4-13ϕ	90	12.2	0.49	25	25	4-13
105	16.5	0.79	25	30	3-16	105	16.5	0.79	25	30	3-16
120	21.6	1.04	25	30	5-16	120	21.6	1.04	25	30	5-16
135	27.3	1.53	25	35	6-19	135	27.3	1.53	25	35	4-19
150	33.8	1.89	25	35	6-19	150	33.8	1.89	25	35	8-16
165	40.8	2.61	25	40	6-19	165	40.8	2.61	25	40	6-19
180	48.6	3.50	25	45	7-19	180	48.6	3.11	25	40	8-19
195	57.0	4.11	25	45	9-19	195	57.0	4.11	25	45	9-19
210	66.2	5.29	25	50	7-22	210	66.2	5.29	25	50	7-22
225	75.9	6.07	25	50	9-22	225	75.9	6.07	25	50	9-22
240	86.4	8.29	25	60	9-22	240	86.4	7.60	25	55	10-22
255	97.5	9.36	25	60	8-25	255	97.5	8.58	25	55	9-25
270	109.4	10.5	30	60	9-25	270	109.4	10.5	25	60	17-19
285	121.8	12.7	30	65	10-25	285	121.8	11.7	25	60	9-29
300	135.0	14.0	30	65	9-29	300	135.0	14.0	30	65	9-29
315	148.8	16.7	30	70	12-25	315	148.8	15.5	30	65	14-25
330	163.4	18.3	35	70	14-25	330	163.3	18.3	30	70	14-25
345	178.5	20.0	35	70	16-25	345	178.5	20.0	30	70	10-32
360	194.4	24.9	35	80	13-25	360	194.4	21.8	35	70	18-25
375	210.9	27.0	40	80	13-29	375	210.9	27.0	35	80	17-25
390	228.2	29.2	40	80	19-25	390	228.1	29.2	35	80	12-32
405	246.0	31.5	40	80	17-29	405	246.0	31.5	35	80	17-29
420	264.6	36.0	45	85	14-32	420	264.6	33.9	40	80	15-32
435	283.8	38.6	45	85	15-32	435	283.8	38.6	40	85	20-29
450	303.8	43.7	45	90	20-29	450	303.7	41.3	40	85	17-32
				土壤承力＝20t/m²							
90	16.2	0.58	25	30	4-13ϕ	90	16.2	0.49	25	25	5-13ϕ
105	22.1	0.79	25	30	7-13	105	22.1	0.79	25	30	4-16
120	28.8	1.21	25	35	5-16	120	28.8	1.21	25	35	5-16
135	36.5	1.75	25	40	6-16	135	36.5	1.53	25	35	8-16
150	45.0	2.16	25	40	6-19	150	45.0	2.16	25	40	6-19
165	54.5	2.94	25	45	10-16	165	54.5	2.94	25	45	7-19
180	64.8	3.89	25	50	8-19	180	64.8	3.50	25	45	7-22
195	76.1	4.56	25	50	8-22	195	76.1	5.02	25	55	9-19
210	88.2	6.35	25	60	8-22	210	88.2	5.82	25	55	9-22
225	101.3	7.29	25	60	13-19	225	101.3	6.68	25	55	8-25
240	115.2	8.29	30	60	11-22	240	115.2	8.99	25	65	8-25
255	130.1	10.1	30	65	12-22	255	130.1	10.1	30	65	12-22
270	145.8	12.3	30	70	10-25	270	145.8	11.4	30	65	11-25
285	162.5	13.7	35	70	15-22	285	162.5	13.7	30	70	12-25
300	180.0	16.2	35	75	10-29	300	180.0	15.1	30	70	15-25
315	198.5	17.9	35	75	15-25	315	198.5	17.9	35	75	15-25
330	217.8	20.9	40	80	15-25	330	217.8	19.6	35	75	17-25
345	238.1	22.9	40	80	14-29	345	238.1	22.9	35	80	18-25
360	259.2	26.4	40	85	15-29	360	259.3	24.9	40	80	20-25
375	281.3	28.7	45	85	16-29	375	281.3	28.7	40	85	17-29
390	304.2	32.9	45	90	17-29	390	304.2	32.9	40	90	18-29
405	328.1	37.4	45	95	18-29	405	328.1	35.4	40	90	20-29
420	352.8	40.2	50	95	20-29	420	352.8	38.1	45	90	17-32
435	378.5	45.4	50	100	17-32	435	378.5	45.4	45	100	17-32
450	405.0	48.6	50	100	19-32	450	405.0	48.6	45	100	19-32

表 12-5-1 （續）

基腳寬 cm	總載重 t	基腳自重 t	A cm	t cm	每向數量	基腳寬 cm	總載重 t	基腳自重 t	A cm	t cm	每向數量
		$f'_c=175$						$f'_c=210$			
					土　壤　承　力＝25t/m²						
90	20.3	0.58	25	30	5-13φ	90	20.3	0.58	25	30	5-13φ
105	27.6	0.93	25	35	6-13	105	27.6	0.93	25	35	6-13
120	36.0	1.38	25	40	5-16	120	36.0	1.21	25	35	10-13
135	45.6	1.75	25	40	8-16	135	45.6	1.75	25	40	8-16
150	56.3	2.70	25	50	8-16	150	56.3	2.43	25	45	9-16
165	68.1	3.27	25	50	8-19	165	68.1	3.27	25	50	8-19
180	81.0	4.28	25	55	9-19	180	81.0	3.89	25	50	10-19
195	95.1	5.48	25	60	8-22	195	95.1	5.48	25	60	8-22
210	110.3	6.35	30	60	9-22	210	110.3	6.35	25	60	10-22
225	126.6	7.90	30	65	14-19	225	126.6	7.90	25	65	11-22
240	144.0	8.99	30	65	10-25	240	144.0	8.99	30	65	10-25
255	162.6	10.0	35	70	14-22	255	162.6	10.9	30	70	11-25
270	182.6	13.1	35	75	15-22	270	182.3	12.3	30	70	13-25
285	203.1	14.6	35	75	18-22	285	203.1	14.6	35	75	18-22
300	225.0	17.3	40	80	14-25	300	225.0	17.3	35	80	19-22
315	248.1	20.2	40	85	12-29	315	248.1	19.1	35	80	17-25
330	272.3	22.2	40	85	14-29	330	272.3	22.2	40	85	18-25
345	297.6	25.7	45	90	19-25	345	297.6	24.3	40	85	13-32
360	324.0	28.0	45	90	17-29	360	324.0	29.6	40	95	13-32
375	351.6	32.1	50	90	18-29	375	351.6	32.1	45	95	18-29
390	380.3	36.5	50	100	20-29	390	380.3	34.7	45	95	16-32
405	410.1	39.4	50	100	17-32	405	410.1	39.4	45	100	17-32
420	441.0	44.5	55	105	17-32	420	441.0	42.3	50	100	19-32
435	473.1	47.7	55	105	20-32	435	473.1	47.7	50	105	20-32
450	506.3	55.9	55	115	20-32	450	506.3	53.5	50	110	17-36
					土　壤　承　力＝30t/m²						
90	24.3	0.68	25	35	4-13φ	90	24.3	0.68	25	35	3-16φ
105	33.1	0.93	25	35	5-16	105	33.1	0.93	25	35	5-16
120	43.2	1.38	25	40	6-16	120	43.2	1.38	25	40	6-16
135	54.7	1.97	25	45	8-16	135	54.7	1.97	25	45	8-16
150	67.5	2.70	25	50	10-16	150	67.5	2.43	25	45	8-19
165	81.7	3.59	25	55	8-19	165	81.7	3.59	25	55	8-19
180	97.2	4.67	25	60	14-16	180	97.2	4.28	25	55	8-22
195	114.1	5.48	30	60	9-22	195	114.1	5.48	25	60	9-22
210	132.3	6.88	30	65	10-22	210	132.3	6.35	30	60	11-22
225	151.9	8.50	30	70	16-19	225	151.9	8.50	30	70	16-19
240	172.8	9.68	35	70	18-19	240	172.8	9.68	30	70	11-25
255	195.1	11.7	35	75	15-22	255	195.1	10.9	35	70	16-22
270	218.7	13.1	40	75	13-25	270	218.7	14.0	35	80	13-25
285	243.7	16.6	40	85	18-22	285	243.7	15.6	35	80	15-25
300	270.0	18.4	40	85	16-25	300	270.0	17.3	40	80	17-25
315	297.7	21.4	45	90	17-25	315	297.7	21.4	40	90	14-29
330	326.7	23.5	45	90	20-25	330	326.7	23.5	40	90	16-29
345	357.1	17.1	50	95	17-29	345	357.1	27.1	45	95	17-29
360	388.8	31.1	50	100	18-29	360	388.8	29.6	45	95	19-29
375	421.9	35.4	50	105	19-29	375	421.9	33.8	50	100	20-29
390	456.3	38.3	55	105	17-32	390	456.3	38.3	50	105	17-32
405	492.1	43.3	55	110	18-32	405	492.1	41.3	50	105	19-32
420	529.2	46.6	60	110	19-32	420	529.2	46.6	55	110	20-32
435	567.7	54.5	60	120	20-32	435	567.2	52.2	55	115	21-32
450	607.5	58.3	60	120	22-32	450	607.5	55.9	55	115	19-36

表 12-5-1（續）

f'_c=175						f'_c=210					
基腳寬 cm	總載重 t	基腳自重 t	A cm	t cm	每向數量	基腳寬 cm	總載重 t	基腳自重 t	A cm	t cm	每向數量
土 壤 承 力=40t/m²											
90	32.4	0.78	25	40	5-13φ	90	32.4	0.78	25	40	5-13φ
105	44.1	1.06	25	40	8-13	105	44.1	1.06	25	40	5-16
120	57.6	1.56	25	45	7-16	120	57.6	1.56	25	45	7-16
135	72.9	2.19	25	50	9-16	135	72.9	2.19	25	50	9-16
150	90.0	2.97	25	55	8-19	150	90.0	2.97	25	55	8-19
165	108.9	3.92	30	60	9-19	165	108.9	3.92	25	60	10-19
180	129.6	5.05	30	65	11-19	180	129.6	4.67	30	60	9-22
195	152.1	6.39	30	70	10-22	195	152.1	6.39	30	70	10-22
210	176.4	7.41	35	70	16-19	210	176.4	7.41	30	70	12-22
225	202.5	9.72	35	80	12-22	225	202.5	8.50	35	70	11-25
240	230.4	11.1	40	80	20-19	240	230.4	11.1	35	80	12-25
255	260.3	13.3	40	85	13-25	255	260.1	12.5	40	80	14-25
270	291.6	14.9	45	85	19-22	270	291.6	14.9	40	85	15-25
285	324.3	18.5	45	95	18-22	285	324.9	17.5	40	90	17-25
300	360.0	20.5	50	95	18-25	300	360.0	19.4	45	90	20-25
315	396.9	23.8	50	100	20-25	315	396.9	23.8	45	100	20-25
330	435.6	26.1	55	100	17-29	330	435.6	26.1	50	100	18-29
345	476.1	31.4	55	110	18-29	345	476.1	30.0	50	105	20-29
360	518.4	34.2	60	110	20-29	360	518.4	32.7	55	105	17-32
375	562.5	38.8	60	115	22-29	375	562.5	38.8	55	115	18-32
390	608.4	43.8	60	120	24-29	390	608.4	42.0	55	115	20-32
405	656.1	47.2	65	120	26-29	405	656.1	47.2	60	120	21-32
420	705.6	55.0	65	130	21-32	420	705.6	52.9	60	125	23-32
435	756.9	59.0	70	130	29-29	435	756.9	56.8	65	125	25-32
450	810.0	65.6	70	135	25-32	450	810.0	63.2	65	130	27-32
土 壤 承 力=50t/m²											
90	40.5	0.87	25	45	5-13φ	90	40.5	0.87	25	45	5-13φ
105	55.1	1.19	25	45	8-13	105	55.1	1.19	25	45	8-13
120	72.0	1.73	25	50	8-16	120	72.0	1.56	25	45	9-16
135	91.1	2.41	25	55	10-16	135	91.1	2.41	25	55	10-16
150	112.5	2.97	30	55	9-19	150	112.5	3.24	25	60	13-16
165	136.1	4.57	30	70	9-19	165	136.1	7.92	30	60	9-22
180	162.0	5.44	35	70	12-19	180	162.0	5.44	30	70	9-22
195	190.1	6.39	35	70	11-22	195	190.1	6.39	35	70	11-22
210	220.5	7.94	40	75	13-22	210	220.5	7.94	35	75	13-22
225	253.1	10.3	40	85	14-22	225	253.1	9.11	40	75	16-22
240	288.0	11.8	45	85	16-22	240	288.0	12.4	40	90	12-25
255	325.1	14.1	45	90	19-22	255	325.1	14.1	40	90	15-25
270	364.5	15.8	50	90	17-25	270	364.5	15.8	45	90	17-25
285	406.1	20.5	50	105	17-25	285	406.1	19.5	45	100	18-25
300	450.0	22.7	55	105	19-25	300	450.0	21.6	50	100	21-25
315	496.1	25.0	55	105	18-29	315	496.1	25.0	50	105	23-25
330	544.5	28.8	60	110	19-29	330	544.5	27.4	55	105	26-25
345	595.1	32.9	60	115	21-29	345	595.1	34.3	55	120	26-25
360	648.0	37.3	65	120	22-29	360	648.0	37.3	60	120	29-25
375	703.1	42.2	65	125	24-29	375	703.1	40.5	60	120	26-29
390	760.5	45.6	70	125	27-29	395	760.5	45.6	65	125	28-29
405	820.1	53.1	70	135	28-29	405	820.1	51.2	65	130	30-29
420	882.0	57.2	75	135	24-32	420	882.0	55.0	70	130	26-32
435	946.1	65.9	75	145	25-32	435	946.1	63.6	70	140	27-32
450	1012.5	70.5	80	145	27-32	450	1012.5	68.0	75	140	29-32

$$=249.9 \text{kg/cm}^2 > 105.7 \text{kg/cm}^2 \quad 可$$

接合鋼筋:

$$\text{min. A}_s = 0.005(45 \times 45)$$

$$= 10.13 \text{cm}^2$$

採用　4-#6　（$\text{A}_s = 11.44 \text{cm}^2$）

$$l_d = 0.076 d_b f_y / \sqrt{f'_c} \geq 0.0043 d_b f_y$$

$$l_d = 0.076(1.91)(2,800) / \sqrt{210} = 28.1 \text{cm}$$

或　　$l_d = 0.0043(1.91)(2,800) = 23.0 \text{cm}$

供應長度　$l_d = 60 - 7.5 = 52.5 \text{cm} > 28 \text{cm} \quad 可$

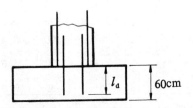

　　單柱基腳之設計亦可由查表法而得之，依據工作應力法之單柱基腳設計，則如表 **12-5-1** 所示。

12-6　聯合基腳

　　柱之基腳常因地界之限制等原因，無法每一柱做成單柱基腳，或承載荷重甚大之二柱，距離甚近，也無法做成各自獨立之基腳，則須將二柱或多柱之基腳合併爲一，造成聯合式之基腳。

　　設計聯合基腳之最重要原則，卽須使基腳之重心，與基腳所承載各柱荷重之合力，在同一垂直線上，否則地基因所受之壓力不均勻而產生

不規則之下陷。

聯合基腳之形式種類有多種，較常見者有下列三種:

1. 矩形聯合基腳

矩形聯合基腳之面積爲矩形，其支持之柱，可全部爲外柱，或全部爲內柱，亦可有外柱亦有內柱。

如圖 12-6-1 所示，爲三個外柱之聯合基腳，外柱之基腳因受建築線之限制，不能向外側伸展，無法獲得地盤容許承載力所需要之基腳面積，故將數根外柱之基腳合併成一聯合基腳，以獲得足夠之基腳面積。

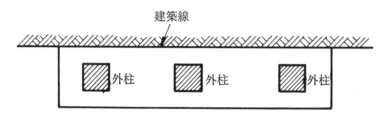

圖 12-6-1

如圖 12-6-2 所示，爲二內柱之聯合基腳，內柱基腳有時在一側受到限制，不能任意伸展，或二內柱之載重大且距離甚近，不能獲得足夠之基腳面積，乃可將二內柱之基腳合併成聯合基腳。

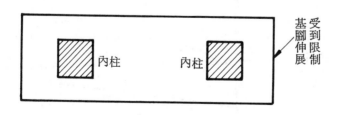

圖 12-6-2

　　如圖 12-6-3 所示，　爲一外柱與一內柱組成之聯合基腳，　外柱因受
建築線之限制，無法向外伸展，同時內柱載重較大，可將外柱與一內柱
之基腳合併組成聯合基腳。

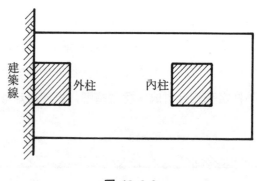

圖 12-6-3

2. 梯形聯合基腳

　　如圖 12-6-4 所示，　二柱荷重不相等，　或外柱基腳因受建築線之限
制，內柱基腳又因某種原因不能向外側任意伸展，欲使二柱荷重之合力
作用線，與基腳面積重心完全符合，則採用梯形聯合基腳。

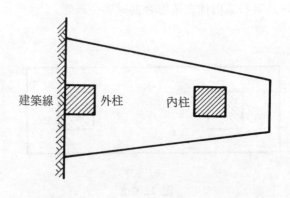

圖 12-6-4

3. 帶式聯合基腳

如圖 **12-6-5** 所示，二柱各有一個獨立之基腳，但受建築線之限制，各柱荷重或一柱荷重產生偏心時，則可建造一鋼筋混凝土帶 (strap) 予以連結，成爲一整體之結構。此種基腳之原理，係利用鋼筋混凝土帶來平衡二柱之偏心荷重。

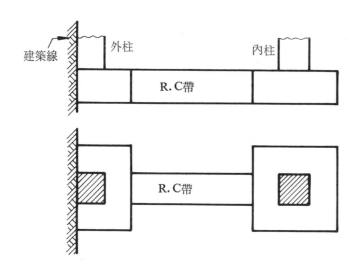

圖 **12-6-5**

12-7 矩形聯合基腳之設計

矩形聯合基腳之設計方法與單柱基腳類似，因此將舉一實例說明其設計之計算步驟。

例題 如圖 **12-7-1** 所示，已知一外柱及一內柱組成矩形聯合基腳。外柱斷面爲 40cm×60cm，承受 70t 之靜載重和 50t 之活載重。內柱斷面爲 60cm×60cm，承受 100t 之靜載重和 80t 之活載重。兩柱中心間距爲 5.5m，基腳底之土壤容許承載力爲 30t/m²，

基地距地面 2m，土壤單位重為 1.6t/m³，f_c'＝210kg/cm²，f_y＝2,800kg/cm²，據強度設計法設計該聯合基腳。

解

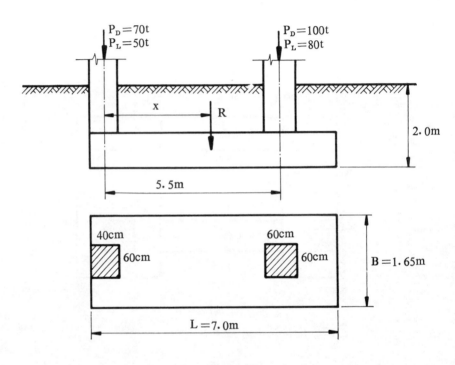

圖 12-7-1

(1) 基腳尺寸之計算

假設基腳厚度為 100cm

基腳自重　1.0(2.4)＝2.4t/m²

基腳之覆蓋土壤重量　1.0(1.6)＝1.6t/m²

土壤有效承載力　q_e＝30－(2.4＋1.6)＝26t/m²

故需要之基腳面積$\dfrac{(70+50)+(100+80)}{26}$＝11.54m²

兩柱載重之合力作用點　$x = \dfrac{(100+80)(5.5)}{70+50+100+80} = 3.3m$

因基腳之重心與兩柱載重之合力作用點必須一致，故

$\qquad L = (0.2+3.3)(2) = 7.0m$

基腳寬度　$B = \dfrac{11.54}{7.0} = 1.65m$

(2) 基腳之應力分析

外柱　$P_u = 1.4(70) + 1.7(50) = 183t$

內柱　$P_u = 1.4(100) + 1.7(80) = 276t$

淨向上土壓力　$q_u = \dfrac{183+276}{7.0(1.65)} = 39.74t/m^2$

每公尺長之淨向上土壓力 $= Bq_u = 1.65(39.74) = 65.57t/m$

將基腳底版視為單位寬度之梁，而作應力分析，如圖 **12-7-2** 所示。

外柱 a 點之剪力　$V_a = 65.57(0.40) - 183 = -156.77t$

內柱 c 點之剪力　$V_c = -65.57(1.0) = -65.57t$

內柱 b 點之剪力　$V_b = 276 - 65.57(1.60) = 171.09t$

零剪力點距外柱之外緣為 x。

$\qquad V = 65.57x - 183 = 0$

$\qquad x = 2.79m$

外柱 a 點之彎矩　$M_a = 65.57\left(\dfrac{0.40^2}{2}\right) - 183\left(\dfrac{0.40}{2}\right)$

$\qquad\qquad = -31.35m\text{-}t$

最大彎矩　　　$M_u = 65.57\left(\dfrac{2.79^2}{2}\right) - 183(2.79-0.20)$

$\qquad\qquad = -218.77m\text{-}t$

內柱 c 點之彎矩　$M_c = 65.57\left(\dfrac{1.0^2}{2}\right) = 2.79m\text{-}t$

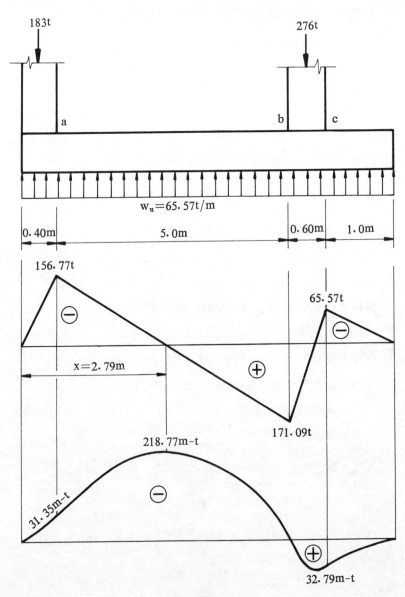

圖12-7-2

（3）核算剪力

① 撓曲剪力

設 d＝90cm，由圖 12-7-2 可知撓曲剪力之臨界斷面位於距 b 點

90cm 之斷面

$$V_u＝171.09－65.57(0.90)＝112.08t$$

混凝土之容許撓曲剪應力 $v_c＝0.53\sqrt{f'_c}＝7.68kg/cm^2$

$$v_u＝\frac{V_u}{\phi bd}＝\frac{112.08(1,000)}{0.85(165)(90)}＝8.88kg/cm^2＞v_c \text{ 不可}$$

設 d＝100cm

$$V_u＝171.09－65.57(1.00)＝105.52t$$

$$v_u＝\frac{105.52(1,000)}{0.85(165)(100)}＝7.52kg/cm^2＜v_c \text{ 可}$$

於此，得知基腳厚度（d＋約10cm）與首先假設厚度（100cm）

略有差別，但相差不算很大，因此似乎不須重新設計。

② 穿破剪力

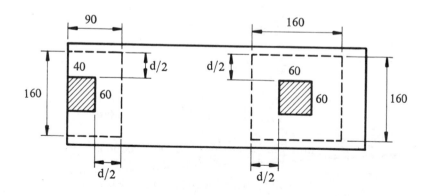

圖 12-7-3

如圖 12-7-3 所示，穿破剪力之臨界面位於距柱面 d/2 處。

外柱　$b_0 = 2\left(40 + \dfrac{100}{2}\right) + (60 + 100) = 340\text{cm}$

內柱　$b_0 = 4(60 + 100) = 640\text{cm}$

混凝土之容許穿破剪應力　$v_c = 1.06\sqrt{f'_c} = 15.36\text{kg/cm}^2$

穿破剪力係為柱載重減去 b_0 內之面積的淨向上土壓力

外柱　$V_u = 183 - 39.74(0.9 \times 1.6) = 125.77\text{t}$

$$v_u = \frac{V_u}{\phi b_0 d} = \frac{125.77(1,000)}{0.85(340)(100)} = 4.35\text{kg/cm}^2 < 1.06\sqrt{f'_c}\quad 可$$

內柱　$V_u = 276 - 39.74(1.6 \times 1.6) = 174.27\text{t}$

$$v_u = \frac{174.27(1,000)}{0.85(640)(100)} = 3.20\text{kg/cm}^2 < 1.06\sqrt{f'_c}\quad 可$$

(4) 鋼筋量之計算

① 負彎矩部分

因　$b = 165\text{cm}$,　$d = 100\text{cm}$

確實之　$R_u = \dfrac{M_u}{\phi bd^2} = \dfrac{218.77(100,000)}{0.9(165)(100)^2} = 14.73\text{kg/cm}^2$

$$m = \frac{f_y}{0.85f'_c} = \frac{2,800}{0.85(210)} = 15.69$$

$$\rho = \frac{1}{m}\left(1 - \sqrt{1 - \frac{2mR_u}{f_y}}\right)$$

$$= \frac{1}{15.69}\left[1 - \sqrt{1 - \frac{2(15.69)(14.73)}{2,800}}\right] = 0.0055$$

$$\text{min. } \rho = \frac{14}{f_y} = \frac{14}{2,800} = 0.005 < 0.0055$$

$$A_s = \rho bd = 0.0055(165)(100) = 90.75\text{cm}^2$$

採用 18-#8 $(A_s = 91.26\text{cm}^2)$

18-#8 鋼筋係排置於基腳上層以抵抗負彎矩，故握持長度之修正

因數 $K = 1.4$

$$l_d = K\frac{0.0594A_bf_y}{\sqrt{f'_c}}$$

$$= 1.4(0.0594)(5.07)(2,800)/\sqrt{210} = 81.47cm$$

由最大力矩點至外柱之距離為最小之供應長度

供應長度 $l_d = x -$ 側面保護層

$$= 279 - 7.5 = 271.5cm > 81.47cm \text{ 可}$$

② 正彎矩部分

確實之 $R_u = \dfrac{32.79(100,000)}{0.9(165)(100)^2} = 2.21kg/cm^2$

$$\rho = \frac{1}{15.69}\left[1 - \sqrt{1 - \frac{2(15.69)(2.21)}{2,800}}\right]$$

$$= 0.00079 < 0.005$$

$$A_s = \rho bd = 0.005(165)(100) = 82.5cm^2$$

採用 17-#8($A_s = 86.2cm^2$)

$$l_d = 0.0594(5.07)(2,800)/\sqrt{210} = 58.19cm$$

供應長度 $l_d = 100 - 7.5 = 92.5cm > 58.19cm$ 可

鋼筋排置如圖 **12-7-5** 所示。

(5) 橫向鋼筋量之計算

① 內柱部分

如圖 **12-7-4** 所示,

有效寬度 $b = 60 + 2\left(\dfrac{d}{2}\right) = 60 + 100 = 160cm$

每公尺之淨向上土壓力 $w_u = \dfrac{276}{1.65} = 167.27t/m$

作用於柱表面之橫向彎矩$M_u = 167.27\left(\dfrac{0.525^2}{2}\right) = 23.05m\text{-}t$

因橫向鋼筋排置於縱向鋼筋之上面, 故

$$d = 100 - 縱向鋼筋直徑 - 橫向鋼筋半徑$$

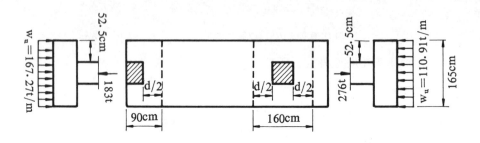

圖 **12-7-4**

$$=100-2.54=97.5cm$$

確實之 $R_u=\dfrac{23.05(100,000)}{0.9(160)(97.5)^2}=1.68kg/cm^2$

R_u 甚小， $\rho<0.005$

$$A_s=\rho bd=0.005(160)(97.5)=78.00cm^2$$

採用 16-#8 $(A_s=81.12cm^2)$

$$l_d=0.0594(5.07)(2,800)/\sqrt{210}=58.19cm$$

供應長度 $l_d=52.5-7.5=45cm<58.19cm$

故鋼筋末端須作標準彎鈎。

② 外柱部分

如圖 **12-7-4** 所示，

有效寬度 $b=40+\dfrac{d}{2}=90cm$

每公尺之淨向上土壓力 $w_u=\dfrac{183}{1.65}=110.91t/m$

作用於柱表面之橫向彎矩 $M=110.91\left(\dfrac{0.525^2}{2}\right)=15.28m\text{-}t$

確實之 $R_u=\dfrac{15.28(100,000)}{0.9(90)(100)^2}=1.89kg/cm^2$

R_u 甚小，$\rho < 0.005$

$$A_s = \rho bd = 0.005(90)(100) = 45.00 cm^2$$

採用 9-#8（$A_s = 45.63 cm^2$）

需要之 $l_d(58.19cm) >$ 供應之 $l_d(45cm)$

故鋼筋末端須作標準彎鈎。

鋼筋排置如圖 **12-7-5** 所示。

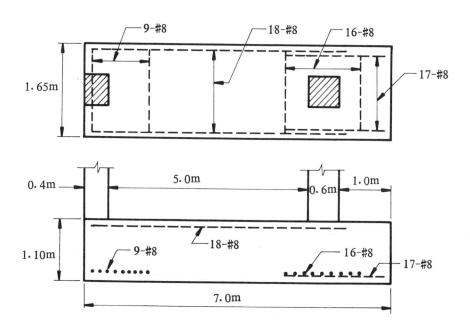

圖 12-7-5

習　題

1. 試述基礎設計之兩大要求。

2. 基腳分為那幾類？

3. 設計牆基腳時，彎矩及剪力之臨界斷面如何選取？

4. 設計單柱基腳時，彎矩及剪力之臨界斷面如何選取？

5. 矩形聯合基腳與梯形聯合基腳在用途上有何不同？

6. 何種情況下應採用帶式聯合基腳？

7. 已知 40cm 厚度之混凝土牆，每公尺承受 20t 之靜載重及 12t 之活載重，基腳底之土壤容許承載力為 20t/m²，基底距地面 1.5m，土壤單位重為 1.5t/m³，$f'_c=280kg/cm²$，$f_y=2,800$ kg/cm² $(f_s=1,410kg/cm²)$，設計該牆之基腳。

   (a) 據工作應力設計法。

   (b) 據強度設計法。

8. 已知 40cm×40cm 方柱，承受 65t 之靜載重及 50t 之活載重，基腳底之土壤容許承載力為 20t/m²，基底距地面 1.5m，土壤單位重為 1.5t/m³，$f'_c=280kg/cm²$，$f_y=2,800kg/cm²$ $(f_s=1,410kg/cm²)$，設計該單柱基腳。

   (a) 據工作應力設計法。

   (b) 據強度設計法。

9. 已知一外柱及一內柱組成之矩形聯合基腳，外柱斷面為 30cm ×50cm，承受 60t 之靜載重和 40t 之活載重。內柱斷面為50cm ×50cm，承受 80t 之靜載重和 70t 之活載重。兩柱中心間距為 5.0m，基腳底之土壤容許承載力為 25t/m²，基地距地面 1.8m，土壤單位重為 1.5t/m³，$f'_c=280kg/cm²$，$f_y=$

2,800kg/cm² ($f_s=1,410$kg/cm²)，設計該聯合基腳。

（a）據工作應力設計法。

（b）據強度設計法。

第十三章
牆

13-1 牆之種類

鋼筋混凝土牆大約可分為載重牆、隔牆及擋土牆等三大類。載重牆及隔牆多用在房屋建築，而擋土牆之用途則極為廣泛。

擋土牆（retaining wall）又稱擁壁，它的主要作用是使地面不同高度之土壤維持穩定。為土壤之穩定而防止坍方，擋土牆的本身重量是最重要的因素，這個重量是用來抵抗側向土壓力所產生之傾覆以及滑動。擋土牆之種類很多，較常用者有下列四種。

　1. 重力式擋土牆（gravity wall）

此牆完全利用其本身的重量以維持穩定狀態，混凝土或堆石為良好之建造材料。如圖 13-1-1(a) 所示。

　2. 懸臂式擋土牆（cantilever wall）

此牆包括牆身（stem）、牆趾（toe）及牆踵（heel）三部分，為擋土結構最普遍的型式，土壓的傳遞皆依賴此三部分之懸臂作用，如圖 13-1-1(b) 所示。

　3. 扶壁式擋土牆（counterfort wall）

此牆包括牆身及底版，並沿牆身某長度內加建扶壁牆，其作用如拉力繫梁，用以支撐牆身。土壓經牆身傳遞而至壁牆，再由壁牆而至基礎。最經濟之高度大約在 8 公尺左右。如圖 13-1-1 (c) 所示。

4. 扶撐式擋土牆 (buttress wall)

此牆構造與扶壁式擋土牆相類似，唯扶壁牆建造在不同之側面，其作用如壓力支柱。扶撐臂為一壓力單元，較拉力扶壁有效，而且在同樣高度之範圍內，也較為經濟，但扶撐臂則暴露在外，頗不美觀，並且扶臂可能佔用牆前之有用空間，如圖 **13-1-1(d)** 所示。

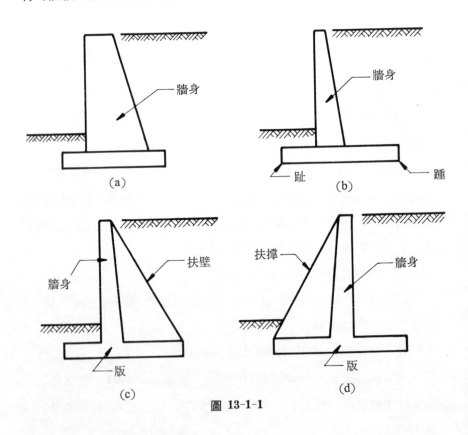

圖 **13-1-1**

13-2 載重牆之設計

牆上所承受各種載重之合力作用點在牆厚中部 1/3 以內時，可用經驗設計法設計之，其有關規定敍述如下：

1. 牆之厚度 h_w

載重牆 $h_w \geq \dfrac{l_n}{25}$, l_n——無支承高度

若 $l_n < 4.5m$ 時, $h_w \geq 15cm$

     $l_n > 4.5m$ 時, 每增高 7.5m 或不及 7.5m 者應加厚 2.5cm

牆版或隔牆 $h_w \geq \dfrac{l_n}{30}$, 至少 10cm

地下牆及防火牆 $h_w \geq \dfrac{l_n}{25}$, 至少 20cm。

2. 牆之載重

強度設計法 $P_u = 0.55\phi f'_c A_g \left[1 - \left(\dfrac{l_c}{40h_w} \right)^2 \right]$

工作應力設計法 $P = 0.22 f'_c A_g \left[1 - \left(\dfrac{l_c}{40h_w} \right)^2 \right]$

式中 ϕ —0.7

     l_c——牆高或支撐間之垂直距離

     A_g——牆之水平總斷面積。

3. 集中載重傳布於牆之長度, 不得大於集中載重之間距, 亦不得大於支壓面之寬度再加 $4h_w$ 之長度。

4. 縱向鋼筋

縱向鋼筋之間距不得大於 $3h_w$ 或 45cm

不承受壓力之縱向鋼筋, 或 $\rho < 0.01$者, 可不用鋼箍

最小鋼筋比 $\rho_{min} = 0.0015$

若鋼筋直徑小於 16mm, 且 $f_y \geq 4,210 kg/cm^2$ 時, $\rho_{min} = 0.0012$

若焊接鋼筋且直徑小於 16mm 時, $\rho_{min} = 0.0012$。

5. 橫向鋼筋

橫向鋼筋之間距不得大於 $1\dfrac{1}{2}h_w$ 或 45cm

最小鋼筋比 $\rho_{min}=0.0025$

若鋼筋直徑小於 16mm，且 $f_y \geq 4,210kg/cm^2$ 時，$\rho_{min}=0.0020$

若焊接鋼筋且直徑小於 16mm 時，$\rho_{min}=0.0020$。

6. 鋼筋排置

除地下牆外，牆厚 $h_w > 25cm$ 時，鋼筋應按最小鋼筋量分兩層排置。靠近外牆面之一層鋼筋量不得少於總鋼筋量之 1/2，但不得大於 2/3，距外牆面至少 5cm，且不得大於 $\frac{1}{3}h_w$。其剩餘部分之鋼筋量排置內牆面，距內牆面至少 2cm，且不得大於 $\frac{1}{3}h_w$，鋼筋直徑不得小於 10 mm，間距不得大於 45cm。

若牆上所承受各種載重之合力作用點不在牆厚中部 1/3 以內時，牆之載重可按承壓桿件（柱），即第十一章之各項規定處理。上述 2. 項之公式不適用之外，其餘各項之規定仍可適用。

例題 已知載重牆之高度為 4m，作用於牆上之集中載重 $P_D=12t$，$P_L=10t$，其載重之接觸支壓面寬為 $b=22cm$，$f'_c=210kg/cm^2$，$f_y=2,810kg/cm^2$，試求牆之厚度及鋼筋量。

解

$$P_u = 1.4P_D + 1.7P_L = 1.4(12) + 1.7(10) = 33.8t$$

假設牆之厚度 $h_w = 18cm$

(1) 牆厚之核算

$$h_w = \frac{l_n}{25} = \frac{4(100)}{25} = 16cm < 18cm \text{ 可}$$

(2) 應力之核算

承載壓應力 $f_u = \dfrac{P_u}{\phi bh_w}$

$$= \frac{33.8(1,000)}{0.7(22)(18)} = 122kg/cm^2$$

混凝土之容許承載壓應力

$$f_c = 0.85\phi f_c' = 0.85(0.7)(210) = 125\text{kg/cm}^2 > f_u \quad 可$$

故牆厚 $h_w = 18\text{cm}$ 之假設可適用。

(3) 載重之核算

牆之有效長度 $l_w = b + 4h_w = 22 + 4(18) = 94\text{cm}$

$$P_u = 0.55\phi f_c' A_g \left[1 - \left(\frac{l_c}{40h_w}\right)^2 \right]$$

$$= 0.55(0.7)(210)(18 \times 94) \left[1 - \left(\frac{400}{40 \times 18}\right)^2 \right] \Big/ 1,000$$

$$= 94.6\text{t} > 33.8\text{t} \quad 可$$

(4) 鋼筋量之計算

縱向鋼筋

$$A_s = 0.0015A_g = 0.0015(18)(100) = 2.70\text{cm}^2/\text{m}$$

最大間距 $3h_w = 3(18) = 54\text{cm} > 45\text{cm}$

採用 #4@45cm, $A_s = 2.82\text{cm}^2/\text{m}$

橫向鋼筋

$$A_s = 0.0025A_g = 0.0025(18)(100) = 4.50\text{cm}^2/\text{m}$$

最大間距 $1\frac{1}{2}h_w = 1.5(18) = 27\text{cm} < 45\text{cm}$

採用 #4@27cm, $A_s = 4.70\text{cm}^2/\text{m}$

13-3 擋土牆之作用力

擋土牆所受之作用力可分爲下列幾種, 如圖 **13-3-1** 所示。

W──牆身重量, 作用於面形之重心。

P_a──牆背土壓力, 作用方向與牆背面之正交線成 δ 角, 此種土壓
力乃由土主動而生, 故稱爲主動土壓力。

P_p——牆面土壓力，因主動土壓力將牆向前面推動，故前面之土被
牆所擠壓而生，故稱爲被動土壓力，其作用方向與牆前面之
正交線成 δ' 角。

$\sum V$——牆底所生之支承土壓力的合力，作用於土壓力分布形狀之重
心。

F——牆底與基礎土壤間之總摩擦阻力，其值爲垂直壓力乘以土壤
與混凝土的摩擦角而得之。

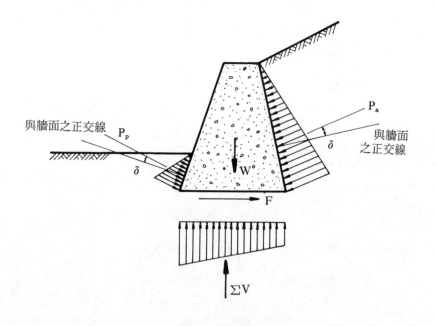

圖 13-3-1

此外，尚有外加載重，如牆頂附近有建築物或公路鐵路等設施，則
其載重將傳入牆背面而增加推力。若牆背有地下水則有水平水壓力，若
地下水滲入牆底則有上升水壓力。

由上述之作用力之下，擋土牆可能發生下列三種破壞現象，擋土牆

之安全穩定與否應視此三種現象而決定之。

　　(a) 土壤之推力所產生之傾倒現象。

　　(b) 牆趾或牆踵之土壤被壓碎現象。

　　(c) 土壤之推力產生沿牆底水平接觸面之滑動現象。

13-4　擋土牆之設計

　　設計擋土牆時，牆身各部分尺寸之選擇，並沒有一定成規可循，必須以經驗而先假設其尺寸，然後覆查擋土牆之安全與穩定，卽防止傾倒、壓碎以及滑動現象之發生。若第一次假設之尺寸，經覆查計算後，其安全係數過大或嫌小，則重行假設另一尺寸以同樣步驟予以覆查，故通常須作二次或三次之試算。

　　欲求擋土牆之安全與穩定性，須先知作用之土壓力大小、作用點及方向，此三者之任意變動，均可使擋土牆發生損壞。

　1. 土壓力之計算

　A. 牆背面土壤與牆頂齊平，且土壤上無外加載重，如圖 **13-4-1**
　　(a) 所示，作用於擋土牆之主動土壓力 P_a 爲

$$P_a = \frac{1}{2} C_a \gamma h^2, \quad y = \frac{h}{3}$$

　　式中　C_a——主動土壓力係數，以郎金 (Rankine) 或庫隆
　　　　　　　布 (Coulomb) 之土壓理論求得。

$$C_a = \frac{1 - \sin\alpha}{1 + \sin\alpha}, \quad \alpha \text{ 爲土壤之內摩擦角}$$

　　　　　γ——牆背塡實材料之單位體積重量

　　　　　h——擋土牆之高度

　B. 牆背面土壤與牆頂成斜坡，其斜角爲 δ，如圖 **13-4-1(b)** 所

示，

$$P_a = \frac{1}{2} C_a \gamma h^2, \quad y = \frac{h}{3}$$

式中　$C_a = \cos\delta \left(\dfrac{\cos\delta - \sqrt{\cos^2\delta - \cos^2\alpha}}{\cos\delta + \sqrt{\cos^2\delta - \cos^2\alpha}} \right)$

C. 牆背面土壤與牆頂齊平， 且土壤上另有外加載重，如圖 13-4-1(c) 所示，

$$P_a = \frac{1}{2} C_a \gamma h (h + 2h'), \quad y = \frac{h^2 + 3hh'}{3 (h + 2h')}$$

式中　$h' = \dfrac{w}{\gamma}$，w 為外加載重之單位面積重量

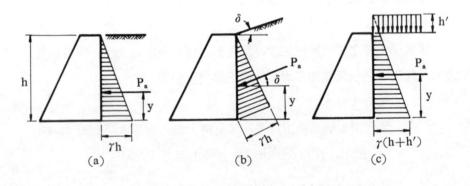

(a)　　　　　(b)　　　　　(c)

圖 13-4-1

2. 穩定性之覆查計算

如圖 13-4-2 所示，

W——擋土牆總重

P_a——牆背面土壤之主動土壓力，P_h 為水平分力，P_v 為垂直分力

R——W 與 P_a 之合力，R_h 為水平分力，R_v 為垂直分力

l ——擋土牆底版之寬度

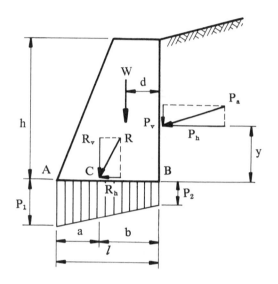

圖 13-4-2

p_1──牆趾處擋土牆作用於土壤之壓力

p_2──牆踵處擋土牆作用於土壤之壓力

A. 傾倒之覆查

以牆趾 A 點為彎矩中心，則作用於擋土牆之傾倒彎矩 M_f 為

$M_f = P_h y$

抵抗傾倒之扶正彎矩 M_r 為

$M_r = W(l - d) + P_v l$

通常對傾倒之安全係數為 1.5，即 $M_r/M_f = 1.5$。

B. 壓碎之覆查

牆趾及牆踵之受力情形，視合力 R 之作用點而分為下列三種。

(a) 合力 R 之作用點在底版的中部 1/3 內，如圖 **13-4-3(a)** 所示，

$$p_1 = (4l-6a)\,\frac{R_v}{l^2}$$

$$p_2 = (6a-2l)\,\frac{R_v}{l^2}$$

(b) 合力 R 之作用點在底版的前部 1/3 處，如圖 **13-4-3(b)** 所示，

$$p_1 = \frac{2R_v}{l}$$

$$p_2 = 0$$

(c) 合力 R 之作用點在底版的前部 1/3 內，如圖 **13-4-3(c)** 所示，

$$p_1 = \frac{2R_v}{3a}$$

$$p_2 = -(2l-6a)\,\frac{R_v}{l^2}$$

為防止壓碎現象，土壤之容許承載重須大於 p_1 及 p_2，上

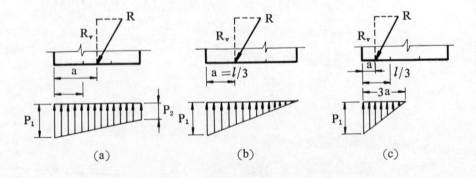

圖 **13-4-3**

述之三種情形中，以第一種爲最適宜。

C. 滑動之覆查

牆底與其基礎間之總摩擦阻力 F，須大於牆背面土壓力之水平分力，方得避免滑動現象。

防止滑動之摩擦阻力　$F = u R_v$ 或　$u(W + P_v)$

u 爲混凝土與土壤間之摩擦係數，u 值如**表 13-4-1** 所示。

表 13-4-1

土　壤　種　類	摩　擦　係　數　u
軟　弱　黏　土 或 軟　弱　粉　土	0.2 ～ 0.3
硬　實 或 堅　硬　黏　土	0.25 ～ 0.4
泥　質　砂　土 或 黏　質　砂　土	0.3 ～ 0.4
含 有 粉 土 之 砂 土 或 礫 石	0.4 ～ 0.5
粗　砂　或　礫　石	0.5 ～ 0.6

通常對滑動之安全係數爲 1.5，即 $F \geq 1.5 P_h$。

例題　已知重力式擋土牆支承 3.5m 高之土堤，土堤上之外加載重 w $= 2t/m^2$，土壤之單位重 $\gamma = 2t/m^3$，內摩擦角 $\alpha = 30°$，牆底之摩擦係數 u $= 0.5$，土壤之容許載重 q $= 20t/m^2$，試求重力式擋土牆之尺寸。

解

假設擋土牆之尺寸如**圖 13-4-4** 所示。

土堤上之外加載重 w 換算爲土壤之相當高度 h'

$$h' = \frac{w}{\gamma} = \frac{2}{2} = 1.0m$$

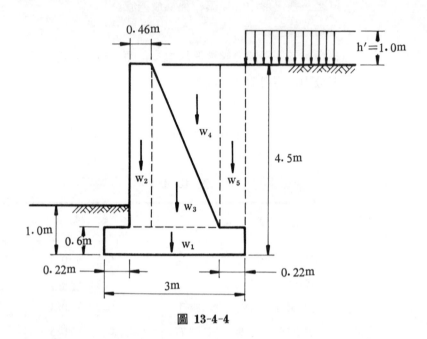

圖 13-4-4

作用於擋土牆之主動土壓力 P_a

$$P_a = \frac{1}{2} C_a \gamma h (h + 2h')$$

$$= \frac{1}{2} \left(\frac{1 - \sin 30°}{1 + \sin 30°} \right)(2)(4.5)(4.5 + 2 \times 1.0) = 9.75t$$

P_a 之作用點與牆底之距離

$$y = \frac{h^2 + 3hh'}{3(h + 2h')} = \frac{4.5^2 + 3(4.5)(1.0)}{3(4.5 + 2 \times 1.0)} = 1.73m$$

故傾倒彎矩

$$M_f = P_a y = 9.75(1.73) = 16.87m\text{-}t$$

設 x 為各重量W 重心與牆趾之距離， 扶正彎矩 M_r 之計算過程如 表 13-4-2 所示。

表 13-4-2

	w(t)	x(m)	$M_r = wx$
w_1——$3 \times 0.6 \times 2.4$	4.32	1.5	6.48
w_2——$0.46 \times 3.9 \times 2.4$	4.31	0.45	1.94
w_3——$\frac{1}{2} \times 2.1 \times 3.9 \times 2.4$	9.38	1.38	12.94
w_4——$\frac{1}{2} \times 2.1 \times 3.9 \times 2.0$	8.19	2.08	17.03
w_5——$0.22 \times 3.9 \times 2.0$	1.72	2.89	4.97
總　　計	27.89		43.36

安全係數：$\dfrac{43.36}{16.87} = 2.57 > 1.5$　可

合力作用點與牆趾之距離

$$a = \frac{43.36 - 16.87}{27.89} = 0.95 \text{m}$$

由圖 13-4-3(c)，作用於土壤之最大土壓力

$$p_1 = \frac{2R_v}{3a} = \frac{2(27.89)}{3(0.95)} = 19.57 \text{t/m}^2 < 20 \text{t/m}^2 \text{ 可}$$

摩擦阻力

$$F = uW = 0.5(27.89) = 13.94 \text{t}$$

牆趾前 0.6m 深之土壤被動土壓力

$$P_p = \frac{1}{2} C_p \gamma h^2 = \frac{1}{2} \left(\frac{1 + \sin 30°}{1 - \sin 30°} \right) \gamma h^2$$

$$= \frac{1}{2} \left(\frac{1.5}{0.5} \right) (2)(0.6)^2 = 1.08 \text{t}$$

故對滑動之安全係數：$\dfrac{13.94 + 1.08}{9.75} = 1.54 > 1.5$　可

習 題

1. 較常用之擋土牆有那幾種?

2. 擋土牆所受之作用力分爲那幾種?

3. 擋土牆可能發生破壞之現象有那幾種?

4. 已知載重牆之高度爲 5m，作用於牆上之集中載重 $P_D=14t$，$P_L=12t$，其載重之接觸支壓面寬爲 $b=25cm$，$f'_c=280kg/cm^2$，$f_y=2,810kg/cm^2$，試求牆之厚度及鋼筋量。

5. 已知重力式擋土牆支承 4m 高之土堤，土堤上之外加載重 $w=1.5t/m^2$，土壤之單位重 $\gamma=1.5t/m^3$，內摩擦角 $\alpha=45°$，牆底之摩擦係數 $u=0.4$，土壤之容許載重 $q=15t/m^2$，試求重力式擋土牆之尺寸。

附　錄

建築技術規則

第 六 章
混凝土構造

第一節　通則

第三百三十二條　（範圍）本章為混凝土配以鋼筋或鋼材建造一般建築物構造之技術規則，作為設計與施工之依據。其能適用於特殊構造物，如弧拱、水塔、水池、穀倉、煙囪及耐爆構造等之設計與施工者，亦應依本章規定辦理。

第三百三十三條　（設計方法）建築物之構造，應依剛構分析、梁柱之束制構材勁度，分配傳遞彎矩，求算其最大彎矩與軸力設計之。如有預鑄部分，應依其各載重階段之構造形式及束制程度，各別求算其最大彎矩與軸力設計之。

第三百三十四條　（繪圖要求）

一、鋼筋混凝土構造之設計圖、詳細圖、計算書、說明書，均應依本編第一章第一節之規定。

二、設計圖及詳細圖，除本編第五條規定外，應繪製

混凝土構材尺寸及斷面尺寸，以及其中配置鋼筋之尺寸、數量、間距之詳圖。並註明下列各項：

（一）混凝土由於潛變、收縮、溫度之度量變化。

（二）各部分混凝土及鋼筋（材）之設計強度。

（三）配量預力之大小及位置（預力混凝土）。

（四）載重標準。

（五）安裝順序（預鑄混凝土）。

三、繪製設計圖、詳細圖之比例尺，應依下列規定：

構造全圖之平面及立面，不得小於二百分之一。

構造詳圖，不得小於三十分之一。

四、繪畫圖線，應依下列規定：

— 重實線，表示鋼筋。

— 輕實線，表示混凝土邊線。

-- 輕虛線，表示混凝土未露邊線。

… 單點線，表示中心線。

五、構材編號，依下列英文字母代表之，（B）代表梁，（C）代表柱，（F）代表基腳，（G）代表大梁，（J）代表欄柵，（L）代表楣梁，（S）代表樓版，（W）代表牆壁。

第三百三十五條 （查驗品質）混凝土構造施工時，必須隨同工作進度，查驗下列各工作，並予記錄：

一、混凝土配料之品質及配比。

二、混凝土之拌合、澆置及養護。

三、鋼筋彎紮及排置。

四、模版及支撐之安裝與拆除。

五、施預力（預力混凝土）。

六、接頭查驗（預鑄混凝土）。

前項各款查驗，均須有查驗報告，並由監造人簽認，置於工地備主管建築機關不定期、不定時之抽查核對。

施工處所溫度如低於攝氏五度，或高於攝氏三十五度澆置時應有防護之記錄。

第三百三十六條　（評估分析）構造或其構材之應用安全，如有疑問時，主管建築機關得命其依分析方法或載重試驗，對其強度予以評估。

強度評估如用分析方法，應使試樣之構材尺寸、用料品質以及其他有關條件，均須如同原造，其載重因數，能符合本章之要求，其分析之結果，須得主管建築機關之同意。非撓曲構材強度之評估均用此法。

第三百三十七條　（載重試驗）

一、強度評估如用載重試驗法，須由主管建築機關同意之富有該項經驗之工程師主持辦理。載重試驗須在混凝土澆置五十六天後進行，但如經起造人、監造人及承造人之同意，得提前舉行。

二、如僅在構造之局部實行載重試驗，應試驗疑問弱點地位。載重試驗時，應將全部設計靜載重在試驗前四十八小時加載，以迄試驗完成。

三、撓曲構材之載重試驗，應依下列規定:

（一）未加載前，應先記錄撓度原狀。

（二）試驗載重共為 $0.85(1.4D+1.7L)$，其中（D）為靜載重，（L）為活載重，加載

時間至少分勻四次以上，置放載重須均勻，並不致震脈動構材。

(三) 加載重後二十四小時，記錄各點之撓度，然後去除載重，再過二十四小時再記錄各點之撓度。

(四) 如載重試驗後有眼見裂紋，已認爲失敗，不必再試。

(五) 如載重試驗後無眼見裂紋，其最大撓度大於 $(l_t^2/20000h)$ 公分，移去載重後二十四小時內，撓度恢復百分比，鋼筋混凝土至少百分之七十五，預力混凝土至少百分之八十；最大撓度小於 $(l_t^2/20000h)$ 公分，不須考慮恢復多少，其中 (l_t) 公分，爲跨度，支點中心間距或淨間距加構材斷面深之較小者，（h）公分，爲構材斷面深，懸臂構材之 (l_t) 應爲其長度之兩倍。

(六) 如恢復不足百分之七十五，可以重試，須於移去載重七十二小時後進行。

四、如試驗結果欠佳，主管建築機關得根據試驗結果，准于使用較小載重。

第二節　品質要求

第三百三十八條　（水泥）混凝土所用水泥應符合中國國家標準 CNS 61. R1 之規定，並適合規定工作之需要。

第三百三十九條　（粒料）混凝土所用粒料應符合中國國家標準 CNS

1240. A56 之規定，未能符合規定之粒料，如經特別試驗經多次實用證明其足夠之強度與耐久，得經主管建築機關同意應用之。粒料最大粒徑，不得大於兩模版間最小淨距五分之一，或樓版厚之三分之一，亦不得大於鋼筋間、鋼筋束間、預力線管間或鋼筋與模版間最小淨距之四分之三。但如能確認施工良好，不致有空隙或蜂窩現象發生，經監造人同意得予變更。

第三百四十條　（水）混凝土所用之水須清潔、無油、酸、鹼、鹽、有機物及其他對混凝土與鋼筋有害之物質，預力混凝土及混凝土中埋設鋁物時，必須無氯離子。

如用非飲用水，應先製出砂漿方試體，其七天及二十八天強度不得小於以飲用水製出砂漿方試體者之百分之九十，砂漿方試體之檢驗法，應依中國國家標準 CNS1010. R73 水硬性水泥墁料抗壓強度檢驗法。

第三百四十一條　（鋼筋）鋼筋混凝土構造所用鋼筋，除螺筋及鋼線網外，均須爲竹節鋼筋，並符合中國國家標準CNS560. A21 或 CNS3300. A102 強力鋼筋得採用信譽廠家產品，但其品質包括化學成分及物理性質，須經公立檢驗機關檢定合格。螺筋及鋼線網所用鋼線，須符合中國國家標準 CNS1468. G35 鋼筋之降伏應力如超過四二〇〇公斤／平方公分，應以應變百分之〇·三五之應力爲其降伏應力。

第三百四十二條　（預力鋼材）預力混凝土構造所用鋼線及鋼鉸線，須符合中國國家標準 CNS3332. G95 之規定。

預力鋼棒須爲先經冷拉達百分之八十五拉力強度驗證應力，再經解除應力熱處理以得需要物理性能，其降

伏應力不得小於極限強度之百分之八十五，損壞時，其二十倍直徑之伸長不得小於百分之四，其縮小面積不得小於百分之二十。

第三百四十三條　（合成鋼材）鋼筋混凝土構造之構材中，如埋築鋼材成爲合成構材，其所用鋼材須符合中國國家標準CNS 2473. G50 及 CNS2947. G77, 並符合本編第五章第二四一條規定。

第三百四十四條　（摻合劑）混凝土中加用摻合劑，須經監造人同意，並須確認不致影響混凝土原設計成分及配比，含有氯離子之摻合劑，不得用於預力混凝土及埋有鋁製品之混凝土。

各種輸氣，減水、緩凝、速凝之摻合劑及其混合劑，須由原製造廠商提供其應用及效能資料，並經試驗證明確有所提供效能，且無害於原混凝土，始得應用。

第三百四十五條　（材料儲存）水泥及粒料之儲存，須能防止變質及摻入他物，已經變質及污損之材料不得應用。

第三百四十六條　（混凝土強度）混凝土設計規定壓力強度（f'_c），爲依中國國家標準 CNS1230. A46 澆製及濕養之混凝土圓柱試體於二十八日齡期，依中國國家標準 CNS 1232. A48 混凝土圓柱試體抗壓強度之檢驗法而得之混凝土壓力強度。

第三百四十七條　（混凝土配比）混凝土之水泥與粒料配合成分及其施工，須儘量使其依強度試驗之平均壓力強度，不低於規定壓力強度。

混凝土成分之配比，須能使其強度能符合本編第三四九條規定；在施工進行時，保有適當稠度，而能順利

使混凝土充滿模版邊角及鋼筋四周，不致使材料分離，或表面有過量之浮水。如應用地區需要，並須能以抗耐冰凍，融化以及磨損。

混凝土成分配比，須依試驗記錄配比法或試驗配比法選定，使能達到最大空氣量及塌度，並能超過規定壓力強度。

第三百四十八條　（試驗記錄配比法）混凝土成分配比可由同樣條件及材料之三十次以上連續試驗記錄中選用，但所選試驗記錄之壓力強度，須按其標準偏差，比設計壓力強度大於下表規定數值：

標　準　偏　差 （公斤／平方公分）	20以下	21至30 以下	31至35 以下	36至40 以下	41以上或無 適當記錄
大於設計壓力強度 （公斤／平方公分）	30	40	50	60	85

標準偏差，可依一組三十次以上連續試驗求得之強度偏差，或兩組共三十次以上試驗求得之統計平均強度偏差；其試驗記錄之壓力強度，不得比設計壓力強度相差七〇公斤／平方公分以上。

如施工時得有足夠試驗記錄證明，試驗平均強度低於設計強度三五公斤／平方公分及三個連續試驗強度平均值低於設計強度之或然率均不到百分之一，前表所列八五公斤／平方公分之規定，可以按試驗記錄酌量減低。

第三百四十九條　（試驗配比法）混凝土成分配比，可依試驗室多次試

驗強度求算，試驗應依中國國家標準 CNS1230. A46
澆製並濕養混凝土圓柱試體，並依 CNS1232. A48 於
二十八日齡期試驗其壓力強度，然後水灰比與壓力強
度爲坐標， 將試驗結果繪成曲線， 曲線至少須由三
點，分別代表需要壓力強度及其較低強度組成，每一
點爲至少三個試體二十八日齡期壓力強度之平均值，
依此曲線， 由設計規定壓力強度，可得最大可用水灰
比。

第三百五十條 （水灰比）

一、一般混凝土及輸氣混凝土之較小及不重要工程，
　　經監造人同意，得依下列水灰比設計配比。

水灰比	輸氣混凝土	0.54	0.46	0.40	0.35	0.30	—
	一般混凝土	0.65	0.58	0.51	0.44	0.38	0.31
f_c'（公斤/平方公分）		175	210	245	280	315	350

二、混凝土如澆製濕養後用於冰凍溫度，其水灰比不
　　得大於〇‧五三，其含氣量應依下列規定：

含 氣 量 ％	6-10	5-9	4-8	3.5-6.5	3-6	2.5-5.5	1.5-4.5
最大粒料（公分）	1.0	1.2	1.9	2.5	3.8	5.0	7.6

如用輕質粒料，混凝土規定壓力強度不得少於二一〇公斤／平方公分。

三、混凝土如須不透水時，或用於硫化物液體中時，其水灰比不得大於〇‧四八，如用於海水中，不得大於〇‧四四。如用輕質粒料，其規定壓力強度不得少於二六五公斤／平方公分，如用於海水中不得少於二八〇公斤／平方公分。用於硫化物液體中之混凝土須用抗硫水泥。

第三百五十一條　（試體強度）

一、各級混凝土澆製施工時，每天，每一百立方公尺，或每五百平方公尺，至少須取二個試體試驗其壓力強度，合共不得少於五次試驗。若混凝土體積不足四十立方公尺，且能顯示混凝土強度良好，可由主管建築機關減免試驗。

二、取樣須依中國國家標準 CNS1174. A41 新拌混凝土取樣法，並依 CNS1231. A47 在工地澆製並濕養圓柱試體，然後依 CNS1232. A48 試驗其壓力強度，每一強度試驗係由同一配比取樣，兩圓柱試體在二十八日齡期試驗而得之壓力強度平均值，如三次連續強度試驗結果，均不小於規定強度，且其單一試驗結果，亦不少於規定壓力強度三五公斤／平方公分時，應予認為合格。

三、同時取樣，分別依 CNS1231. A47 在工地澆製並濕養與依 CNS1230. A46 在實驗室澆製並濕養之圓柱試體，如在齡期試驗體壓力強度，工地澆製者，不能達到實驗室澆製者之百分之八十

五，工地混凝土之保護與濕養方法應設法改善。
如實驗室澆製並濕養試體之試驗壓力強度高於規
定壓力強度甚多，工地澆製並正確濕養試體之試
驗壓力強度，卽使未達到實驗室澆製試體強度之
百分之八十五，亦無須超過規定壓力強度三五公
斤／平方公分。

第三百五十二條 （鑽心體試驗）

一、若實驗室澆製並濕養試體之試驗壓力強度比規定
壓力強度少於三五公斤／平方公分以上，或工地
澆製並濕養試體試驗顯示保護與濕養欠妥，須設
法防止構造載重能力之可能危險，如有疑問，應
依中國國家標準 CNS1241. A57 鑽取混凝土試
體長度之檢驗法，於壓力強度低於規定壓力強度
三五公斤／平方公分之處， 鑽取三個試體， 如
混凝土在乾燥處應用，應將試體在溫度攝氏十六
度至二一度，濕度不少於百分之六十之處風乾七
天，並在乾時試驗壓力強度，如混凝土浸濕處應
用，應將試體在水中浸四十八小時，並在濕時試
驗壓力強度。

二、三個試體之試驗壓力強度之平均值，如不小於規
定壓力強度的百分之八十五，且無單一試體之試
驗壓力強度小於規定壓力強度的百分之七十五，
可以認爲合格。

三、如仍有疑問，可以重試，並可依本編第三三六條
及第三三七條評估其強度。

第三百五十三條 （澆置前準備）拌合及輸送設備內須清潔，無碎片及

冰屑與雜物粘附。模版須先塗模版油，埋設物須先濕潤。鋼筋面須清除一切冰屑及有害物質。積水須先排除乾淨。已凝固混凝土面之鬆動不實處均須清除。

第三百五十四條　（拌合）混凝土拌合時須能使配合材料均勻混合，拌合前須傾出前次全部拌合物。

工地拌合須用拌合機，按規定容量及速度轉動，全部材料裝進，至少須轉動拌合一分半鐘後，始可傾出使用。預拌混凝土應符合中國國家標準 CNS3090. A 99。

第三百五十五條　（輸送）混凝土自拌合機至最後澆置地點須用能以避免分離間斷與損失材料之輸送方法，以維持陸續澆置不失其可塑性，輸送時間不得超過一個半小時。

第三百五十六條　（澆置）混凝土須盡量輸送至最後應用位置澆置，避免因推動及流動過長而致分離，澆置時須保持適當速度，使混凝土經常保持塑性，易於流動至鋼筋間隙。混凝土已爲外物污損者，或已初凝者，均不得使用。澆置開始後，應連續不斷以至段落全部完成。澆置面特別規定者外，均須保持水平，如有施工縫應依本編第三六一條規定。澆置時須用適當器械將之搗實，並能充滿鋼筋四周及模版邊角。

如鋼筋密集難以搗實，可先以同樣配比之水泥砂漿在模版中先行澆置厚約二・五公分一層。

第三百五十七條　（養護）混凝土須在澆置後七日內保持濕潤，並維持約攝氏十度溫度，早強混凝土可縮短爲三日。

以蒸氣或類似加速濕養之方法，減少濕養時間，加速濕養之混凝土壓力強度須至少達到設計強度，且其耐

久性亦至少與不用加速濕養者相同。

寒冷氣候處須以適當設備，將混凝土材料加溫並提防冰凍，所有混凝土材料均須化除冰霜後，始能應用。

炎熱氣候處須注意配比成分， 施工方法， 輸送，澆置，養護，防止混凝土溫度太高及水分蒸發太快。

第三百五十八條　（模版支撐）模版爲構材斷面外形，無論形狀，尺度及位置，均須準確平直與圖樣相符，且須製作緊密穩妥， 不致鬆動漏漿，模版底面及側面須以適當支撐及拉繫， 保持其正確位置，且不致因澆置混凝土而作走樣變形裝設模版及支撐不得損傷已成結構部分。

模版及支撐設計，須顧到澆置混凝土方法及速度，並能承受施工時之垂直載重，橫力與衝擊力。殼版、摺版、圓頂等特殊模版應依其設計與施工需要，特別設計之。

預力混凝土所用模版，應依傳遞預力滑動設計，使不致受到損傷。

第三百五十九條　（拆模）建造中混凝土任何部分不得承受施工載重或拆除支撐， 澆置二星期後， 已達到規定強度之混凝土，拆模時須確認結構體已達安全強度，如全結構支撐穩妥，版、梁、柱之側向豎模版，於澆置混凝土二十四小時後及混凝土面硬化時，可以拆除。

預力混凝土於施預力後能以承受其自重及施工載重，可拆除模版及支撐。

第三百六十條　（埋管）

一、柱內埋置及其配件所佔面積不得超過柱斷面積百分之四。版、梁、牆內埋管及其配件所佔深度，

除經設計人同意外，不得超過其斷面厚之三分之一，內徑不得大於五公分，管之間隔不得小於管徑之三倍，埋設位置不得傷害減弱原有強度。樓版中埋管應置於上下鋼筋之間，管外保護層不得少於二公分，接觸地面保護層不得少於四公分，垂直於管線之鋼筋不得少於百分之○‧二。

二、除電線導管及排水管外，液體及氣體管線及其配件之溫度不得超過攝氏六十五度，並須在澆置混凝土前試驗壓力四小時無減壓現象，試驗壓力應爲設計壓力之一倍半，且不得少於十四公斤／平方公分，混凝土未達其設計強度前，除不超過攝氏三十度及三‧五公斤／平方公分壓力之水外，其他氣液體不得通過預埋管線；管線中如須通行爆炸性或傷害健康之液體及氣體，須於混凝土凝固後，重行試驗壓力安全始得應用。

三、埋設之管應整支應用，如有接頭須用焊接或其他相等方法，不得用螺絲接頭，裝設時不得臨時切斷或彎曲，更不得移動原已排紮之鋼筋位置。

第三百六十一條　（工作接縫）接縫應設在剪力較小之處，接縫面必須先行清除潔淨。並移去鬆動之物。再經濕潤並塗一層純水泥漿後，始得澆置接連混凝土。樓版之接縫須設在版、梁及大梁之中央附近，若大梁之中央與梁相交，大梁之接縫應偏移約梁寬之兩倍，接縫如須傳遞剪力或其他力應加用剪力榫。

混凝土澆置至柱頂及牆頂，應稍停俟混凝土之塑性消失，再繼續澆置其上梁與版之混凝土。梁、托肩、托

架、柱冠以及樓版必須一同澆置，不得分開。

第三百六十二條　（鋼筋彎鉤）鋼筋末端之標準彎鉤，應爲圓彎加一段直筋，並依下列規定：

一、半圓彎加四倍鋼筋直徑長，但不小於六‧五公分之延伸。

二、九十度圓彎加十二倍鋼筋直徑長之延伸。

三、肋筋及箍筋只須九十度或一百三十五度圓彎加六倍鋼筋直徑長，但不小於六‧五公分之延伸。

圓彎之內徑除肋筋及箍筋外，應爲鋼筋直徑五倍以上。降伏應力大於二八〇〇公斤／平方公分，二五公厘直徑以下鋼筋應爲鋼筋直徑之六倍；二五至三五公厘直徑鋼筋應爲鋼筋直徑之八倍；四五及五七公厘直徑鋼筋應爲鋼筋直徑之十倍。肋筋及箍筋之圓彎內徑，十公厘直徑鋼筋不得小於三‧八公分，十三公厘直徑不得小於五公分，十六公厘直徑不得小於六‧五公分。

鋼筋端之彎曲工作必須冷彎。部分埋置混凝土中之鋼筋，必須先行彎好規定尺寸，不得部分埋置混凝土後再行彎曲。

第三百六十三條　（鋼筋表面）澆置混凝土時，鋼筋表面必須清潔，無泥垢油脂及影響粘著力之表層。原有製鋼之表皮及銹面可以不清除。預力鋼材表面清潔，無浮銹、油脂、層皮及污物，輕微之氧化得予認可。

第三百六十四條　（鋼筋排紮）

一、鋼筋，預力鋼材及套管均須支墊並排放紮牢於準確位置，並須防止因施工移動而超出容許公差規

定。鋼筋排紮須用鐵絲紮牢，非經監造人許可，
不得焊接。

二、排紮位置之公差，依構材深度不得超過下列規
定：

（一）深度二十公分以內者，六公厘。

（二）深度二十至六十公分者，十公厘。

（三）深度六十公分以上者，十三公厘。

　　　保護厚度不得減少規定保護厚度之三分之
一以上。

　　鋼筋端部排紮位置之公差不得超過五公分，但
在不連續之端部不得超過一‧三公分。

三、跨度不超過三公尺之連續單向樓版，如用六公厘
以下鋼線網，可循弧線排紮應用，使鋼線網經支
點時在頂部、中點時在底部。

第三百六十五條　（鋼筋間距）

一、平行鋼筋間之淨距不得小於鋼筋直徑，亦不得小
於二五公厘，平行鋼筋須疊放兩層以上時，須上
下對齊，不得錯開，層間淨距不得小於二五公
厘。

二、平行鋼筋除三五公厘直徑以上者外，可捆紮成束
作為單根應用，每束不得超過四根，須以箍筋捆
紮成一體，撓曲構材內束中鋼筋之接頭位置必須
錯開，其錯開長度至少四十倍鋼筋直徑以上，鋼
筋間距及保護厚度以鋼筋直徑倍數為準者，應以
相當束內鋼筋斷面積和之直徑計算。

三、除欄柵版外，版及牆之主筋間距不得大於版厚或

牆厚之三倍，亦不得大於四五公分。以螺筋或箍筋圍紮主筋之壓構材，主筋間之淨距不得小於鋼筋直徑之一倍半，亦不得小於三八公厘。鋼筋疊接間之淨距及與相鄰疊接之間距，均同前述規定。

四、先拉預力鋼線間在構材端之淨距不得少於鋼線直徑之四倍，或不得少於鋼絞線直徑之三倍。在跨度中部，可將豎向間距縮小或捆紮一體；後拉預力套管如能適當澆置混凝土，且不致因施預力損壞套管時，可捆紮一體。

第三百六十六條 （鋼筋拼接）

一、鋼筋拼接應依圖樣及說明書之規定，或監造人之同意。直徑三五公厘以上之鋼筋不得疊接。

二、束筋中個別鋼筋之疊接，可依同徑單根鋼筋之疊接長，但束中各根之疊接不得互相重疊。三根一束中鋼筋之疊接長，應比本編第三六七條及第三六八條規定加百分之二十，四根一束中鋼筋之疊接長應加百分之三十三。

三、撓曲構材中鋼筋之疊接，如不重疊緊密，其側向間距不得大於疊接長之五分之一或十五公分。

四、鋼筋拼接如用焊接，對焊接頭之拉力須能達到鋼筋規定降伏應力之一‧二五倍，並應符合本編第五章中有關焊接之規定；不能達到一‧二五倍時，只能用於低應力地位。

第三百六十七條 （拉力鋼筋疊接）

一、拉力鋼筋連接時，其疊接長應按其應用分類不少

於本編第三九八條降伏應力拉力握持長（l_d）之一·〇、一·三、一·七或二·〇倍。應用二·〇倍握持長之主筋須以符合本編第三七一條規定螺筋圍紮，且不得因螺筋而減少需要握持長。

二、鋼筋直徑大於十三公厘，端部須用半圓彎端。拉力疊接應避免用於最大彎矩及高應力處，如必須應用時，應依其降伏應力設計其疊接、焊接或錨錠，如疊接處不超過鋼筋根數之一半時，其疊接長不得少於握持長之一·三倍；如超過一半時，不得少於握持長之一·七倍，如計得之應力超過降伏應力一半以上時，均應符合此規定。

三、拉力鋼筋疊接如設在低應力不超過降伏應力一半之地位，且疊接處不超過鋼筋根數四分之三時，疊接長同握持長；如超過四分之三時，疊接長不得少於握持長之一·三倍。

四、拉桿之拼接應互相錯開，宜用焊接，如用疊接，其疊接長應為握持長之兩倍。

第三百六十八條　　（壓力鋼筋疊接）

一、壓力鋼筋連接時，其疊接長不得少於本編第三九九條之壓力握持長，如鋼筋降伏應力不大於四二〇〇公斤／平方公分時，不得小於降伏應力與直徑乘積之一百四十分之一公分長；如降伏應力大於四二〇〇公斤／平方公分時，不得小於降伏應力之七十八分之一減去二十四與直徑乘積之公分長，且不得小於三十公分。如混凝土規定壓力強度不到二一〇公斤／平方公分，則以上疊接長應

加三分之一。壓構材主筋如以斷面積大於○‧○○一五箍筋間距與構材厚度乘積之箍筋圍紮，其疊接長只須前述規定之百分之八十三，但不得小於三十公分。

二、壓構材主筋加以螺筋圍紮，其疊接長只須前述規定之百分之七十五，但不得小於三十公分。

三、純壓力之主筋連接時，得以適當物件保持其兩者同心，而互相頂接，端部必須切平方正，筋端面與筋中軸垂直面之偏差不得大於一度半，以適當物件固連後之偏差不得大於三度，構材主筋必須以螺筋、箍筋四周圍紮時，始能應用頂接。

四、焊接應依本編第三六六條之規定。

第三百六十九條 （焊接鋼線網之疊接）焊接鋼線網之疊接長，應為兩邊最外側橫向鋼線重疊一格再加五公分之長度，如疊接處之應力為容許應力一半以內時，最外側橫向鋼線只須重疊五公分以上。

焊接鋼線網不得在應力超過容許應力一半之地位疊接。

第三百七十條 （柱筋紮置）柱主筋上下不能對齊應用時，得在橫向能以支撐位置，以不大於一比六之斜度將上下筋接連，上下筋均仍須與柱軸心平行，斜向彎點間須以不大於間距十五公分之箍筋或螺筋或樓版作為其橫向支撐。橫向推力假定為鋼筋斜向部分應力之水平分力之一‧五倍，如上下筋位置相差七六公厘以上時，須另以鋼筋依本編第三六七條及三六八條規定疊接。

斜向部分須先彎好再應用，束筋不應斜接。

如柱筋之設計應力依載重變化情形，由降伏壓力變化至不到一牛降伏接力，疊接、焊接或頂接均可應用，其每側所有拼接之拉力強度，或拼接與連續不拼接且在規定降伏應力之拉力強度，應為此側計得應力之兩倍，　且不少於四分之一主筋斷面積與降伏應力之乘積。

如柱筋之設計應力超過一牛降伏應力拉力，須用能以達到降伏應力之疊接或一・二五倍降伏應力之焊接。合成柱之鋼柱心在拼接處必須磨平，上下柱心必須對準，一牛設計壓應力可假定由鋼柱心傳遞至其下，鋼柱心底版可假定傳布全合成柱之載重，如底版只傳布鋼柱心之載重，須使混凝土斷面有足夠尺寸裏握主筋通過直接支壓於其下混凝土上。

第三百七十一條　（螺筋）

一、壓構材之螺筋須依等距連續如螺紋圍繞主筋應用，為保持螺筋等距，須用等距支桿固定其距離及位置，螺箍直徑在五十公分以下時，須用兩支等距支桿；五十至七五公分時，須用三支；七五公分以上時，須用四支。如螺筋直徑等於或大於十六公厘，螺箍直徑在六十公分以下時，須用三支，在六十公分以上時，須用四支等距支桿。

二、螺筋之尺寸及拼合成螺箍，須不致使運裝時發生扭損，影響設計規定尺寸。

三、澆置混凝土中最小螺筋直徑不得小於十公厘。螺箍每端應加一圈半，作為錨錠。如須拼接，拉力疊接長不得小於四十八倍螺筋直徑，或三十公分，

或用焊接。螺筋間淨距不得大於七六公厘，亦不得小於二五公厘。

四、螺筋應連續自基腳面或樓版面起至上層版或梁底層鋼筋止；如柱之一側無梁或全無梁時，應至上層版底止；如柱頂有柱冠時，應伸入柱冠至於柱冠之寬度等於柱寬度之兩倍處。

五、有關螺筋之耐震設計，應依本編第四一○條之規定。

第三百七十二條　（箍筋）

一、以箍筋圍紮主筋之柱，主筋直徑在三二公厘以下時，箍筋直徑不得小於十公厘；如在三二公厘以上或用束筋時，箍筋直徑不得小於十三公厘。箍筋間距不得大於十六倍主筋直徑，亦不得大於四八倍箍筋直徑，或柱之最小邊寬。柱四角主筋應以箍筋圍紮，其餘柱筋每隔一根仍應以箍筋圍紮，並以之作為箍筋之側支撐，但其夾角不得大於一三五度，且與相鄰之主筋間距不得大於十五公分。箍筋距樓版面或基腳面不得大於前述箍筋間距之一半，距樓版底筋亦不得大於間距之一半，如柱之四側有梁時，箍筋距梁底鋼筋不得大於七六公厘。

二、柱中主筋排成圓形應用時，可用圓形箍筋：預力混紮土柱及合成梁之箍筋，另詳本編第四八七條及第四二六條規定。

三、撓曲構材之鋼筋承受壓力、反復應力或扭力者，均須用箍筋圍繞之。

四、有關箍筋之耐震設計，應依本編第四一〇條之規定。

第三百七十三條　（防縮溫度鋼筋）樓版及屋面版中垂直於主筋方向，須用防縮溫度鋼筋，其斷面積與混凝土斷面積之比，應依下列規定：

降伏應力三五〇〇公斤／平方公分以下之竹節鋼筋，不得小於〇・〇〇二。

降伏應力四二〇〇公斤／平方公分以下之竹節鋼筋及鋼筋及鋼線網，不得少於〇・〇〇一八。

降伏應力四二〇〇公斤／平方公分以上者，以相當於應變百分之〇・三五之降伏應力（f_y）爲準，不得少於下式：

$$\frac{0.0018 \times 4200}{f_y}，並不得少於\ 0.0014。$$

鋼筋之間距不得大於版厚之五倍或四五公分。

第三百七十四條　（保護厚度）鋼筋、預力鋼材，及套管之最小保護厚度，應依下列規定：

一、就地澆置混凝土之鋼筋：

直接澆於地上者，七・五公分以上。曝露室外者：如有十九公厘直徑以上者，五公分；如爲十六公厘直徑以下者，四公分。室內且不與土壤接觸者：

（一）版、牆及欄柵，十九公厘直徑以下者一・五公分；二十二公厘至三十五公厘直徑者二・〇公分；四五公厘及五七公厘直徑者四・〇公分。

（二）梁及柱之主筋及箍筋，四・〇公分。

（三）薄殼及摺版，如為十九公厘直徑以上者二・〇公分；十六公厘直徑以下者一・五公分。

二、廠製預鑄混凝土之鋼筋：

曝露室外者：

（一）牆格版，三十五公厘直徑以下者一・九公分；四十五公厘及五十公厘直徑者三・八公分。

（二）構材，十九公厘至三十五公厘直徑者三・八公分；十六公厘直徑以下者三・二公分；四十五公厘及五十七公厘直徑者五公分。

室內且不與土壤接觸者：

（一）版、牆及欄柵，三十五公厘直徑以下者一・六公分；四十五公厘及五十七公厘直徑者三・二公分。

（二）梁及柱之主筋，不得小於筋之直徑，但不必大於三・八公分，亦不得小於一・六公分。梁及柱之螺筋、箍筋、肋筋等，一・〇公分。

三、預力混凝土之鋼材，鋼筋及套管等。直接澆於地上者七・六公分以上。

曝露室外者：

（一）牆格版，版及欄柵，二・五公分。

（二）其他構材，三・八公分。

室內且不與土壤接觸者：

（一）版、牆及欄柵，一‧九公分。

（二）梁及柱之主筋，三‧八公分。梁及柱之箍
　　　筋、肋筋、螺筋，二‧五公分。

（三）薄殼及摺版，十六公厘直徑及以下者一‧
　　　〇公分，其餘須相當鋼筋直徑，但不必大
　　　於一‧九公分。

束筋之保護厚度不得小於各筋面積和之相當直徑，但
不必大於五公分或前述規定之較大者。預力混凝土如
在廠中製造，所用鋼筋之保護厚度，得依廠製預鑄混
凝土之規定。

易銹蝕曝露處之保護厚度應予增大，或另加其他保護
層保護之，曝露鋼筋應予防銹處理。

防火需要保護厚度大於本條規定時，應以防火需保護
厚度爲準。

第三節　設計細則

第三百七十五條　（設計載重）建築物構材須按其所承受之靜載重及活
載重，依本編第六章第五節強度設計或第六節工作應
力設計之規定設計之。構材如承受預力，吊車載重、
擺動、衝擊，以及收縮、潛變、溫度變化及不勻沉陷
等，均應按其需要設計之。構材如承受風力或地震力
之橫力作用，應按其與垂直載重合併最大需要強度之
百分之七十五設計之，但不得小於不計橫力作用時所

得之值。

第三百七十六條 （彈性模數）混凝土重量在每立方公尺一四四〇至二四八〇公斤範圍內時，其彈性模數（公斤／平方公分）可依下列計算：

$$W \frac{3}{2} 4270 \sqrt{f'_c}$$

一般混凝土之彈性模數可定為（$15000 \sqrt{f'_c}$）公斤／平方公分。

其中（W）公噸／立方公尺，混凝土重量。

（f'_c）公斤／平方公分，混凝土規定壓力強度。

鋼筋之彈性模數，可定為 2,040,000 公斤／平方公分，預力鋼材之彈性模數應依製造廠商之試驗結果定之。

第三百七十七條 （構架分析）構架或連續梁之構材，應依彈性構架理論，求算構材承受設計載重所產生之最大效能設計之。常用跨度及樓層高度之一般型式建築物，除以預力混凝土建造者外，得以近似法分析求算。

兩連續跨度近乎相等，較長跨度不比較短跨度大於一・二倍，承受均布載重，且活載重不超過靜載重之三倍，如以（l_n）為正彎矩及剪力之淨跨度或負彎矩之相鄰跨度平均長，（W）為包括梁重之單位長度均布載重，其彎矩及剪力可依下列規定計算之。

一、正彎矩：

（一）端跨，不連續端無束制者。

$$\frac{1}{11} W l_n^2$$

（二）端跨，不連續端與支承築成一體者。

$$\frac{1}{14}Wl_n^2$$

（三）內跨。

$$\frac{1}{16}Wl_n^2$$

二、負彎矩：

（一）兩連續跨度，第一內支承外面處。

$$\frac{1}{9}Wl_n^2$$

（二）三連續跨度以上，第一內支承外面處。

$$\frac{1}{10}Wl_n^2$$

（三）其內支承面處。

$$\frac{1}{11}Wl_n^2$$

（四）版之跨度不超過三公尺，或梁端處柱之勁
　　　度和與梁之勁度比大於八，其所有支承面
　　　處。

$$\frac{1}{12}Wl_n^2$$

（五）構材端與支承梁築成一體時，其外支承內
　　　面處。

$$\frac{1}{24}Wl_n^2$$

（六）構材端與支承柱築成一體時，其外支承內

面處。

$$\frac{1}{16}Wl_n{}^2$$

三、剪力:

（一）端跨，第一內支承面處。

$$\frac{1.15}{2}Wl_n{}^2$$

（二）其他支承面處。

$$\frac{1}{2}Wl_n{}^2$$

第三百七十八條　（負彎矩調整）依彈性理論計算，連續撓曲構材支點兩側之負彎矩，按強度設計時，如其斷面之（ρ）或（$\rho-\rho'$）等於或小於（$0.50\rho_b$），可增減調整；其最大調整值，不得超過

$$20\left[1-\frac{(\rho-\rho')}{\rho_b}\right]\%$$

使趨向平衡，並依之設計。

（ρ）爲 $\rho=\dfrac{A_s}{bd}$，拉力鋼筋斷面比。

（ρ'）爲 $\rho'=\dfrac{A_s'}{bd}$，壓力鋼筋斷面比。

ρ_b 爲 $\rho_b=0.85\beta_1\dfrac{f_c'}{f_y}\dfrac{6100}{6100+f_y}$

拉力鋼筋達降伏應力（f_y）及混凝土壓力變爲〇・〇〇三平衡狀態時之鋼筋斷面比，（β_1）依本編第四一六條之規定，（f_c'）爲規定壓力強度。

第三百七十九條　（活重布置）房屋構架設計時，僅須計算其本層之活載重，併入其靜重設計之，與本層連接柱之遠端可假定爲固定。

活載重應依下列方法布置，求算最大彎矩。

一、各跨度布滿靜載重外，相鄰兩跨度布滿活載重。

二、各跨度布滿靜載重外，每隔一跨度布滿活載重。

柱設計須能承受其全部樓版載重之軸心力及單一鄰跨樓版載重之最大彎矩，並須安排布置載重，計算最大彎矩與軸心力比。房屋之外柱及內柱，須求算由於不平衡樓版載重及偏心載重而產生之最大不平衡彎矩，此不平衡彎矩可依上下柱之相對勁度及束制情形予以分配負擔之。

第三百八十條　（跨度計算）構材端如不與其支承築成一體，其跨度爲其淨跨度加梁或版之深度，但不得超過支承中心間之距離。

分析連續梁及構架時，應依構材中心間距計算彎矩；設計梁時，得依支承面處之彎矩設計斷面及鋼筋。

跨度不超過三公尺之連續版或肋版，如與其支承梁築成一體，可以除去梁寬後之淨距爲其跨度。

第三百八十一條　（勁度計算）柱、牆、樓版及屋面之相對撓曲勁度與扭曲勁度，可應用任何合理假定計算之，但同一設計，分析假定應予一致。

版、梁及柱之相對撓曲勁度，可依其開裂斷面慣性矩計算之，如有Ｔ梁翼緣應依本編第三八四條規定翼緣寬一併計入之。

梁在其端部有托肩時，計算彎矩與設計構材均須計入

由於托肩斷面及勁度增大之影響。

第三百八十二條　（有效深度）構材之有效深度爲自拉力鋼筋重心至其壓力外緣之距離。版上粉面及不屬同時澆置之面層，均不得作爲有效深度。

第三百八十三條　（側支間距）梁之側向支撐間距不得超過受壓緣最小寬度（b）之五十倍，側向偏心載重之影響，須計入側向支撐間距。

第三百八十四條　（T梁）

一、版與其下梁築成一體，或以連接物有效連成一體，均可作爲T梁。

二、對稱翼緣T梁之有效翼緣寬，不得超過該梁跨度之四分之一，梁腹兩側懸出之翼緣寬度不得超過該梁與鄰梁間淨距之二分之一，亦不得大於翼緣厚度之八倍。

三、僅一側有翼緣T梁之有效翼緣寬，不得超過該梁跨度之十二分之一，或該梁與鄰梁間距之一半，梁腹側懸出之翼緣寬度，不得大於翼緣版厚之六倍。

四、單一T梁，增加翼緣寬僅爲增加梁之抗壓面積時，其翼緣總寬不得大於梁腹寬之四倍，其翼緣厚不得小於梁腹寬之一半。

五、T梁之主鋼筋與梁平行時，其翼緣版頂須加置橫向鋼筋，使能承受T梁翼緣懸出部分上之載重，設計時可假定懸出翼緣如懸臂梁，橫向鋼筋之間距不得大於翼緣版厚之五倍，或四五公分。

第三百八十五條　（欄柵）

一、相等間距肋梁與其上頂版築成一體時，無論單一
　　方向跨度，或兩垂直方向跨度，均稱為欄柵。

二、肋梁寬不得小於十公分，肋梁深不得大於其最小
　　肋梁寬之三倍半，肋梁間之淨距不得大於七六公
　　分。

三、不能符合前述要求之肋版，應依版及梁設計之。

四、如肋梁間填空物之壓力強度與欄柵之規定壓力強
　　度相同，　則填空物之豎向斷面與肋梁側接連部
　　分，可用以併入肋梁斷面，計算欄柵之剪力及負
　　彎矩，其餘部分均不得計入。

五、肋梁間如有固定填空物，其上頂版之厚度不得小
　　於三・八公分，或肋梁間淨距之十二分之一，單
　　向欄柵頂版之垂直方向應依本編第三七三條規定
　　排置防縮溫度鋼筋。

六、肋梁間如無填空物或填空物之壓力強度低於欄柵
　　規定壓力強度，則其上頂版之厚度不得小於肋梁
　　間淨距之十二分之一或五公分，頂版中鋼筋須能
　　承受肋梁間集中載重之彎曲應力，且不得少於本
　　編第三七三條防縮溫度鋼筋之規定。

七、欄柵頂版中如埋設管道，頂版厚不得小於管道厚
　　加二・五公分，　管道埋設位置不得影響結構強
　　度。

八、剪應力可比本章第五節規定者增加百分之十，如
　　剪力較大而原斷面不足時，　可增加肋梁端部寬
　　度，或增用腹鋼筋加強之。

第三百八十六條　（最少鋼筋量）撓曲構材任一斷面，除等厚之版外，

如依分析計算需要正彎矩鋼筋，所用鋼筋量須使其鋼筋比不少於 $(14/f_y)$，(f_y) 公斤／平方公分，為所用鋼筋之降伏應力。若各斷面所用鋼筋量，不論正或負，均已超過計算所需要之三分之一以上，可不受此限，如為 T 梁，可依梁腹寬度計算斷面積及鋼筋比。

第三百八十七條　（鋼筋分布）梁與單向版之撓曲鋼筋，必須用竹節鋼筋，拉力鋼筋須能適當分配於混凝土最大拉力範圍內，如翼緣為拉力時，拉力鋼筋須分配於有效翼緣寬，或相當十分之一跨度之寬度內，用兩者中較小者。若有效翼緣寬度大於十分之一跨度，則多餘寬度內，仍應增用縱向鋼筋。

梁腹深度如超過九十公分，須用相當於主鋼筋十分之一縱向鋼筋，分配排紮於梁腹兩側面撓曲拉力範圍內，鋼筋之間距不得大於梁之寬度或三十公分。

第三百八十八條　（深梁）撓曲構材之深度與跨度比大於五分之二之連續梁，或大於五分之四之簡支梁，須按深梁設計之，應考慮其應力之非直線分布及橫向靜定屈曲，有關剪力設計應依本編第四三五條規定。

最少拉力主筋應依本編第三八六條規定，梁側面最少橫向及豎向鋼筋應依本編第四二七條或第四三五條規定。

第三百八十九條　（撓度控制）鋼筋混凝土撓曲構材有適當勁度以限制其撓度及變形，使構造承載重量時不致影響其強度及使用。

單向版及梁之撓度，除非先經計算證明較小厚度對結構並無不良影響外，其最小厚度或深度，在構材上無

隔間牆或其他建物足以產生較大撓度之限制下，不得

小於下列規定:

（ *l* ）為跨度。

構 材 類 別	簡 支 梁	一端連續梁	兩端連續梁	懸 臂 梁
單　　向　　版	$l/20$	$l/24$	$l/28$	$l/10$
梁或單向肋版	$l/16$	$l/18.5$	$l/21$	$l/8$

第三百九十條　（單向撓度）

一、卽時撓度可依載重以通用彈性撓度公式計算之，
其彈性模數應依本編第三七六條規定，其有效慣
性矩 (I_e)，應依下列計算，但不得大於全斷面慣
性矩 (I_g)。

$$I_e = \left(\frac{M_{cr}}{M_a}\right)^3 I_g + \left[1 - \left(\frac{M_{cr}}{M_a}\right)^3\right] I_{cr}, \text{ 其中}$$

(M_{cr})，　$M_{cr} = \dfrac{f_r I_g}{Y_t}$ 為開裂彎矩。

(f_r)，　$f_r = 1.99\sqrt{f'_c}$ 為混凝土破裂模數。公斤／
平方公分。

(M_a)，為計算撓度時構材最大彎矩。

(I_{cr})，為混凝土開裂斷面之慣性矩。

(Y_t)，用由全斷面中軸至拉力外緣距離（不計鋼
筋）。

(f'_c)，　為混凝土規定壓力強度。公斤／平方公

分。

如屬輕質混凝土，(f_r) 應依本編第四三○條之規定。

連續跨度之有效慣性矩，可用臨界正彎矩及負彎矩處斷面之平均值。

二、長時撓度應按所承載重即時撓度乘以下列係數計算之。

$$\left[2-1.2\left(\frac{A_s'}{A_s}\right)\right] \geqq 0.6,\text{ 其中}$$

(A_s')，壓力鋼筋面積。

(A_s)，拉力鋼筋面積。

三、容許撓度不得大於下列規定:

構　材　型　式	撓　度　類　別	容許撓度
用於屋頂，未附著因撓度而損壞之非結構物	因活載重所發生之即時撓度	跨度/180
用於樓版，未附著因撓度而損壞之非結構物	因活載重所發生之即時撓度	跨度/360
用於屋頂或樓面，附著因撓度而損壞之非結構物	加上非結構物後之支持載重所發生之長時撓度與因活載重所發生之即時撓度之和	跨度/480
用於屋頂或樓面，附著因撓度而不致損壞之非結構物		跨度/240

第三百九十一條　（雙向版厚）

一、雙向版之長短邊比不得大於二，其最小版厚應依下列規定:

$$h = \frac{l_n(800+0.0712f_y)}{36,000+5000\beta\left[\alpha_m-0.5\left(1-\beta_s\right)\left(1+\frac{1}{\beta}\right)\right]}$$

但不得小於，

$$h = \frac{l_n(800+0.0712f_y)}{36,000+5000\beta(1+\beta_s)}$$

亦不必大於，

$$h = \frac{l_n(800+0.0712f_y)}{36,000}$$

且不得小於下列厚度：

版周無梁亦無柱頭版者，十二・五公分。

版周無梁但有柱頭版者，十公分。

版周均有梁且（α_m）至少等於二者，九公分。

其中（l_n）雙向版長邊淨跨度，無梁時柱面間淨距，有梁時梁側面間淨距。

（f_y），鋼筋降伏應力，公斤／平方公分。

（β），雙向版長短向淨跨度比。

（β_s），版周連續邊緣總長與四周長之比。

（α_m），版周各梁（α）之平均值。

（α），版邊梁之撓曲勁度與至相鄰版中線版寬之撓曲勁度比。詳本編第四四八條。

二、柱頭版每向自支點中心延伸其中心跨度六分之一以上及版下凸出加厚原版厚四分之一以上時，依一款公式計算之厚度得減小十分之一。

三、不連續版邊梁勁度之（α）不得小於○・八，版厚不得小於一款公式計算值，柱頭版側不連續版

厚應予增加百分之十。

四、雙向版厚如不足前述規定，須計算撓度不超過本
編第三九〇條容許撓度規定，計算撓度應考慮到
版之尺寸、型式、支持情形與束制情形，彈性模
數應依本編第三七六條規定，有效慣性矩及長時
撓度應依本編第三九〇條規定計算。

第三百九十二條　（預力梁撓度）預力混凝土撓曲構材不開裂斷面之卽
時撓度可按通用公式依混凝土全部斷面慣性矩計算
之，其在持續載重下之長時間撓度，須依混凝土及預
力鋼應力及混凝土之潛變與收縮效應以及預力鋼鬆弛
效應計算之。

計算之撓度不得超過本編第三九〇條容許撓度。

第三百九十三條　（合成構材撓度）合成構材建造時使用臨時支架，如
拆除臨時支架時靜載重已可由其合成斷面承受，計算
撓度時可認爲合成構材視同全部就地澆築構材。由於
預鑄件與就地澆鑄部分之不同收縮而生之曲度及預力
混凝土構材之軸心潛變效應，應於計算撓度時計入。
如未使用臨時支架，而預鑄鋼筋混凝土構材之深度符
合本章第三八九條規定，可不必計算撓度。如合成後
構材之深度符合本章第三八九條規定，合成構材之撓
度不必計算，但預鑄件在達成合成作用前之長時撓度
應按其承受載重大小及承載時日計算之。

第三百九十四條　（鋼筋之握持）

一、每一斷面兩邊計算得之鋼筋拉力或壓力，均須以
埋置長或錨定或兩者合用握持，如鋼筋受拉力，
彎鈎可作爲握持鋼筋之一部分。

二、拉力鋼筋可以在其端部彎曲經梁腹錨定之，
或與構材對面之鋼筋連續錨定之。

三、撓曲構材鋼筋握持之臨界斷面在最大應力處
及跨度內相鄰鋼筋之終點或彎折處，應依本
編第三九五條之規定及第三六七條拉力疊接
之規定。

四、除在簡支梁支承處及在懸臂梁之懸端外，鋼
筋延伸至不須抵禦撓曲處以外，相當於構材
有效深度之距離，且不得少於鋼筋直徑十二
倍。連續鋼筋在拉力鋼筋不須抵禦撓曲之終
點或彎折點外之埋置長度不得少於握持長。

五、除能符合下列條件之一，撓曲鋼筋不得在受
拉區內終止。

（一）在切斷處之剪力不超過該處構材（包
括腹筋之剪力強度）抗剪力之三分之
二。

（二）在鋼筋終點外相當構材有效深度四分
之三距離，肋筋面積超過剪力及扭力
之需要。超量肋筋須使 $(A_v/b_w)f_y$
不少於四‧二公斤／平方公分，其間
距不超過 $(d/8\beta_d)$。其中 (A_v)，間
距中剪力鋼筋面積。

(b_w)，腹寬。

(f_y)，鋼筋規定降伏應力。

(d)，拉力筋重心至壓力外緣之距
離。

(β_b)，終斷筋面之面積與其斷面內鋼筋總
面積比。

(三) 直徑三十五公厘下連續鋼筋面積大於終斷
處撓曲需要之兩倍，剪力不超過抗剪力四
分之三。

第三百九十五條 （正彎矩鋼筋）簡支構材正彎矩鋼筋之三分之一，連
續構材正彎矩鋼筋之四分之一，須沿構材之同面伸入
支承內或梁內至少十五公分。

如撓曲構材爲抵禦橫力構體之主要部分，前述正彎矩
鋼筋須伸入錨定支承內，並在支承面處握持達其拉力
降伏應力。

在簡支支承點及反彎點處，選用正彎矩拉力鋼筋之直
徑時，須使依本編第三九八條計得之握持長 (l_d) 不
超過下式:

$$l_d = \frac{M_t}{V_u} + l_a$$

其中 (M_t)，理論彎矩強度，假定斷面之所有鋼筋依
降伏應力而計得之撓曲強度。

$$M_t = A_s f_y \left(d - \frac{\alpha}{2} \right)$$

(A_s) 爲拉力鋼筋面積，(f_y) 依本編第 三九四條，
(α) 依本編第四一六條。 依本章第六節計算時，可
以 (0.85d) 代替 ($d - \alpha/2$)。

(V_u)，斷面處之最大剪力。依本章第六節計算時，以
計得剪力之兩倍代替 (V_u)。

(l_a)，在支承處或反彎點增加之埋置長，在支承處爲

支承點中心以外埋置長與所用彎鉤或錨錠物之相當埋置長之和。在反彎點處為構材有效深度或十二倍鋼筋直徑兩者之較大者。

如鋼筋端部被壓力限制時，(M_t/V_u) 可以增加百分之三十。

第三百九十六條　（負彎矩鋼筋）連續、束制、懸臂構材或剛構之各構材，其拉力鋼筋須以埋置長、彎鉤、錨錠物於支承處或伸過支承處錨錠之。

負彎矩鋼筋之埋置長須符合本編第三九四條有關之規定。

支承處之負彎矩鋼筋至少須有三分之一延伸至反彎點以外，並使其埋置長不小於構材有效深度，或十二倍鋼筋直徑或十六分之一淨跨度，三者中之較大者。

第三百九十七條　（特殊構材）坡面或階式基腳、托架、深梁以及拉力鋼筋不能平行壓力面之撓曲構材，其鋼筋應力與彎矩不能成正比時，拉力鋼筋端應有足夠之錨錠。

第三百九十八條　（拉力握持長）

一、拉力竹節鋼筋之握持長（l_d）公分，為其基本握持長與其修正因數之積，但不得少於三十公分。

二、基本握持長應依下列規定：

鋼筋直徑在三五公厘以下時，$\left(\dfrac{0.0594 A_b f_y}{\sqrt{f'_c}}\right)$，

但不得小於 $(0.00569 d_b f_y)$

鋼筋直徑為四五公厘時，$\left(\dfrac{0.0815 f_y}{\sqrt{f'_c}}\right)$

鋼筋直徑為五七公厘時，$\left(\dfrac{1.054 f_y}{\sqrt{f'_c}}\right)$

異形鋼線，$\left(\dfrac{0.113d_b f_y}{\sqrt{f'_c}}\right)$

其中（A_b）爲單筋斷面積，（d_b）爲鋼筋直徑，（f_y）爲鋼筋降伏應力，（f_c'）爲混凝土規定壓力強度，公斤／平方公分。

三、修正因數應依下列規定：

上部鋼筋（其下混凝土厚在三十公分以上），一‧四。

鋼筋降伏應力四二〇〇公斤／平方公分以上，$\left(2 - \dfrac{4200}{f_y}\right)$。

輕質混凝土，一‧三三。

四、依前款規定修正後，符合下列規定得再加修正：

鋼筋間距中心十五公分以上，距構材邊側不少於七‧五公分時，〇‧八。

撓曲構材鋼筋超過需要量時，爲需要鋼筋與實用鋼筋之面積比。

鋼筋圍以六公厘以上螺筋，箍距不超過十公分，〇‧七五。

第三百九十九條　（壓力握持長）壓力鋼筋之握持長（公分）應依下列計算：

$\dfrac{0.0755 f_y d_b}{\sqrt{f'_c}}$，但不小於（$0.00427 f_y d_b$），或二十公分。

（f_y），（d_b）如本編第三九八條。

實用鋼筋超過需要量時，可以需要鋼筋與實用鋼筋面積之比例減少握持長。

鋼筋如圍以六公厘以上螺筋，箍距不超過十公分時，

握持長可以減少百分之二十五。

第 四 百 條　（束筋握持長）束筋中各筋之握持長須比其單獨之握

持長增加如下：三筋束筋增加百分之二十，四筋束筋

增加百分之三十三。

第四百零一條　（標準彎鈎）標準彎鈎可以握持之拉應力（f_h）爲其

（$\sqrt{f_c'}$）與不大於下表規定值之積：

鋼　　　筋　　　直　　　徑		公厘	10～16	19	22～28	32	35	45	57
f_y	二八〇〇公斤／平方公分	各筋	95	95	95	95	95	87	58
	四二〇〇公斤／平方公分	他筋	143	143	143	127	111	87	58
		上筋	143	119	95	95	95	87	58

彎鈎彎垂直方向如被圍紮，上值可增加百分之三十。

彎鈎之相當埋置（l_e），可依本編第三九八條計算，

以（f_h）代替（f_y），以（l_e）代替（l_d）。

用於抗壓力鋼筋處之彎鈎，應認爲無效。

第四百零二條　（共同握持長）有彎鈎鋼筋之握持長可依彎鈎或錨錠

物之相當埋長與鋼筋埋置長之和計算之。

第四百零三條　（鋼線網握持長）焊接鋼線網如埋置兩橫格，且較近

格離臨界斷面處五公分以上，可認爲能以握持達到鋼

線之降伏應力，如僅埋置一橫格，只能達到鋼線降伏

應力之一半。

焊接異形鋼線網之握持長應依本編第三九八條計算，

以 $(f_y-1400n)$ 代替 (f_y)。(n) 爲埋置格數， 其較近格距臨界斷面五公分以上。最小握持長不得小於 $(250A_w/S_w)$。

(A_w) 爲單鋼線之斷面積，(S_w) 爲鋼線之間距。

第四百零四條 （預力鉸線握持長）先拉預力鋼鉸線在其臨界斷面外之握持長（公分），不得少於〔$0.01422(f_{ps}-2/3\ f_{se})$ d_b〕。其中 $(f_{ps}-2/3\ f_{se})$ 爲一常數，計算時無單位。(d_b)， 公分爲鋼鉸線直徑，(f_{ps}) 公斤／平方公分，爲在設計載重下計得預力鋼鉸線之應力，(f_{se}) 公斤／平方公分，爲預力損失後預力鋼鉸線之有效應力。凡在設計載重下要求達到全強度之構材端部附近，應予驗算。

如鋼鉸線之裏握不延伸到構材之端部，依前述計算之握持長應予加倍。

第四百零五條 （錨錠物）凡能握持鋼筋強度之設施而不傷及混凝土者，均可作爲錨定物。

錨錠物之適用性，應以試驗結果證明之，並將結果送主管建築機關備查。

第四百零六條 （腹筋之錨定）腹筋應在保護層及鄰近鋼筋排列許可下盡可能靠近構材之壓力面及拉力面。單肢、單U形或複U形肋筋之端部應依左列方法之一錨錠之：

一、標準彎鉤加 $(l_d/2)$ 有效埋置長， 肋筋肢之有效埋置長爲自構材有效深度中線至彎鉤起始處之距離。

二、伸過梁有效深度中線至壓力側之埋置長，須有握持長 (l_d)，且不得少於二十四倍肋筋直徑。

三、彎繞縱向鋼筋至少一百八十度，彎繞縱向鋼筋之肋筋與竹節縱向鋼筋交角四十五度以上，可以認為有效錨錠。

四、鋼線網U形肋筋，每肢在U形頂上沿梁長方向，須有間距五公分兩縱向鋼線，或一縱向鋼線距壓力而不超過四分之一有效深度，且與另一靠近壓力面之鋼線相距至少五公分，另一鋼線可位於內徑八倍鋼線直徑之彎鈎上或彎鈎外。

兩錨端間，單U形或複U形肋筋之彎曲處，均須圍繞縱向鋼筋上。

彎起縱向鋼筋作腹筋時，在拉力區內須與縱向鋼筋連續，在壓力區內須在其有效深度中線上或下，依本編第三九八條拉力握持長規定予以錨錠，其 (f_y) 須與本編第四三二條彎上鋼筋面積公式中之 (f_y) 符合。一對U形肋筋相對拼成之箍筋，疊接處之長應達一‧七倍握持長，構材深度在四五公分以上，肋筋疊接之每肢之 ($A_b f_y$) 如不超過四千公斤，且各肢均延伸至構材全深度，可認為已適當疊接。

(f_y) 公斤／平方公分，為鋼筋之降伏應力。

(A_b) 公斤／平方公分，為單鋼筋之斷面積。

第四節　耐震設計之特別規定

第四百零七條　（適用範圍）強烈及中度地震地區之就地澆鑄靱性立體剛構及僅於梁柱接頭處就地澆鑄合成之靱性立體剛構（橫力係數之 k ＝0.67）或靱性立體剛構與剪力牆

合用構造（橫力係數之 $k=0.80$），應符合本節之規定。

第四百零八條 （耐震要求）耐震結構分析須顧及結構物與非結構物間之相互作用，非主要構體之損壞後果，亦應考慮。樓版及屋面應使爲傳布橫力至剛構或剪力牆之橫構材。

混凝土之規定壓力強度不得少於二一〇公斤／平方公分，鋼筋之最大降伏應力不得大於四二〇〇公斤／平方公分，並不得以較高應力鋼筋代替之。

不論有無耐震剪力牆，以撓曲構材與柱組成之靭性剛構，在強烈地震時，假定其側向變形足以產生反復塑鉸；塑鉸力矩應依本章第五節規定計算。

第四百零九條 （撓曲材）

一、撓曲構材之最大鋼筋斷面積比（ρ），不得大於平衡鋼筋斷面比（拉力鋼筋達降伏應力時混凝土壓力應變達〇・〇〇三）之一半；構材上下至少須有兩支鋼筋通過構材全長，其鋼筋斷面比不得少於（$14/f_y$），（f_y）爲鋼筋規定降伏應力，公斤／平方公分。

二、在支承處負彎矩拉力鋼筋至少須有三分之一將其錨錠長延伸至最外反彎點外，且不得少於淨跨度之四分之一。梁每端至少須有最多拉力鋼筋之四分之一連續穿過梁上端。

三、撓曲構材與柱連接處之正彎矩強度，不得少於負彎矩強度之一半。

四、撓曲構材上下鋼筋須延伸至柱，並穿過柱至對面

之撓曲構材。如因斷面不同不能穿過或其對面無撓曲構材時，須延伸至圍束區之遠面，並錨定握持達其規定降伏應力。圍束區以緊密箍筋或緊密螺筋圍束梁（柱）中混凝土處或梁柱接頭處。

緊密箍筋或螺筋之直徑不得小於十公厘，箍筋末端彎鈎須為一百三十五度圓彎加十倍鋼筋直徑長，間距應符合本條五款六款或本編第四一〇條四款六款之規定，握持長應自柱之近面起算，末端須用九十度標準彎鈎，錨定長在圍束區中不得小於本編第三九八條基本握持長之三分之二；在圍束區外時不得小於本編第三九四條至第四〇二條有關規定，但均不得小於四十公分。

五、腹筋須能承受由於構材垂直載重之剪力及由於構材端側移之塑鉸力矩之剪力。

垂直於縱向鋼筋之腹筋，須沿構材全長設置，最小肋筋直徑為十公厘，最大間距為有效深度之一半。

距梁端相當於四倍有效梁深距離內，腹筋面積不得小於下列之較大者，間距不得大於 (d/4)。

$$A_v = \frac{d}{s} - 0.15A_s' \quad 或 \quad 0.15A_s$$

其中 (A_v) 腹筋面積，（d）有效梁深，（s）腹筋間距，（A_s'）壓力鋼筋面積，（A_s）拉力鋼筋面積。構材端接連柱之肋筋必須用箍筋，第一箍筋距柱面不得超過七‧六公分。

六、如鋼筋作用為壓力鋼筋，鋼筋之間距不得大於十

六倍鋼筋直徑或三十公分；在梁端箍筋應用距離
由柱面起須有兩倍有效梁深之距離。如因構架之
非彈性變形致構材之彎矩強度不在構材之端部，
所用腹筋面積及間距應依本條第五款之規定。

七、除非箍筋間距依本條第六款規定應用，拉力鋼筋
不得在拉力區或反復應力處疊接，疊接處至少須
有兩箍筋，疊接長至少二十四倍鋼筋直徑或三十
公分，在距塑鉸相當有效深度（d）之距離內不
得焊接。

第 四 百 十 條　（受撓柱）

一、承受軸力與彎矩之柱，其主筋斷面積比不得少於
百分之一，並不得大於百分之六。

二、在梁與柱連接之主軸平面內，除非各圍束柱心之
彎矩強度和足以承受設計載重，各柱受軸載重
後之彎矩強度和不得少於所連接各梁之彎矩強度
和，若任一層上之處或多處梁柱之接頭，不能符
合前述規定，則該層上其餘接頭，須能承受包括
非上述接頭設計所增添之全部剪力。

三、柱之最大設計軸力 (P_e) 如小於或等於$(0.4P_b)$，
可依本編第四〇九條撓曲構材設計之。(P_b)為（鋼
筋拉力達降伏應力，且混凝土壓力應變達〇・〇
〇三平衡狀態時之柱軸力）柱之軸力載重能力。

四、若 (P_e) 大於 $(0.4P_b)$，梁柱接頭處之上柱底部
及下柱頂部須以緊密箍筋或緊密螺筋圍束之，圍
束之高度不得小於相當圓柱直徑或矩形柱之長邊
或四五公分或六分之一柱淨高度之較大者。

緊密螺筋之體積比（ρ_s），不得小於本編第四二二條之規定，亦不得小於（$0.12f'_c/f_y$）。緊密箍筋之面積（A_{sh}），應依下式求算 $A_{sh}=\dfrac{l_h l_s S_h}{2}$

計算時，（ρ_s）依緊密螺筋之規定，本編第四二二條式中之（A_c）以（A_{ch}）代替，（A_{ch}）為緊密箍筋圍束之柱心面積，（f_y）為緊密箍筋之降伏應力，（l_h）為緊密箍筋垂直肢間之最大無支撐長，（S_h）為緊密箍筋之間距，不得大於十公分。

如為減少緊密箍筋之支撐長，可加補助箍筋其兩端須連接至緊密箍筋，並以半圓標準彎鈎紮在主筋上，以防止施工時被移動，補助箍筋之保護厚度不得小於一·三公分。

五、柱中緊密箍筋，應符合下式要求，

$$\left(A_v f_y \frac{d}{S}=V_u-V_c\right)$$

其中（A_v），緊密箍筋在間距（S）間之面積，如用緊密螺筋時以（$2/3\,A_v$）代替（A_v）。

（S）間距，不得大於有效深度（d）之一半。

（$V_c=v_c bd$），（v_c）應依本編第四三一條規定，（b）為寬度，（d）為有效深度，如柱之單位面積設計軸重小於（$0.12f'_c$），（v_c）作為零，

$$\left(V_u=\frac{M_u^b+1/2\,M_b}{h}\right)\text{但不必大於}\left(\frac{M_u^\tau+M_b}{h}\right)$$

其中（M_u^τ）及（M_u^b）為塑鉸在柱之上下端時，柱之彎矩強度，（h）為柱之淨高度，（M_d）為其

連接梁之彎矩強度和，如只有一梁時，式中($1/2$ M_b) 以 (M_b) 代替之。

六、柱如支承不連續至下層之牆或堅固隔間，全柱長應依本條四款規定全用緊密螺筋或緊密箍筋。

七、主筋之拼接應依本編第三六六條至第三六八條之規定，但疊接長不得小於鋼筋直徑之三十倍或四十公分，如用焊接或頂接，每處不得超過所用鋼筋四分之一，且與鄰近拼接至少三十公分以上。

第四百十一條 （梁柱接頭）梁柱接頭處之緊密箍筋或緊密螺筋應符合本編第四一〇條四款及五款之規定；依五款計算時，式中之 (V_u) 為計入柱剪力及其連接梁主筋計算剪力(按主筋面積與其降伏應力計算之)之最大剪力。

接頭處柱之四邊均有梁連接時，前述之緊密箍筋或緊密螺筋之規定可以減少一半，但梁寬不得小於柱寬之一半，梁深不得小於最深梁深度之四分之三。

如梁軸心不能與柱軸心相交時，應計入由於偏心增加之剪力，彎矩及扭力。

第四百十二條 （剪力牆）剪力牆須能抵禦傾倒力矩、垂直載重及剪力之共同作用，並須適當傳遞牆之彎矩，垂直載重及剪力至其基礎或支承物。

剪力牆之橫向及豎向鋼筋之最小面積不得小於牆身全斷面積之四百分之一。

應用於靭性體剛之橫力修正因數，計算剪力牆之剪力鋼筋時不得應用。

剪力牆之 (P_e) 如小於或等於 ($0.4P_b$)，且依需要強

度按牆全斷面爲彈性均質材計得之最外緣拉力超過
（0.15f_y），牆端之豎向鋼筋最小面積（A_s），應依下
列規定：

$$A_s = \left(\frac{14}{f_y}\right)hd$$

其中（d）爲由鋼筋重心至最外壓力緣牆之橫向距離，
（h）爲牆之厚度，（f_y）爲鋼筋之降伏應力，（f_r）爲混
凝土破裂模數，（P_e）（P_b）如本編第四一〇條。

牆中所用鋼筋應能抵抗軸力，彎矩及剪力之需要。

如（P_e）大於（0.4P_b）時，剪力牆須有豎向邊構材
能以承受由於牆重量及所承輕靜載重與活載重與設計
橫力所生豎向應力，豎向邊構材全長須應用特別橫向
鋼筋並符合第四一〇條規定。

剪力牆之工作縫應依本篇第三六一條規定建造。豎向
鋼筋之拼接處依本編第四一〇條有關拼接之規定。

第五節　強度設計

第四百十三條　（設計需要強度）混凝土構造之構材須能承受依載重
及載重因數計得之設計需要強度。

一、僅垂直載重時，包括靜載重（D）及活載重（L），
　　設計需要強度（U）應依下式計算：

　　$U \geqq 1.4D + 1.7L$

二、如因風力（W）作用須行拼入合計時，需要強度
　　應依下列兩式計算之較大者，且不得小於上式之
　　值：

$U \geqq 0.75(1.4D+1.7L+1.7W)$

$U \geqq 0.9D+1.3W$

三、如因地震橫力（E）作用須行併入合計時，需要
強度應依第一款及第二款三式計算之較大值，但
以（1.1E）代替（W）。

四、如因土壓力（H）作用須行併入合計時，需要強
度應依下列五式之較大者計算:

$U \geqq 1.4D+1.7L+1.7H$

$U \geqq 1.4D+1.7L$

$U \geqq 0.9D+1.7H$，（D）（L）與（H）相反時。

$U \geqq 1.4D+1.7H$，（L）與（D）（H）相反時。

$U \geqq 0.9D+1.7L+1.7H$，（D）與（L）（H）
相反時。

五、如因液壓力（F）作用須行併入合計時，需要強
度應依下列五式之較大者計算:

$U \geqq 1.4D+1.7L$

$U \geqq 1.4(D+F_v)+1.7L+1.4F$

$U \geqq 1.4(D+F_v)+1.4F$，（L）與（D）（F）
相反時。

$U \geqq 0.9(D+F_v)+1.4F$，（D）（L）與（F）相
反時。

$U \geqq 0.9(D+F_v)+1.7L+1.4F$，（D）與（L）
（F）相反時。

其中（F_v）為與（F）同時作用之液體垂直壓力。

六、如有衝擊影響（D）時，以（L＋I）代替（L）。

七、如有不同沉陷、潛變、收縮，或溫度變化之顯著

影響（X）時，應依下列兩式較大者計算:

$$U \geqq 0.75[1.4(D+X)+1.7L]$$

$$U \geqq 1.4D+1.7L$$

第四百十四條　（有效強度）混凝土構造之構材受軸力、彎矩、剪力或應力影響之有效強度，應依本節規定計得之強度乘以下列有關折減因數(ϕ)；折減因數之應用依下列規定:

一、受軸拉力或受無論有無軸拉力之撓曲時，〇·九〇。

二、受軸壓力或受軸壓力與撓曲合併作用時:

（一）鋼筋混凝土構材以螺筋圍箍者，〇·七五。

（二）其他鋼柱混凝土構材，〇·七〇。

（三）鋼筋之降伏應力不超過四二〇〇公斤／平方公分，且應用於對稱斷面，其

$$\left(\frac{h-d'-d_s}{h}\right)$$值不小於〇·七〇時，

本款之（一）或（二）之折減因數可按壓構材設計軸壓力（P_u），由（$0.10f'_cA_g$）減至零作直線比例，增加至〇·九〇。

（四）受較小軸壓力不符合本款之（三）斷面時，本款之（一）或（二）之折減因數可按壓構材設計軸壓力（P_u），由（$0.10f'_cA_g$）或平衡力（P_b）二者之較小值減至零作直線比例，增加至〇·九〇。

（h）為構材全深度。

(d') 為壓力鋼筋重心至壓力外緣之距離,

(d_s) 為拉力鋼筋重心至構材拉力面之距離, (A_g) 為全斷面積, (f'_c) 為混凝土設計規定壓力強度。

三、受剪力與扭力合併作用時, 〇‧八五。

四、混凝土承壓時, 〇‧七〇。

五、無筋混凝土受撓曲時, 〇‧六五。

六、鋼筋之握持長, 無折減因數。

第四百十五條 （鋼筋強度限制）除預力鋼材外, 設計所用之鋼筋降伏應力不得大於五六〇〇公斤／平方公分。

第四百十六條 （設計假定）撓曲與軸力構材依強度設計, 應依本條之假定, 並符合平衡規定且與應變相合。

鋼筋與混凝土之應變假定與中軸線之距離成正比。

混凝土壓力外緣之最大應用應變假定為〇‧〇〇三。

鋼筋之應力, 如低於其降伏應力時, 可以作為 (E_s) 乘以鋼筋之應變; 應變大於其相當降伏應力之應變時, 鋼筋之應力均等於其降伏應力, 與應變無關。 (E_s) 為鋼筋之彈性模數。

設計鋼筋混凝土撓曲時, 混凝土拉應力不計, 預力混凝土依本章第七節之規定。

混凝土壓應力分布與應變之關係可假定為矩形、梯形、拋物線形以及其他曾經試驗證明認可之各形。

如假定以相當矩形分布混凝土壓應力: 應依下列規定, 混凝土壓應力 $(0.85f'_c)$ 假定均勻分布於一相當矩形之壓力區, 其頂邊為斷面最大壓力應變外緣, 其底邊為平行斷面中軸線距離最大壓力應變外緣 $(\alpha = \beta_{1c})$

之直線。（Ｃ）爲最大壓應變外緣至中軸線之垂直距離，混凝土設計規定壓力強度（f'c）不超過二八〇公斤／平方公分時，（β₁）爲〇‧八五；超過二八〇公斤／平方公分時，每超過七〇公斤／平方公分，應減小〇‧〇五。

第四百十七條　（設計原則）構材斷面承受撓曲或同時承受撓曲與軸力時，應依本編第四一六條假定按其應力與相合之應變設計之。撓曲構材及符合本編第四一四條二款之（㈣）同時承受撓曲與較小軸壓力構材，其鋼筋斷面比（ρ）不得大於無軸力僅受撓曲時平衡鋼筋斷面比（ρb）之〇‧七五。

平衡狀態係斷面之拉力鋼筋達到其降伏應力時正好混凝土壓力應變亦達到其假定之〇‧〇〇三。

承受壓力載重之斷面，須依其應用彎矩及其支承載重狀況應依本編第四二〇條細長比規定設計之。

壓力鋼筋配同增用壓力鋼筋可用以增加撓曲構材強度。

構材受壓力載重時，應依其載重所發生之最大彎矩相當之偏心（ｅ）設計之，但最小偏心不得小於二‧五公分；螺筋圍紮之壓構材各軸之偏心不得小於（0.05h），箍筋圍紮之壓構材各軸之偏心，不得小於（0.10h），其中（ｈ）爲構材全深度。

壓構材之設計應依本編第四二〇條所列細長比影響。

預鑄構材如其製作與建造之公差限於其最小設計偏心之三分之一，設計用之最小偏心（ｅ）可以減低至一‧五公分。

第四百十八條　(撓曲強度)

一、僅用拉力鋼筋之矩形撓曲構材，如其鋼筋斷面比（ρ）不超過平衡鋼筋斷面比（ρ_b）之〇‧七五，其彎矩強度爲鋼筋達降伏應力時之拉力等於混凝土壓應力分布於相當矩形壓應力區之壓力之力偶與其折減因數（ϕ）之乘積。

二、壓力鋼筋與拉力鋼筋，均用之矩形撓曲構材，如其拉力鋼筋斷面比（ρ_b）不超過平衡鋼筋斷面比（ρ）與壓力鋼筋斷面比（ρ'）各之〇‧七五，且不小於

$$\left(0.85\beta_1 \frac{f'_e}{f_y} \frac{d'}{d} \frac{6100}{6100-f_y} + \rho'\right),$$

其彎矩強度爲其壓力鋼筋達降伏應力時，對拉力鋼筋重心之力偶，加上其拉力鋼筋減去壓力鋼筋後達到降伏應力時之拉力等於混凝土相當矩形壓應力區之壓力之力偶，再乘以折減因數（ϕ）之積。

若（ρ）小於 $\left(0.85\beta_1 \frac{f'_e}{f_y} \frac{d'}{d} \frac{6100}{6100-f_y} + \rho'\right)$

壓力鋼筋應力，小於降伏應力時，應依其應變計算其壓應力設計之。

三、I 形或 T 形撓曲構材，如其矩形部分鋼筋與斷面比（ρ_w）不超過平衡鋼筋斷面比（ρ_b）與翼緣鋼筋斷面比（ρ_f）和之〇‧七五，且其翼緣版厚（t）小於中軸至壓力外緣之距離（c）亦小於相當矩形壓應力區之深度（a）時，其彎矩強度爲矩形

寬以外翼緣混凝土斷面之相當矩形壓應力區壓力
等於其翼緣所需鋼筋達降伏應力拉力時之力偶，
加上腹部矩形混凝土斷面之相當矩形壓應力區壓
力等於腹部矩形所需鋼筋達降伏應力拉力時之力
偶，再乘以折減因數（ϕ）之積。

若（t）等於或大於（c），或小於（c）卻大
於（α）時，其彎矩強度應依本條一款規定，及
其翼緣寬矩形壓應力區壓力設計之。

四、其他各形對稱斷面及不對稱垂直軸之斷面，應依
本編第四一六條及四一七條之規定設計之，並應
使其拉力鋼筋斷面比小於平衡鋼筋斷面比（ρ_b）
之〇‧七五。

第四百十九條　（壓構材強度）壓構材同時承受軸壓力與彎矩時，以
平衡狀態，分別構材應由拉力或壓力控制設計如下:

一、拉力控制設計時，拉力鋼筋先行達到降伏應力而
後混凝土壓應變達〇‧〇〇三。其設計軸壓力
強度（P_u）爲混凝土相當矩形壓應力區之壓力強
度（C_c）與其壓力鋼筋達其降伏應力之壓力強度
（C_y）及拉力鋼筋達其降伏應力之拉力強度（T_y）
三者乘以折減因數（ϕ）之代數和，其設計彎矩
強度（M_u）爲（C_c）至拉力鋼筋重心軸之力矩
（M_{cc}）及（C_y）至拉力鋼筋重心軸之彎矩（M_{cy}）
兩者乘以（ϕ）之代數和。

二、壓力控制設計時，混凝土壓應變先達〇‧〇〇三，
而拉力鋼筋尚未達其降伏應力，應計算其中軸位
置及拉力鋼筋拉應力強度（T_s），並使其設計軸壓

力強度（P_u）爲（C_c）（C_y）（T_s）三者乘以（ϕ）之代數和；其設計彎矩強度（M_u）爲（M_{oc}）（M_{cy}）兩者乘以（ϕ）之代數和。

三、壓構材僅承受軸壓力或同時承受軸壓力與彎矩，其偏心小於本編第四一七條規定最小偏心時，其壓力強度（l_u）等於混凝土面積扣除全部鋼筋面積之壓力強度與全部鋼筋達其降伏應力之壓力強度二者乘以折減因數（ϕ）之和。

爲確定構材在設計需要強度情形下，壓力鋼筋應力達到降伏點，必須以應變驗算之。外側鋼筋達降伏應力時，外側與中軸間之鋼筋應力將低於降伏應力，應依混凝土壓應變爲〇・〇〇三求算各鋼筋相當應力。

第四百二十條　（細長比影響）設計壓構材所依據之軸力與彎矩須以結構分析求得，分析應考慮軸力及慣性矩變化對構材勁度及固端彎矩之影響，撓度對彎矩之影響，及載重持續時間之影響等。設計壓構材亦可依彈性結構分析及下列規定之近似法：

一、壓構材之無支撐長（l_u）爲樓版間，大梁間或其他側支構材間之淨距離，如有柱冠或托肩應依其最低處計算無支撐長。

二、矩形壓構材之廻轉半徑可假設爲其撓曲方向全尺度之〇・三。圓形壓構材之廻轉半徑可假設爲其直徑之〇・二五，其他形壓構材之廻轉半徑應依其混凝土全斷面計算求得。

三、壓構材如已支撐防止側移，其有效長因數（K）

除非經分析計算可用較低數值外，應假定爲一。
如未支撐阻止側移，其有效長因數（K）應依相
對勁度及曲度求算，須大於一。

四、壓構材如已支撐防止側移，但$\left(\dfrac{Kl_u}{r}\right)$小於$\left(34-\right.$
$\left.12\dfrac{M_1}{M_2}\right)$時，細長比影響可以不計；　如未支撐阻
止側移，但$\left(\dfrac{Kl_u}{r}\right)$小於（22）時，可以不計細長
比影響。$\left(K\dfrac{l_u}{r}\right)$大於（100）時，應依詳細準確分
析求算。

五、設計壓構材可依通常結構分析所得之軸力及下列
規定之加大彎矩（M_c）求算。

$$M_c = \delta M_2$$

$$\delta = \frac{C_m}{1-\dfrac{P_u}{\phi P_u}} \geqq 1.0$$

$$P_c = \frac{\pi^2 EI}{(Kl_u)^2}$$

$$EI = \frac{\left(\dfrac{E_c I_g}{5}\right) + E_s I_s}{1+\beta_d} \quad \text{或更保守用} \quad EI = \frac{E_c I_g/2.5}{1+\beta_d}$$

如構材已支撐防止側移，且支點上無載重，（C_m）
可以下式計算:

（$C_m = 0.6 + 0.4 M_1/M_2$），但不得小於○‧四。
其他情形，（C_m）等於一。

（M_1），依通常彈性結構分析，壓構材端較小彎
矩，單曲度爲正，複曲度爲負。

(M_2)，依通常彈性結構分析，壓構材端較大彎矩，均為正。

(E_c)，混凝土彈性模數。

(E_s)，鋼筋彈性模數。

(I_g)，混凝土（不計鋼筋）之全斷面依中軸之慣性矩。

(I_s)，依構材斷面中軸鋼筋之慣性矩。

(β_d)，最大設計靜載重彎矩與最大設計總載重彎矩比，正號。

(P_u)，壓構材設計軸力強度。

(ϕ)，折減因數。

(K)，有效長因數。

(l_u)，無支撐長。

構架如無支撐防止側移，(δ)值須依全層所有柱均行負載計算之，以 $(\sum P_u)$ 及 $(\sum P_c)$ 之值代入前式中之 (P_u) 及 (P_c)；及設計中之柱時，(δ)應依前計算及依柱端支撐防止側移計算兩者中之較大者。

壓構材如兩軸均受撓曲，兩軸之彎矩應依各該軸束制情形計算之 (δ) 放大之。

六、設計壓構材如依本編第四一七條最小偏心規定，(M_2) 依此規定，如計得之偏心小於規定偏心，可用計得端彎矩估算曲度情形，如構材兩端依計算均無偏心時，其曲度應依 $\left(\dfrac{M_1}{M_2}\right)$ 等於一計算。

七、構架如未支撐阻止側移，撓曲構材應依其所連接

壓構材之加大端彎矩設計之。

第四百二十一條　（斷面限度）應用兩個以上螺筋之壓構材，其斷面尺度依螺筋最外限加上本編第三七四條保護厚度後之尺度計算之。壓構材與混凝土牆築成一體時，壓構材斷面爲圓螺筋箍外徑加三・八公分保護厚之圓形直徑，或矩形螺筋箍各邊外加三・八公分保護厚之矩形尺度。圓形壓構材斷面可依其相等面積之方形、八角形或其他能相同最小橫尺度之形狀設計之；容許載重，全斷面積，鋼筋斷面比均須與原圓形斷面有壓構材相同。壓構材實用斷面較依載重需要爲大時，可依減少之有效面積計算鋼筋面積及載重能力，但不得少於實用斷面積之一半。

第四百二十二條　（鋼筋限度）　壓構材之主筋面積不得小於全斷面之〇・〇一，亦不得大於全斷面之〇・〇八，圓形排列之主筋數不得少於六支，矩形排列之主筋數不得少於四支。

螺筋之體積與螺筋箍外徑內混凝土體積比（P_s）不得少於

$$0.45\left(\frac{A_g}{A_s}-1\right)\frac{f'_c}{f_y}$$

其中（A_g），全斷面積。

（A_c），螺筋箍外徑內混凝土面積。

（f'_c），混凝土規定壓力強度。

（f_y），螺筋之降伏應力，不得大於四二〇〇公斤／平方公分。

第四百二十三條　（版支承構材）支承平版之軸力構材均應依本節之規

定及第七節有關規定設計之。

第四百二十四條　（載重傳布）柱之混凝土規定壓力強度如超過樓版系者百分之四十以上時，應依下列方法之一傳布載重：

一、柱四周樓版面積相當柱斷面四倍範圍，依柱之混凝土強度，並依本編第三六一條方法澆置與樓版混凝土結合一體。

二、柱之載重強度依較低混凝土強度計算，豎筋及螺筋依需要計算。

三、柱四周如有約等深之梁或版支持時，柱之假定強度可依百分之七十五柱混凝土強度，加上百分之三十五樓版混凝土強度，代入柱之公式中計算之。

第四百二十五條　（承壓應力）承壓應力不得超過混凝土規定壓力強度百分之八十五與折減因數（ϕ）之積。

支承面如四周均大於承載面積，計算容許承壓應力之承載面積可增爲其 $(A_2/A_1)^{1/2}$ 倍，但不大於二。

（A_1）爲承載面積，（A_2）爲與承載面積同心依幾何相似之最大面積。

如支承面爲坡形或階形，（A_2）爲斜坡豎一橫二錐體之可能最大截面積。

後拉預力端錨之承壓應力依本章第七節之規定。

第四百二十六條　（合成壓構材）混凝土構材以型鋼、鋼管、或加鋼筋加強共同承受壓力者，稱爲合成壓構材。

一、合成壓構材之強度亦應依本編第四一九條及第四二〇條之規定計算，壓力載重分配於構材混凝土部分，應由構材或托架直接承受，未分配支壓於混凝土者，可由型鋼或鋼管等承受。

計算合成斷面細長比之廻轉半徑（r）須小於

$$\left(\gamma \sqrt{\dfrac{1/5E_sI_g+E_sI_t}{1/5E_cA_g+E_sA_t}} \right)$$

計算本編第四二〇條中（P_e）之（EI）須小於

$$\left(\dfrac{1}{5} \ \dfrac{E_cI_g+E_sI_t}{I+\beta_d} \right)(E_c),(I_g),(E_s),(\beta_d)$$

如本編第四二〇條，（I_t）爲依構材斷面中軸型鋼或鋼管之慣性矩，（A_t）爲型鋼或鋼管之斷面積，（A_g）爲全斷面積。

二、如合成壓構材係以鋼材包築混凝土心，每面鋼材之厚度不得小於

$$b \ \sqrt{\dfrac{f_y}{3E_s}}$$

（b）爲該面之寬度；如爲圓斷面時，不得小於

$$h \ \sqrt{\dfrac{f_y}{8E_s}}$$

（h）爲圓斷面直徑。包築之混凝土心中如有主筋可用以計算（A_t）及（I_t）。

如合成壓構材係於鋼筋混凝土壓構材中包築構造鋼心，混凝土規定壓力強度不得小於一七五公斤／平方公分，鋼筋規定降伏應力不得大於三五〇〇公斤／平方公分，鋼筋斷面比不得小於〇·〇一，亦不得大於〇·〇八，如主筋以螺筋圍紮，螺筋應依本編第四二二條規定。如主筋以箍筋排紮，箍筋直徑應在十六公厘以下，或直徑不得小於斷面直徑或長邊五十分之一，亦不得小於十公

厘；箍筋間距不得小於斷面狹邊二分之一，或四十八倍箍筋直徑，或十六倍主筋直徑。主筋間距不得大於斷面狹邊之一半，並須在矩形斷面四角紮置，箍筋內主筋於強度計算時可用以計算（A_t），計算細長比時不能用以計算（I_t），螺筋內主筋可用以計算（A_t）及（I_t）。

第四百二十七條　（牆壓力強度）

一、鋼筋混凝土牆須能承受其上垂直載重及其偏心與橫力作用，按軸壓力與彎矩相互作用，並符合本篇第四一九條及第四二〇條要求設計之。

二、如垂直載重與橫力之合力在牆厚中部三分之一以內，可依下式計算其壓力強度（P_u）。

$$P_u = 0.55\phi f'_c A_g \left[1 - \left(\frac{l_c}{40h} \right)^2 \right]$$

（ϕ），折減因數，$\phi = 0.70$。

（f'_c），混凝土規定壓力強度。

（A_g），斷面全面積。

（l_c），支持物間豎距離。

（h），牆厚度。

三、集中載重傳布於牆之長度，不得大於集中載重間距，亦不得大於支壓寬加四倍牆厚之長度。

四、豎向鋼筋間距不得大於三倍牆厚或四十五公分。豎向鋼筋與斷面比如在〇‧〇一以下，或鋼筋不承受壓力，均可不用箍筋。最小鋼筋斷面比，應依下列規定：

〇‧〇〇一二，竹節鋼筋直徑不大於十六公厘，

降伏應力四二○○公斤／平方公分及以上。

○·○○一五，其他竹節鋼筋。

○·○○一二，焊接鋼線網，鋼線直徑小於十六公厘。

五、橫向鋼筋間距不得大於牆厚之一倍半或四五公分，最小鋼筋斷面比，應依下列規定：

○·○○二○，竹節鋼筋直徑不大於十六公厘，降伏應力四二○○公斤／平方公分及以上。

○·○○二五，其他竹節鋼筋。

○·○○二○，焊接鋼線網，鋼線直徑小於十六公厘。

六、依本條二款設計之牆應符下列規定：

（一）承重牆厚不得小於較小無支撐長之二十五分之一，牆高四·五公尺以內不得小於十五公分，四·五公尺以上每增高七·五公尺應增厚二·五公分。

（二）牆版分間牆厚不得小於十公分或支持間距離之三十分之一。

（三）地下牆及防火牆厚不得小於二十公分。

（四）牆之上下左右應埋築於樓版、柱、撐牆及相交牆中。門窗及開口四周應紮置十六公厘直徑鋼筋二支，並須由開口延至牆內至少六十公分。

（五）除地下牆外，牆厚二五公分以上，鋼筋得按長小鋼筋量分兩層應用，一半以上，三分之二以下，用於外牆面，其餘用於內牆

面，鋼筋直徑不得小於十公厘。

第四百二十八條　（腹筋）

一、鋼筋混凝土及預力混凝土撓曲構材，除樓版、基版、欄柵、及梁深不超過二五公分，或不超過翼緣厚兩倍半，或不超過梁腹寬一半，或設計剪力強度小於容許剪力強度一半外，均須應用剪力鋼筋，最小剪力鋼筋面積（A_V）公斤／平方公分，應依下列規定：

（一）如設計扭力強度不大於$(0.398\sqrt{f_c'})$，　$A_V = 3.52b_w s/f_y$ 預力混凝土構材有效預力如不小鋼材拉力於撓曲鋼材拉力強度百分之四十，

$$A_V = \frac{A_{ps}}{80} \frac{f_{pd}}{f_y} \frac{s}{d} \sqrt{\frac{d}{b_w}}$$

（二）如設計扭力強度大於 $(0.398\sqrt{f_c'})$，最小箍筋面積平方公分應依下列規定：

$$A_V + 2A_t = 3.52 \frac{b_w s}{f_y}$$

（b_w）公分，梁腹寬，或圓斷面直徑。

（s）公分，剪力或扭力鋼筋間距。

（f_y）公斤／平方公分，鋼筋降伏應力。

（A_{ps}）平方公分，拉力區預力鋼材面積。

（f_{pu}）公斤／平方公分，預力鋼材極限強度。

（d）公分，拉力鋼材重心至壓力外緣之距離。

（A_t）平方公分，間距（s）公分內之抵

禦扭力箍筋之一肢面積。

二、剪力及扭力鋼筋之降伏應力不得超過四二〇〇公
斤／平方公分。

三、剪力鋼筋可用垂直於構材中軸之肋筋或鋼線網，
其間距不超過構材有效深度（d）之一半。預力
混凝土構材不得超過構材全深度（h）之四分之
三，亦不得大於六十公分。

四、鋼筋混凝土構材中之剪力鋼筋亦可應用與拉力筋
交角四十五度以上之斜肋筋，或用以縱向鋼筋彎
上交角三十度以上之彎上筋，以及肋筋與彎上筋
合用及應用螺筋等。

斜肋筋及彎上筋之間距須能使構材有效深度之中
線至縱向拉力鋼筋間，每一可能發生斜拉裂縫之
四十五度線均與一組腹筋相交。

五、扭力鋼筋須用肋箍、箍筋或螺肋。

六、腹筋須由壓力外緣延伸至構材有效深度（d）之
距離，其兩端應依本編第三六二條及第四〇六條
規定錨定之。

第四百二十九條　（剪應力強度）剪應力強度（v_u）應依下列規定:

$$v_u = \frac{V_u}{\phi b_w d}$$

（V_u）為設計剪力強度，（ϕ）為折減因數，（b_w）為構
材腹寬，（d）為由壓力外緣至拉力筋心之距離，如
為預力混凝土構材，不得小於構材全深度（h）之百
分之八十，如為圓構材，不得小於壓力外緣至對面拉
力筋重心之距離。

構材端部，如因反力而生與剪力平行之壓力，由支承面至構材內相當（d）距離範圍內之各斷面，可均依距支承面（d）距離處剪應力強度設計之，預力混凝土應依距支承面相當構材全深度一半（1/2h）之剪應力強度設計之。

混凝土之容許剪應力強度（v_u）應依本編第四三一條規定計算，如小於（v_u）時，應依本編第四三二條規定加用剪力筋，如為梁深不同斷面構材，斜力之影響應予計入，軸拉力由於收縮及潛變之影響應予考慮。

深梁、版、牆、托架之剪應力強度，依本編第四三五條至第四三九條之規定。

第四百三十條 （輕質混凝土之修正）輕質混凝土之容許剪應力強度（v_c）容許扭應力強度（v_{tc}）及破裂模數（f_t），依一般混凝土公式計算含有（$\sqrt{f_c'}$）時，及所用粒料全為輕質粒料時，應乘以〇‧七五，如所用細粒料為砂而粗料為輕質粒料時，應乘以〇‧八五。

第四百三十一條 （容許剪應力強度）

一、鋼筋混凝土構材混凝土之容許剪應力強度（v_c），公斤／平方公分，除依下列詳細分析者外，不得大於（$0.53\sqrt{f_c'}$）

（一）（v_c）可用下式計算：

$$v_c = 0.504\sqrt{f_c'} + 176\rho_w \left(\frac{V_u d}{M_u} \right)$$

但不大於（$0.928\sqrt{f_c'}$），其中（V_u）及（M_u）為設計斷面設計之剪力強度與彎矩

強度，$\left(\dfrac{V_u d}{M_u}\right)$不得大於一，$(\rho_w)$為拉力

筋面積與腹面積比。(f'_c) 為混凝土規定

壓力強度，公斤／平方公分。

(二) 如構材須承受軸壓力，(v_c)可應用上式計

算，但須以

$$\left(M_m = M_u - N_u \frac{4h-d}{8}\right) 代替(M_u)，(M_m)$$

應小於 $(V_u d)$。

(v_c) 亦可應用下式計算：

$$\left(v_c = 0.53\left(1 + 0.00712\frac{N_u}{A_g}\right)\sqrt{f'_c}\right)$$

但 (v_c) 均不得大於

$$0.928\sqrt{f'_c}\sqrt{1 + 0.0285\frac{N_u}{A_g}}$$

(N_u) 為垂直於斷面之設計軸力公斤，受

壓為正，受拉為負，須包括由於收縮及潛

變之拉力影響，其與 (V_u) 同時作用於該

斷面。(A_g)為構材斷面積平方公分。(f'_c)

同一款之 (一)。

(三) 如構材承受較大軸拉力，除非依下列計算

混凝土之容許剪應力強度 (V_c) 外，腹筋

應承受全部剪力。

$$V_c = 0.53\left(1 + 0.0285\frac{N_u}{A_g}\right)\sqrt{f'_c}$$

(N_u) 為拉力，公斤，用負號。(A_g)、(f'_c)

同本款之（二）。

（四）如構材須承受扭應力強度（v_{tu}）且超過（$0.398\sqrt{f'_c}$）。（v_c）不得大於下式規定：

$$(v_c) = \frac{0.53\sqrt{f'_c}}{\sqrt{1+(V_t/1.2v_u)^2}}$$

（v_{tu}）為設計扭應力強度，應供本編第四三三條計算。

（v_u）為設計剪應力強度。（f'_c）同本款之（一）。

二、預力混凝土構材有效預力不得小於拉力強度四成，其混凝土之容許剪應力強度（v_c）公斤／平方公分，除另行詳細分析計算外，不得大於下列規定：

$$(v_c) = 0.159\sqrt{f'_c} + 49.2\left(\frac{V_u d}{M_u}\right)，但不得小於$$

（$0.53\sqrt{f'_c}$），亦不得大於（$1.33\sqrt{f'_c}$）。

（V_u）及（M_u）為設計斷面之設計剪力強度與彎矩強度，$\left(\dfrac{V_u d}{M_u}\right)$不得大於一。

（d）公分，鋼筋混凝土構材為拉力筋重心至壓力外緣之距離，預力混凝土構材為預力鋼材重心至壓力外緣之距離。

（h）公分，構材全深度。

（A_g）平方公分，構材全斷面積。

（f'_c）公斤／平方公分，同一款。

第四百三十二條　（剪力筋設計）

一、垂直於構材長軸之剪力鋼筋面積，不得小於下列
規定：

$$A_V = \frac{(v_u - v_c)b_w s}{f_y}$$

二、剪力鋼筋如爲一根彎上或一組平行且在距支承面
相同距離處彎上，其面積不得小於下列規定：

$$A_V = \frac{(v_u - v_c)b_w s}{f_y \sin \alpha}$$

剪力鋼筋如爲多根或多組平行且在距支承面不同
距離處彎上，或用斜筋時，其面積不得小於下列
規定：

$$A_V = \frac{(v_u - v_c)b_w S}{f_y(\sin \alpha + \cos \alpha)}$$

其中（v_u），設計剪應力強度。

（v_c），混凝土容許剪應力強度。

（f_y），剪力鋼筋降伏應力。

（b_w），構材腹寬。

（ S ），剪力鋼筋間距。

（ d ），拉力筋重心至壓力外緣之距離。

（ α ），斜向腹筋與構材長軸之交角。

縱向鋼筋彎上作爲剪力筋，僅其斜向部分中間四
分之三可以有效應用。

數種剪力鋼筋合用時，其剪應力強度爲各種之
和，但混凝土容許剪應力強度只能應用一次。

三、如（$v_u - v_c$）大於（$1.06\sqrt{f_c'}$），剪力鋼筋間距離
依本編第四二八條折減一半。

$(v_u - v_c)$ 不得大於 $(2.12\sqrt{f'_c})$。

第四百三十三條 (扭力與剪力)扭應力強度 (v_{tu}) 不超過 $(0.398\sqrt{f'_c})$ 時，可以不計。 矩形或 T 形構材之扭應力強度 (v_{tu}) 應依下列規定：

$$v_{tu} = \frac{3T_u}{\phi \sum X^2 Y}$$

其中 (T_u)，設計扭曲力矩強度。

(ϕ)，折減因數。

(X)，矩形斷面較小邊尺度。

(Y)，矩形斷面較長邊尺度。

$(\sum X^2 Y)$，可依斷面各矩形組合之和，翼緣懸臂寬不得大於其厚度之三倍。

矩形箱斷面， 如牆厚（h）達（x/4）以上，可作為實斷面，如牆厚（h）小於（x/4），但大於(x/10)，可作為實斷面， 但 $(\sum X^2 Y)$ 須乘以 (4h/x)，如小於 (x/10) 應增加牆厚。箱斷面內角應加隅角。距離支承面（d）距離以內均可依（d）距離點處之扭應力強度設計。

混凝土容許扭應力強度 (V_{tc}) 公斤／平方公分，不得超過下列規定：

$$V_{tc} \leq \frac{0.636\sqrt{f'_c}}{\sqrt{1 + \left(\dfrac{1.2V_u}{V_{tu}}\right)^2}}$$

構材承受較大軸拉力， 扭力筋須能支承全部扭 力 強度，下式及本編第四三一條有關各式須乘以 $\left(1 + 0.285 \dfrac{N_u}{A_g}\right)$， 拉力用負號，$(N_u)$、$(A_g)$ 同本編第四三一條

說明。

扭應力強度不得大於

$$\left(\frac{3.18\sqrt{f'_c}}{\sqrt{1+\left(\frac{1.2V_u}{V_{tu}}\right)^2}} \right)$$

其中（V_{tu}），設計扭應力強度，公斤／平方公分。

（v_u），設計剪應力強度，公斤／平方公分。

（f'_c），混凝土規定壓力強度，公斤／平方公分。

第四百三十四條　（扭力筋設計）扭力鋼筋應於需要抵抗剪力、彎曲、及軸力之鋼筋外增加設置之，亦可併合應用之，但所用面積不得少於各別面積之和，並採用最嚴格之間距規定。

肋箍於間距（s）之肢斷面積（A_t）應依下列規定：

$$A_t = \frac{(v_{tu}-v_{tc})\,s\,\sum X^2 Y}{3\alpha_t x_1 y_1 (f_y)}$$

$$\alpha_t = 0.66 + 0.33\left(\frac{y_1}{x_1}\right),\ 但不得大於一・五。$$

肋箍之間距不得大於$\left(\dfrac{x_1+y_1}{4}\right)$或三十公分。

因扭力需要之縱向鋼筋面積（Al）應依下列較大者：

$$Al = 2A_t \frac{x_1+y_1}{s}$$

$$Al = \left[\frac{2.81xs}{f_y}\left(\frac{v_{tu}}{v_{tu}+v_u}\right) - 2A_t\right]\left(\frac{x_1+y_1}{d}\right),\ 但不大於以$$

（$3.52b_w s/f_y$）代替（$2A_t$）計算值。

（v_{tu}）、（v_{tc}）、（s）、（x）、（y）、（f_y）、（v_{tu}）、（b_w）均如本編第四三二條及第四三三條規定。

(x_1)，矩形肋箍短邊之筋中心距。

(y_1)，矩形肋箍長邊之筋中心距。

縱向鋼筋直徑不得小於十公厘，分布肋箍四周之間距不得大於三十公分，肋箍四周均須有縱向筋。

扭力筋須用於理論需要點以外至少（$d+b$）距離，（b）為構材壓力面寬度，（d）如本編第四三二條規定。

第四百三十五條 （深梁之規定）

一、構材之淨跨度（l_n）與有效深度（d）比，小於五，且於構材頂部或壓力面承受載重時，應適用深梁之規定。

二、混凝土容許剪應力強度應依下列規定：

$$v_c = \left(3.5 - 2.5 \frac{M_u}{V_u d} \right) \left(0.504\sqrt{\overline{f'_c}} + 176 P_w \frac{V_u d}{M_u} \right)$$

但不得大於 $1.59\sqrt{\overline{f'_c}}$

其中，$\left(3.5 - 2.5 \frac{M_u}{V_u d} \right)$ 不得大於二‧五。

（M_u），（V_u）為臨界斷面彎矩強度及剪力強度依本編第四三一條規定。

（v_c）可以依（$0.53\sqrt{\overline{f'_c}}$）計算。

三、剪力臨界斷面距支承面之距離，如為均布載重梁依淨跨度之長百分之十五；如為集中載重梁依集中載重位至支承處距離之一半計算，但不得大於有效深度（d）。臨界斷面需要之剪力鋼筋須用於全長。

四、如（l_n/d）小於二，設計剪應力強度（v_u）不得

大於 $(2.12\sqrt{f'_c})$，如 (l_n/d) 在二與五之間，(v_u) 不得超過下列規定：

$$v_u = 0.177\left(10+\frac{l_n}{d}\right)\sqrt{f'_c}$$

五、剪力鋼筋面積 (A_v) 應依下列規定：

$$\frac{A_v}{s}\frac{1+(l_n/d)}{12}+\frac{A_{vh}}{s_2}\left(\frac{11-(l_n/d)}{12}\right)=\frac{(v_u-v_c)b_w}{f_y}$$

(s_2) 公分，平行於縱向鋼筋之剪力或扭力鋼筋間距。

(A_{vh}) 平方公分，平行於主拉力鋼筋，間距 (s_2) 間之鋼筋面積。

六、垂直於主筋之剪力筋面積 (A_v) 不得少於梁寬 （b）與間距（s）乘積之〇‧〇〇一五,（s） 不得大於（d/5）或四五公分， 平行於主筋之剪力筋面積 (A_{vh})， 不得少於梁寬（b）與豎向間距 (s_2) 乘積之〇‧〇〇二五，(s_2) 不得大於（d/3）或四五公分。

第四百三十六條　（版之規定）

一、樓版及基版在集中載重或反力處之剪應力強度，應依下列兩種之較重要設計之。

　　（一）樓版或基版受力作用如寬梁時，其斜拉裂面將擴及全寬度，應依本編第四二八條至第四三二條規定設計之。

　　（二）樓版或基版兩向作用時，其斜拉裂面沿集中載重或反力四周或一截面圓錐體或角錐體，應依本條第二款規定設計之。

二、兩向作用版之臨界斷面處爲距離集中載重或反力
作用面四周 （d/2） 處。

兩向作用版之剪應力強度 （v_u） 應依下式計算:

$v_u = \dfrac{V_u}{\phi b_0 d}$，但不得大於 （$1.06\sqrt{f'_c}$）。

其中 （b_0） 公分，爲臨界斷面四周總長， （d）
公分， 爲有效深度， （ϕ） 爲折減因數，（V_u）
公斤，爲集中載重或反力。

三、如 （v_u） 大於混凝土容許剪應力強度 （v_c）， 而
（v_c）不大於 （$0.53\sqrt{f'_c}$）， 應依本編第四三二條
應用剪力筋， 及本編第四○六條錨定規定， 其
剪應力強度 （v_u）可以增加百分之五十。 如版中
應用剪力型鋼， 剪應力強度 （v_u）可以增加百分
之七十五，但剪力型鋼須另行詳細分析設計之。

四、版中開孔如距離集中載重或反力小於十倍版厚，
或在平版之柱列帶中時，前定之臨界斷面應予修
正，臨界斷面四周長被由載重面積輻射至開孔面
積所遮蔽者應予減除不計； 如版中應用剪力型
鋼，只須減除一半。

第四百三十七條 （托架規定）

一、托架之剪力跨度與有效深度卽 （a/d） 比如不大
於一， 其設計剪應力強度 （v_u）不得大於下列規
定:

$$V_u = \left(6.5 - 5.1\sqrt{\dfrac{N_u}{V_u}}\right)\left[1 - 0.5\dfrac{a}{d}\left[1 + \left(64 + 160 \sqrt{\left(\dfrac{N_u}{V_u}^3\right)}\right)\rho\right]0.265\sqrt{f'_c}\right]$$

（a）公分，為剪力跨度。由集中載重至支承面
之距離。

（b）為在支承面處有效深度，不得大於支壓面
外側深度之兩倍。

（ρ）為拉力鋼筋斷面比，不得大於〔$0.13(f_c'/f_y)$〕

（V_u）公斤，為設計斷面處剪力強度。

（N_u）為斷面處配同（V_u）作用之設計拉力強度。

$\left(\dfrac{N_u}{V_u}\right)$不得小於〇・二。

二、構材如為避免因收縮及潛變而發生之拉力，而僅
承受剪力及彎矩，其剪應力強度（v_u）應依下列
規定：

$$v_u=1.72\left(1-0.5\frac{a}{d}\right)(1+64\rho_v)\sqrt{f_c'}$$

$\left(\rho_v=\dfrac{A_h+A_s}{bd}\right)$，但不大於$\left[0.20\left(\dfrac{f_c'}{f_y}\right)\right]$。

（A_h）為平行拉力主筋之剪力筋面積，不得大於
（A_s）拉力筋面積。

三、肋箍或肋箍平行於拉力主筋，其斷面積（A_h）不
得少於（A_s）一半，並應分布於鄰近主拉力筋有
效深度三分之二中，拉力筋斷面比（ρ）不得少
於 $0.04\left(\dfrac{f_c'}{f_y}\right)$。

第四百三十八條　（剪力磨擦筋）

一、剪力筋不能抵禦斜拉力時，例如預鑄混凝土構材
之連接鋼筋，應假定裂面沿剪力方向，以剪力之
磨擦力垂直於裂面抵禦之。

二、剪應力強度（v_u）不得大於（$0.20f'_c$）或五六公斤／平方公分。

三、剪力磨擦筋面積（A_{vf}）應依下列規定：

$$A_{vf} = \frac{V_u}{\phi f_y \mu}$$

其中（V_u）爲設計斷面處剪力強度，（ϕ）爲折減因數，（f_y）爲鋼筋降伏應力，不得大於四二〇〇公斤／平方公分，（μ）爲磨擦係數，混凝土整體澆置時爲一·四，澆置於業已硬化混凝土面時爲一·〇，澆置於型鋼面時爲〇·七。

剪力磨擦筋須適當分布垂直於假定裂面，並於其兩側均能以適當錨定之。

四、如須傳遞剪力於已硬化混凝土面，須爲約六公厘凸凹之粗面，如須傳遞剪力至型鋼，型鋼應予清除乾淨，無銹蝕及油漆。

五、裂面如有拉力橫過，應另增拉力筋。

第四百三十九條　（牆之剪力強度）

一、平行牆面積橫剪力之剪應力強度（v_u）應依下列規定：

$$v_u = \frac{V_u}{\phi hd}$$

（V_u）、（ϕ）如本編第四三八條，（h）爲牆厚度，（d）須等於牆橫向長度（l_w）之〇·八，如依相合應變分析可用較大（d）。

二、混凝土容許剪應力強度（v_c）不得大於下列較小值：

$$v_c = 0.87\sqrt{\overline{f_c'}} + \frac{N_u}{4 l_w h}$$

$$v_c = 0.159\sqrt{\overline{f_c'}} + \frac{l_w \left(0.331\sqrt{\overline{f_c'}} + 0.2\frac{N_u}{l_w h} \right)}{\left(\frac{M_u}{\nu_u} \right) - \left(\frac{l_w}{2} \right)}$$

(N_u) 拉力用負號，如 (N_u) 爲壓力，(v_c) 可等於 $(0.53\sqrt{\overline{f_c'}})$

三、距離牆底 $(l_w/2)$ 或一半牆高之較小範圍內，均可依 $(l_w/2)$ 或一半牆高斷面處之混凝土容許剪應力強度 (v_c)。如 (v_u) 小於 $(v_c/2)$，應用鋼筋依本編第四二七條規定。如(v_u)大於$(v_c/2)$，應依下列規定：

（一）橫剪力筋面積不得小於本編第四三二條計算值，鋼筋斷面比 (ρ_n) 至少須爲〇・〇〇二五，間距不得大於 $(l_w/5)$，三倍牆厚或四五公分。

（二）豎剪力筋橫向斷面積比 (ρ_n)，不得小於下列規定：

$$\rho_n = 0.0025 + 0.5\left(2.5 - \frac{h_w}{l_w} \right)(\rho_n - 0.0025),$$

或爲 〇・〇〇二五，亦不得大於前款之 (ρ_n)，間距不得大於$\left(\frac{l_w}{3} \right)$三倍牆厚或四五公分。

(h_w)爲牆全高，(l_w)、(h_w)如本款之（一）。

四、任何斷面之設計剪應力強度不得大於$(2.65\sqrt{\overline{f_c'}})$，

垂直於牆面剪力之剪應力強度應依本編第四三六條之規定。

第六節　工作應力設計

第四百四十條　（設計假定）鋼筋混凝土撓曲構材無軸力時，可依撓曲時應力與應變直線理論假定設計之。

一、斷面在撓曲以前之平面，在撓曲後仍保持一平面，應變之大小與由中軸線之距離大小成正比。

二、在使用載重下，容許應力範圍內，混凝土應力與應變關係爲一直線，除深梁外，應力之大小與由中軸線之距離大小成正比。

三、由於撓曲而生之拉應力，全由鋼筋承受。

四、鋼筋與混凝土彈性模數比（n），可用最相近整數，但不得小於（6），除用以計算撓度之（n）外，輕質混凝土與一般混凝土強度相同時，其彈性模數比（n）亦可假定相同。

五、設計時，拉力鋼筋可以相當之混凝土變換面積代替之，混凝土變換面積應爲（n）倍拉力鋼筋面積。

六、梁及版中如用拉力鋼筋及壓力鋼筋，設計時須以（$2n$）變換其壓力鋼筋面積，惟鋼筋之容許壓應力不得大於容許拉應力。

第四百四十一條　（容許應力）撓曲構材斷面之壓力外緣應力，不得超過混凝土容許外緣壓應力。

混凝土容許外緣壓應力不得大於規定壓力強度（f'_c）

百分之四十五。

撓曲構材拉力鋼筋之拉應力，不得超過所用鋼筋之容許拉應力。

降伏應力二八〇〇至三五〇〇公斤／平方公分之鋼筋，其容許拉應力不得超過一四〇〇公斤／平方公分。

降伏應力四二〇〇公斤／平方公分及以上之鋼筋，其容許拉應力不得超過一七〇〇公斤／平方公分。

單向版跨度長不超過三・六公尺，如用十公厘直徑以下主鋼筋，其容許拉應力可達其規定降伏應力之一半，但不得超過二三〇〇公斤／平方公分。

第四百四十二條　（壓構材）

一、壓構材承受軸壓力或軸壓力與彎矩，須依其載重及最大彎矩之偏心（e）設計之，偏心不得小於二・五公分，螺筋壓構材之偏心不得小於（0.05h），箍筋壓構材之偏心不得小於（0.10h），（h）為構材深度。

壓構材承受軸壓力與彎矩於其平衡狀態時之偏心（e_b）分別構材由壓力或拉力控制設計。偏心（e_b）可依下式計算:

對稱螺筋壓構材　$e_b = 0.43\rho_g mD_s + 0.14t$

對稱箍筋壓構材　$e_b = (0.67\rho_g m + 0.17)d$

不對稱箍筋壓構材

$$e_b = \frac{\rho' m(d - d') + 0.1d}{(\rho' - \rho)m + 0.6}$$

其中（ρ_g）為豎主筋面積與總斷面積（A_g）比。

（ρ），拉力筋斷面積比。

（ρ'），壓力筋斷面積比。

（d），拉力筋重心至壓力外緣之距離。

（d'），壓力筋重心至壓力外緣之距離。

（t），構材全深度或直徑。

（D_s），螺筋壓構材豎主筋中心所圍圓之直徑。

（m），$m = f_y / 0.85f'_c$。

（f_y），鋼筋之降伏應力。

（f'_c），混凝土規定壓力強度。

二、壓構材如由壓力控制設計，應依計得之軸壓力（N）及彎矩（M），設計斷面及鋼筋符合下式之規定：

$$\frac{f_a}{F_a} + \frac{f_{bx}}{f_b} + \frac{f_{by}}{F_b} \geqq 1$$

其中（f_a），計有軸壓應力。

（F_a），容許軸壓應力。

（f_{bx}）及（f_{by}），分別為（x）及（y）軸計得之分彎矩除以各該軸無裂斷面之斷面模數。

（F_b），容許撓曲應力。

豎主筋之彈性模數比為（2n）。

計得軸壓力（N）不得大於容許軸壓力（P），無撓曲之螺筋壓構材容許軸壓力（P），不得大於下列規定：

$$P = A_g(0.25f'_c + f_a\rho_g)$$

（f_a），鋼筋之容許應力，不得大於降伏應力之百分之四十。箍筋壓構材之（P）為螺筋壓構材

（P）之百分之八十五。

三、壓構材如由拉力控制設計，容許彎矩可依軸向大小按直線變化計算，從軸向力爲零時之彎矩（M_0）變至軸向力爲（N_b）時之彎矩（M_b）。

（M_0）可依下式計算：

螺筋壓構材，　　　　　　$M_0 = 0.12A_{st}f_yD_s$

對稱箍筋壓構材，　　　　$M_0 = 0.40A_sf_y(d - d')$

不對稱箍筋壓構材，　　　$M_0 = 0.40A_sf_yjd$

（A_{st}），豎主筋面積，（A_s），拉力筋面積，（j），壓力中心至拉力中心間距與有效深度（d）之比。

（D_s）、（d）、（d'）、（f_y）如本條一款。

（N_b）及（M_b）可由（e_b）及交互作用式求算。

四、壓構材兩主軸均有撓曲時，應依下列規定：

$$\frac{M_x}{M_{ox}} + \frac{M_y}{M_{oy}} \geqq 1$$

（M_x）及（M_y）爲（x）及（y）軸之彎矩，（M_{ox}）及（M_{oy}）爲（x）及（y）軸之（M_0）值。

壓構材有關細長比影響之計算應依本編第四二○條之規定，原式中之（P_u）以二‧五倍設計軸壓力代替之。

壓構材之斷面限度應依本編第四二一條規定。

壓構材之鋼筋限度應依本編第四二二條規定。

第四百四十三條　（牆容許壓力）鋼筋混凝土牆承受載重或偏心載重及橫力，須設計其斷面及鋼筋合乎交互作用$\left(\frac{f_a}{F_a} + \frac{f_b}{F_b}\right) \geqq$ 1 規定,（f_a）、（F_a）、（f_b）、（F_b）如本編第四四二條。

如載重之合力在牆厚中部之三分之一以內，可依下式計算其容許壓力（P）:

$$P = 0.225f'_c A_g \left[1 - \left(\frac{l_c}{40h} \right)^2 \right]$$

（f'_c）、（Ag）、（l_c）、（h）同本編第四二七條。

最小鋼筋面積比及間距、載重分布、牆厚規定等均依本編第四二七條規定。

第四百四十四條 （剪應力與扭應力）梁、單向版、欄柵及牆之混凝土容許剪應力與扭應力及最大剪應力與扭應力規定，均爲本編第四二八至第四三九條所規定者之百分之五十五，兩向版爲本編第四三六條規定者之百分之五十。本編第四三一條，第四三三條及第四三九條式中之（N_u）應以（2N）代之，（N）爲垂直於斷面之軸力（公斤）。

各式中之（f_y），除本編第四二八條及第四三四條式中$\left(3.52\frac{b_{ws}}{f_y} \right)$之（$f_y$）不變外，均以（$f_s$）代之。

（f_s）爲鋼筋容許應力，應依本編第四四一條規定。

第四百四十五條 （容許支承力）混凝土面容許支承力不得大於混凝土規定壓力強度百分之三十。支承面大於支壓面，或支承面成坡形或階形，均依本編第四二五條之規定。

第七節　結構體系

壹、兩向版

第四百四十六條　（版系）

一、兩向作用之版或肋版，無論柱列帶中有梁或無梁，均以柱列帶支持之，應依本節之規定設計，版之厚度應依本編第三九一條規定。

二、版之四周以柱或牆之中線分隔成為格間，柱中線兩側各寬四分之一格間部分為柱列帶，每側之寬度應為$\left(\dfrac{l_2}{4}\right)$，亦不得大於$\left(\dfrac{l_1}{4}\right)$。$(l_1)$為順設計方向之跨度，$(l_2)$為垂直於$(l_1)$之跨度。柱列帶與柱列帶之間為中間帶。

三、柱列帶中之梁與版整體澆鑄或合成者，梁之每側翼緣寬度相當於版厚以外梁之深度，但不得大於版厚之四倍。

四、版可以支持於牆、柱或梁，但柱冠中以九十度為頂角之倒圓錐體或角錐體之最大形以外部分，不能作為結構體應用。

第四百四十七條　（版之設計）兩向作用之版可依符合平衡要求及應變相合之任何方法設計之，使其有效強度達到設計需要強度，並能符合撓度要求。亦可依本節中兩種設計方法，直接設計法或相當構架法設計之。

版及梁須依其設計斷面之彎矩設計之。

如因不平衡載重、風力、地震力或其他橫力，版與柱間須傳遞彎矩，其臨界斷面之撓曲應力應以合理方法分析之。

有效傳遞彎矩之版寬為柱冠及其兩側加寬，每側加寬

等於版厚一半或柱頭版厚一半。版之負彎矩除由有效
版寬傳遞部分以外，所餘部分應於柱頂加用鋼筋或縮
小鋼筋間距抵禦之。

依兩向版臨界斷面重心軸，下列部分彎矩應由偏心剪
力傳遞之：

$$1 - \cfrac{1}{1 + \cfrac{2}{3}\sqrt{\cfrac{C_1 + d}{C_2 + d}}}$$

其中（C_1）及（C_2）分別為矩形柱或柱冠或托架順彎
矩方向及垂直彎矩方向之尺度，（d）為有效深度。
剪應力應依臨界斷面之重心按直線變化，剪應力強度
（v_u）不得大於 （$1.06\sqrt{f'_c}$）。

由版傳遞載重至其支持牆或柱之剪力及扭力，應依本
章第五節有關規定設計之。

第四百四十八條　（直接設計法）版如依直接設計法設計，應符合下列
條件：

一、每向至少須有三連續跨度。

二、分形格間之長跨度與短跨度比不得大於二。

三、每向連續兩跨度差不得大於較長跨度之三分之
一。

四、柱與每向連續一列柱之中心線差，不得大於偏向
跨度之十分之一。

五、活載重不得大於載重之三倍。

六、如版格間四周有梁，兩互相垂直方向梁之相對勁
度，卽

$\dfrac{\alpha_1 l_2{}^2}{\alpha_2 l_1{}^2}$，不得小於〇・二，亦不得大於五。

其中（l_1）及（l_2）分別爲設計彎矩方向及垂直於設計彎矩方向之支點中心勁度長。

（α）爲梁斷面與其兩相鄰版格間中線間（卽梁兩側）版寬斷面之撓曲勁度比，

卽　$\dfrac{E_{cb}I_b}{E_{cs}I_s}$。

（α_1）及（α_2）分別爲設計彎矩方向與垂直於設計彎矩方向之撓曲勁度比（α）。

（E_{cb}）及（E_{cs}）分別爲梁及版之彈性模數。

（I_b）及（I_s）分別爲梁斷面及版斷面之慣性矩。

如與上列條件不合，而依本編第四四七條以分析證實其合用，得依之應用。

第四百四十九條　（總彎矩分配）

一、支持物兩側格間中線之間，每一跨度之靜定設計總彎矩（M_o）爲該方向之正彎矩與平均負彎矩之總和，並不得小於下列規定：

$$M_o = \dfrac{w l_2 l_n}{8}$$

（w）爲單位面積設計載重。

如支持物中線間兩側垂直向跨度不同，（l_2）須用其平均跨度，如一側爲外側，（l_2）爲由外側至格間中心線間之長度。

淨跨度（l_n）爲柱、柱冠、托架或牆之支承面至支承面間淨長度，但不得小於設計方向跨度（l_1）

之〇‧六五，如爲圓柱應依其相等面積之方柱尺度計算。

二、負設計彎矩須設位於其矩形支持物之支承面，圓形支持物爲其相等面積方形之支承面。內跨度設計總彎矩（M_o）分配於負設計彎矩百分之六十五，分配於正設計彎矩百分之三十五。端跨度設計總彎矩（M_o）應予分配如下：

跨度內端負設計彎矩, $0.75 - \dfrac{0.10}{1 + \left(\dfrac{1}{\alpha_{ec}}\right)}$

正設計彎矩, $0.63 - \dfrac{0.28}{1 + \left(\dfrac{1}{\alpha_{ec}}\right)}$

跨度外端負設計彎矩, $\dfrac{0.65}{1 + \left(\dfrac{1}{\alpha_{ec}}\right)}$

（α_{ec}）依外柱計算，爲設計彎矩方向相當柱與其連接之版與梁之撓曲勁度比，卽

$$\left[\frac{K_{ec}}{\sum (K_s + K_b)} \right]$$

（K_{ec}）爲相當柱之撓曲勁度，（K_s）爲版之撓曲勁度，（K_b）爲梁之撓曲勁度。

負彎矩斷面須依連接同一支持物相對兩跨度較大之內端負設計彎矩設計之，否則須先以分析將不平衡彎矩按其勁度分配於其相鄰構材。

第四百五十條　（柱列帶彎矩）

一、柱列帶分配抵禦之內端負設計彎矩，其分配百分數應依下列表規定：

l_2/l_1	0.5	1.0	2.0
$\alpha_1 l_2/l_1 = 0$	75%	75%	75%
$\alpha_1 l_2/l_1 \geqq 1.0$	90%	75%	45%

二、柱列帶分配抵禦之正設計彎矩，其分配百分數依
　　下表規定:

l_2/l_1	0.5	1.0	2.0
$\alpha_1 l_2/l_1 = 0$	60%	60%	60%
$\alpha_1 l_2/l_1 \geqq 1.0$	90%	75%	45%

三、柱列帶分配抵禦之外端負設計彎矩，其分配百分
　　數應依下表規定:

l_2/l_1		0.5	1.0	2.0
$\alpha_1 l_2/l_1 = 0$	$\beta_t = 0$	100%	100%	100%
	$\beta_t \geqq 2.5$	75%	75%	75%
$\alpha_1 l_2/l_1 \geqq 1.0$	$\beta_t = 0$	100%	100%	100%
	$\beta_t \geqq 2.5$	90%	75%	45%

四、表中未列中間數值，可依直線變化比例求算。

（α_1）、（l_2）、（l_1）均依本編第四四八條規定。

（β_t）爲邊梁扭力勁度與版寬等於梁中心跨度長之撓曲勁度之比，即$\left(\dfrac{E_{cb}C}{2E_{cs}I_s}\right)$。

（E_{cb}）、（E_{cs}）、（I_s）均依本編第四四八條規定，（C）爲表示扭力性質之斷面常數依本編第四五八條規定。

五、如外端支持物爲柱或牆，其延伸長度達到用以計算總彎矩式中（l_2）之四分之三以上，外端負彎矩可以均勻分布於（l_2）長中。

如（$\alpha_1 l_2/l_1$）等於或大於一，梁須依柱列帶彎矩之百分之八十五設計之。

如（$\alpha_1 l_2/l_1$）在一與零之間，梁所承受彎矩之比例須依直線變化於百分之八十五至零之間計算之。

六、梁上載重如未包括於版設計中，應另直接求算其設計彎矩。

七、柱列帶由中梁承受設計彎矩以外部分，須設計由柱列帶中之版承受之。

第四百五十一條　（中間帶彎矩）設計彎矩由柱列帶承受以外部分，應由其餘之兩個半中間帶承受之。

每一中間帶須依其帶中兩個半中間帶設計彎矩之和設計之。中間帶相鄰於且平行於牆支持之邊端時，應依第一格間帶內與柱列帶配合之半中間帶設計彎矩之兩倍設計之。

第四百五十二條　　（彎矩修正）設計方向格間帶之設計總彎矩如不小於本編第四四九條之規定，　設計彎矩可以修正百分之十。

第四百五十三條　　（版及梁剪力）$(\alpha_1 l_2/l_1)$等於或大於一，梁須承受之剪力爲自格間之角點所作四十五度線並與格間中平行於長邊之中線相交之界內面積載重，　如 $(\alpha_1 l_2/l_1)$ 小於一，假定無載重時 (α) 爲零，依直線變化求算梁之剪力。所有梁並須能承受直接施加載重之剪力。

版之剪應力可以依前項載重分布於支承梁之規定計算之，剪應力須符合本章第五節有關剪應力之規定。

格間之總剪力應予核計。

邊梁或版邊應按比例抵禦外端負設計彎矩所發生之扭力。

第四百五十四條　　（柱及牆彎矩）柱、牆及版，整體澆鑄時，須能承受版載重所生之彎矩。

內支承處，　其上下之柱或牆須能依勁度承受下列彎矩，

$$M = \frac{0.08(W_d + 0.5W_e)l_2 l_n^2 - W_d' l_2'(l_n')^2}{1 + \left(\dfrac{1}{\alpha_{ec}}\right)}$$

(l_2)、(l_n)、(α_{ec}) 如本編第四四九條 (W_d) 及 (W_e) 分別爲單位面積靜載重及活載重，(W_d')、(l_2')、(l_n') 爲短跨度者。

第四百五十五條　　（柱最小勁度）如靜載重與活載重比(β_a)小於二，應依下列規定：

一、版上及版下柱之撓曲勁度和，　使 (α_c) 不小於下

表 (α_m) 之值:

α_m 之值

β_a	l_2/l_1	梁 之 相 對 勁 度(α)				
		0	0.5	1.0	2.0	4.0
2.0	0.5-2.0	0	0	0	0	0
1.0	0.5	0.6	0	0	0	0
	0.8	0.7	0	0	0	0
	1.0	0.7	0.1	0	0	0
	1.25	0.8	0.4	0	0	0
	2.0	1.2	0.5	0.2	0	0
0.5	0.5	1.3	0.3	0	0	0
	0.8	1.5	0.5	0.2	0	0
	1.0	1.6	0.6	0.2	0	0
	1.25	1.9	1.0	0.5	0	0
	2.0	4.9	1.6	0.8	0.3	0
0.33	0.5	1.8	0.5	0.1	0	0
	0.8	2.0	0.9	0.3	0	0
	1.0	2.3	0.9	0.4	0	0
	1.25	2.8	1.5	0.8	0.2	0
	2.0	13.0	2.6	1.2	0.5	0.3

二、如柱之 (α_c) 不符合上表規定，柱所支持格間之
正設計彎矩須乘以下列係數 (δ_s)

$$\delta_s = 1 + \frac{2-\beta_a}{4+\beta_a}\left(1 - \frac{\alpha_c}{\alpha_m}\right)$$

(β_a)，單位面積靜載重與活載重比（均不包括載重因數）。

(α_c)，設計彎矩方向版上及版下柱之撓曲勁度和與其所連接版與梁撓曲勁度和之比，即

$$\left[\frac{\sum K_c}{\sum (K_s + K_b)}\right]$$

(α)、(l_2)、(l_1)，依本編第四四八條。

第四百五十六條　（相當構架法）版及其支持構材斷面得依相當構架法所計得之彎撓及剪力設計之。

建築物構造可假定為以各柱中線為準之縱橫兩向之相當構架所組成，每一相當構架為一列相當柱或支持材與一條包括版與梁之格間帶所組成，內格間帶寬為柱兩側格間中線距離，外格間帶寬為外邊至內側格間中線之距離。

每一相當構架可作整體分析，承受垂直載重可分層分析，以每層版及梁與其上下所連接之柱作為一連續構架，柱之遠端均假設為固定；求算某一支承處之彎矩時，如版由此支承處連續兩格間以上，可假設距此支承處兩格間之梁端為固定。

柱及版對於由軸向應力所生之長度變化及由剪力所生之撓度，皆可略去不計。

載重情況能確定時，應依之設計。如活載重有變動，但不及靜載重之四分之三，或活載重係同時作用於所有格間，可依全部格間均置活載重計算所有斷面之最

大彎矩。其他情形應依下列方法：計算一格間近中點
之最大正彎矩，應於該格間及每隔一格間置四分之三
活載重，計算一支承處最大負彎矩，應於該支承處相
鄰兩格間及每隔一格間置四分之三活載重，但任何斷
面之設計彎矩不得小於全部格間均置全活載重時所生
之彎矩。如用鋼柱冠時，須詳細分析其分擔之勁度及
其撓曲與剪力之抗力。

第四百五十七條 （慣性矩）梁及版或柱之慣性矩在接頭或柱冠以外任
一斷面均可依混凝土斷面計算，沿版、梁軸與柱軸方
向之慣性矩如有變動應予以計入。

版、梁由柱中心至柱面、托架面或柱冠面之慣性矩應
假設爲版、梁在各該處之慣性矩除以$(1 -C_2/l_2)^2$計
算而得。

（C_2）如本編第四四七條，（l_2）如本編第四四八條，
均係垂直於設計彎矩方向尺度。

第四百五十八條 （相當柱）

一、相當柱由版、梁上下之實有柱及垂直於設計彎矩
　　方向所附之扭力構材組成。扭力構材長爲柱兩側
　　格間中心線距離。相當柱之柔度爲版、梁上下柱
　　之柔度與扭力構材柔度之和，即$\left(\dfrac{1}{K_{ec}} = \dfrac{1}{\sum K_c} \right.$
　　$\left. + \dfrac{1}{K_t} \right)$柔度爲勁度之反數。

　　（K_{ec}）爲相當柱之撓曲勁度，（K_c）爲柱之撓曲
　　勁度，（K_t）爲扭力構材之扭曲勁度，計算（K_c）
　　時，接頭處版頂至梁底之慣性矩假定爲無限大。

二、扭力構材順其全長假設爲同一斷面，其寬度須用

下列較大者:

（一）順設計彎矩方向寬度等於柱寬，托架寬或
柱冠寬。

（二）如版與梁係整體灌鑄或合成時，寬度爲本
款（一）之寬每側再加上版厚以外垂直向
梁之深度。

（三）寬度爲垂直向梁之寬度如本編第四四六條
所規定者。

三、扭力構材之勁度（K_t）應依下列規定:

$$K_t = \sum \frac{9E_{es}C}{l_2(1-C_2/l_2)^3}$$

其中（E_{es}）爲版之彈性模數，（C_2）、（l_2）如本
編第四五七條，爲柱寬及柱兩側垂直向跨度長，
（C）爲常數，可將斷面分成幾個矩形依下式按各
矩形所計之和計算:

$$C = \sum \left(1-0.63\frac{x}{y}\right)\left(\frac{yx^3}{3}\right)$$

（x）及（y）分別爲矩形之短邊及長邊尺度。

如順設計彎矩方向亦有梁連接至柱，前計算之
（K_t）須乘以版、梁之慣性矩與只有版之慣性矩
比。

第四百五十九條　（負彎矩臨界斷面）內支承處，負彎矩之臨界斷面，
無論柱列帶或中間帶，均設在支承面或相當方形計算
面之直面，但不得大於由柱中心起（$0.175l_1$）距離，
（l_1）爲其中心跨度。

外支承處如有托架或柱冠，垂直於外邊負彎矩之臨界

斷面設在自支承材面起至托架或柱冠突出距離一半以內之處。

圓形及多邊形柱應依其相當面積之方形柱尺度計算之。

第四百六十條　（設計彎矩）臨界斷面之彎矩，可依本編第四五〇條至第四五二條規定分配於柱列帶、中間帶及梁，但須符合本編第四四八條第六款規定。

柱須依由相當構架分析計得相當柱之彎矩設計之。

符合本編第四四八條條件之版，依相當構架法分析之彎矩得依正彎矩及平均負彎矩總和不超過本編第四四九條規定值比例折減之。

第四百六十一條　（版鋼筋規定）

一、實版臨界斷面處，鋼筋之間距不得大於版厚之兩倍，肋版鋼筋應依本編第三七三條規定。

二、外跨度垂直於不連續邊之正鋼筋，應延伸至版邊再以彎鈎或直伸埋入邊梁。牆或柱中至少十五公分，垂直於不連續邊之負鋼筋必須以彎鈎或彎端錨定於邊梁、牆或柱中，其在支承面之握持力須能符合本章第三節有關握持之規定。如版未以梁或牆支持，或於支持外懸臂伸出，鋼筋應在版內錨定之。

三、鋼筋斷面積應依臨界斷面處彎矩求算，但不得少於本編第三七三條規定。

四、版支承於梁上如（α）大於一，版之外角處上下面應加用鋼筋，每向由角延伸長跨之五分之一長。版上下面加用鋼筋須能以抵禦單位長度版寬

之最大正彎矩；彎矩方向在版上面爲平行於版角
之對角線；版下面爲垂直於對角線。版上面或版
下面之鋼筋可以一組依彎矩方向排置，或以兩組
平行於版之兩邊排置。

五、如用柱頭版減少柱頂上版之負鋼筋，柱頭版須由
支持中心每向延伸不得少於該向中心勁度之六分
之一，版厚下加厚不得少於版厚之四分之一。
計算鋼筋時版下柱頭版之厚不得大於由柱冠邊至
柱頭版邊距離之四分之一。

六、鋼筋之排置及最小長度應依下圖規定，相鄰兩跨
度不相等時，支承面外負鋼筋延伸長依較長勁度
之規定。

第四百六十二條　（版中開孔）版中開孔如經分析計算其有效強度不小
於設計需要強度，且符合使用及撓度要求，不限制其
尺寸。未經分析且無梁時，得依下列規定開孔：

一、每向跨度之中間一半部分可以開孔，鋼筋斷面積
必須保有全格間無孔原設計需要量。

二、兩柱列帶相交區內開孔，每向寬度不得超過八分
之一帶寬，被開孔裁斷鋼筋斷面積應在開孔四周
補加等量。

三、柱列帶中間帶相交區內，各帶中被孔截斷鋼筋斷
面積不得大於四分之一，並應在開孔四周補加等
量。

四、剪力應符合本章第五節有關剪力規定。

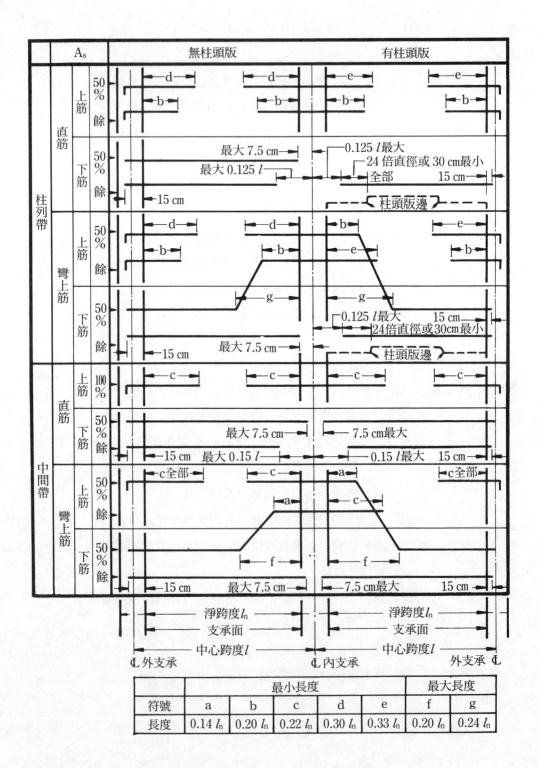

	最小長度					最大長度	
符號	a	b	c	d	e	f	g
長度	$0.14\,l_n$	$0.20\,l_n$	$0.22\,l_n$	$0.30\,l_n$	$0.33\,l_n$	$0.20\,l_n$	$0.24\,l_n$

貳、基　　脚

第四百六十三條　（載重與反力）基脚須依所受載重及反力設計，使不超過本編有關規定。基脚所受之軸力、剪力及彎矩須全部安全傳布於其下支持土壤。

基脚以基樁支承時，計算彎矩及剪力可假設各基樁之反力集中於該樁之中心。

基礎版面積及基樁數與排列，應依基脚所受不包括載重因數之外力與彎矩設計，基土容許支承力或基樁容許支承力應依本編第二章有關規定。

第四百六十四條　（彎矩）

一、基脚任一垂直斷面上之彎矩，爲該斷面一側之基脚面積上作用力所產生之彎矩。

二、單柱基脚最大彎矩應依下列斷面位置計算：

（一）基脚支承之混凝土柱面，柱脚面或牆面處。

（二）基脚支承圬工牆在牆中心與牆面之中點處。

（三）基脚支承鋼筋座底版柱面或柱脚面與底版邊之中點處。

三、基脚之單向基礎或兩向方形基礎版中所用鋼筋應予均勻排置於基礎版全寬度。

四、基脚之矩形基礎版中長向所用鋼筋，須均勻排置於基礎版之全寬，短向所用鋼筋須以其中$\left(\dfrac{2}{\beta+1}\right)$部分均勻排置於以柱或柱脚爲中心相當於基礎版短邊寬度內，所餘部分均勻排置於長邊減去短邊

後之兩側，（β）爲基礎版長向寬與短向寬之比。

第四百六十五條 （剪力）計算基腳基礎版之剪力，應依本編第四三六條或第四四四條規定。剪力臨界斷面應由柱面、柱腳面或牆面起算。如用鋼底版應依本編第四六四條第二款之（三）之規定。

計算基腳基礎版上任一斷面由於基樁之剪力，應依下列規定：

一、基樁中心在斷面外樁徑一半尺度以上時，各基樁反力均須計入。

二、基樁中心在斷面內樁徑一半尺度以上時，各基樁假定無剪力。

三、在前述兩種中間各樁，其反力可依由斷面外樁徑一半處爲全值，變化至斷面內樁徑一半處爲零值，按直線比例計算之。

第四百六十六條 （握持鋼筋）計算鋼筋之握持長，應依本編第三九四條至第四〇二條規定。

鋼筋握持之臨界斷面應依本編第四六四條最大彎矩斷面位置，及所有變更斷面或變更鋼筋之豎面位置。

任一斷面兩側之拉力或壓力，須以適當之鋼筋埋置長、端錨定、彎鉤握持之。

第四百六十七條 （柱底力傳布）

一、柱承受之軸力、剪力及彎矩，須以混凝土支承力及鋼筋傳至其下之柱腳或基腳，如有昇力，其全部拉力應由鋼筋承受。

二、混凝土支承面積之支承應力，不得大於本編第四二五條規定。

三、混凝土支承應力超過容許規定，須以鋼筋握持力
　　承受超過力，可將主筋或拉筋延伸至支持構材中
　　承受之。鋼筋之握持長須足以傳遞其壓力或拉力
　　至其支持構材中。鋼筋之握持應依本章第三節之
　　規定。

四、延伸之主筋或接筋斷面積，不得小於在柱斷面或
　　柱腳斷面積之千分之五，且不得少於四根。如用
　　接筋，其直徑不得超過柱筋直徑三・八公厘。

五、坡面或階段式基腳之支承面可依本編第四二五條
　　規定。

六、柱與基腳間如須傳遞橫向力，須用剪力榫及其他
　　楔物。

七、四五公厘及五七公厘柱筋，如僅承受壓力時，得
　　在基腳以較小直徑之鋼筋接筋，其伸入柱中之長
　　度須等於四五公厘或五七公厘鋼筋之握持長，伸
　　入基腳長度等於接筋之握持長。

第四百六十八條　（無筋混凝土）無筋混凝土柱腳應力不得超過容許支
　　承應力，超過時須加用鋼筋並按鋼筋混凝土柱設計
　　之。無筋混凝土柱腳，須設計使其混凝土之彎曲拉應
　　力，不超過$(0.422\sqrt{f'_c})$公斤／平方公分；如依載重
　　因數及（ϕ）因數設計，不超過$(1.33\phi\sqrt{f'_c})$公斤／
　　平方公分，並使其平均剪應力，依梁作用設計不超過
　　$(0.530\sqrt{f'_c})$公斤／平方公分，依兩向作用設計不超
　　過$(1.06\sqrt{f'_c})$公斤／平方公分，其中(f'_c)為混凝土
　　規定壓力強度，（ϕ）為因數，依本編第四一四條五
　　款規定。

無筋混凝土不得用於以基樁支承之基腳。

第四百六十九條 （圓柱之基腳）計算支承圓形或對稱多角形混凝土柱或柱腳之基腳應力時，柱或腳之計算面可假設在與柱面積或柱腳面積相等之正方形柱邊面。

第四百七十條 （最小邊厚）無筋混凝土基腳支壓於基土上，其基版邊之厚度不得小於二十公分。

鋼筋混凝土基腳支壓於基土上，其基版邊下鋼筋以上之厚度不得小於十五公分，如支壓於基樁上不得小於三十公分。

第四百七十一條 （聯合基腳）支承一柱以上或牆之聯合基腳或筏基應依下列規定：

一、有關分布土壤壓力之假設，應與土壤性質及構造物相合，並符合土壤力學原理。

二、設計聯合基腳及筏基應符合本編中有關規定。

叁、預鑄構材

第四百七十二條 （預鑄設計）預鑄混凝土構材應在符合工廠控制情形下製造，設計時應顧及由起始製造以至結構完成各階段載重及束制情形，以及拆模、儲放、運搬及安裝情形，須能適合各階段強度之需要，且不超過規定。

凡構造物不能整體澆鑄者，有關互相連接細節均應詳予核計確認能以達到結構要求，卽時與長時撓度之影響以及對於互相連接之影響均應核計。

接頭及支承之設計須包括所有須行傳遞之力及由於收縮、潛變、溫度變化、彈性變形、風力與地震力所生之應力。所有細節設計應顧及製造與安裝之應有公差

及安裝時之應力。

第四百七十三條　（預鑄牆版）承重與非承重牆版應依本編第四二七條或第四四三條規定設計之。

牆版如係於橫側支持於柱或基腳，如依本編第三八八條有關深梁作用，屈曲與撓度限制設計，其高度與厚度比之規定不必限制。

第四百七十四條　（預鑄細節）鋼筋細節、接頭、支承座、埋入物、錨定物、混凝土保護厚度、開孔、吊裝設置、及製造與安裝應有公差均應詳細繪製造圖。吊裝裝置須有所吊裝件重量四倍強度，並應顧到斜吊時之影響。

預鑄件上面須依安裝圖繪製標記，說明結構編號位置及製造日期。

第四百七十五條　（運搬及安裝）在養護、拆模、儲放、運搬及安裝各階段，預鑄構材應不致受過分應力，歪扭或其他損害。

安裝時預鑄構材須適當支頂、支撐使能保持正確位置及安全以迄永久性連接完成。

第四百七十五條之一　（壁式預鑄鋼筋混凝土造高度限制）壁式預鑄鋼筋混凝土造之建築物，其建築高度，不得超過五層樓，簷高不得超過十五公尺。

肆、合成撓曲構材

第四百七十六條　（一般規定）以合成混凝土構材抵禦剪力及彎矩，應符合各階段載重需要。

如各部分規定強度、單位重量或其他性質有不同時，應依各該部分之性質或其臨界值設計之。

計算合成構材強度，不須區別爲支持或未支持構材。
如爲支持時，其所支持之構材須在拆除支持物時能以
達到該時所承受載重之設計強度及撓度與 開 裂 之 限
制。

鋼筋須用以控制開裂並用以阻止分構材分離。

合成構材撓度控制須符合本編第三九三條規定。

第四百七十七條　（豎剪力）以整個合成構材抵禦豎剪力，可依同樣斷
面之整體澆鑄構材按本章第五節規定設計之。

腹筋須依本編第四〇六條規定將各部分互錨定；延伸
並錨定之腹筋可用作橫剪力所需之箍筋。

第四百七十八條　（橫剪力）

一、合成構材須由其各部分互相連接界面傳遞所有剪
　　力。如符合下列條件，可假定所有橫剪均已由之
　　傳遞，否則應予詳細計算橫剪力。

　　（一）接觸面應清潔且製成約六公厘凸凹粗面。

　　（二）最小箍筋符合本編第四七九條規定。

　　（三）腹構材設計能以承受全部豎剪力。

　　（四）所有肋筋均能錨定於所有交接部分中。

二、任一斷面之橫剪應力強度（v_{dh}）可依下式計算：

$$v_{dh} = \frac{V_u}{\phi b_v d}$$

　　其中（d）爲合成後斷面有效深度，（b_v）爲設計
　　斷面腹寬，（V_u）爲設計斷面剪力強度，（ϕ）
　　爲折減因數。

三、容許橫剪應力強度（v_{dh}）應依下列規定：

　　（一）無箍筋 ， 但接觸面清潔且製成粗面時，

五・六二公斤／平方公分。

(二) 符合規定箍筋，接觸面清潔但不是粗面時，五・六二公斤／平方公分。

(三) 符合規定箍筋，接觸面清潔且製成粗面時，二四・六公斤／平方公分。

(四) (v_{dh}) 超過二四・六公斤／平方公分時，應依本編第四三八條規定設計之。

四、垂直於任何一面如有拉力，箍筋應符合本編第四七九條規定，方可假定由接觸面傳遞剪力。

第四百七十九條　(橫剪力箍筋) 如以豎鋼筋或延伸肋筋傳遞橫剪力，其面積不得小於本編第四二八條規定，間距不得大於支承構材最小尺度四倍，亦不得大於六十公分。橫剪力之箍筋可用單根鋼筋，多肢肋筋或鋼線網之豎肢，均應依本編第四〇六條規定錨定於所連接各部分中。

伍、預力構材

第四百八十條　(預力設計) 預力混凝土構材係以預力鋼材配合高強度混凝土設計並製成者，其強度須符合本章之規定。本章各款除有關本編第三七八條負彎矩重分配，第三八四條 T 梁，第三八五條欄柵，第三八六條最少鋼筋量，第四一七條設計原則，第四二二條鋼筋限度，第四二七條牆壓力強度，第四四三條牆容許壓力及本節兩向版各條款不適用外，其餘條款不抵觸者均可適用之。

預力設計須能使構材施預力後能以適合以後長年各階段載重之強度使用需要，須顧及由於預力之應力集中

及由於預力而生之彈性及塑性變形、撓度、長度變更以及其轉動對於相鄰構材之影響，並須顧及溫度變化及收縮之影響，以及構材較薄腹部及翼緣有無屈曲可能。

第四百八十一條　（預力假定）設計預力構材強度，可依本編第四一六條設計假定，施預力後承受使用載重及承受開裂載重時，構材斷面可依直線理論及下列假定：

一、應變與構材深度成正比。

二、裂面處混凝土拉應力不計。

三、預力筋件未粘附時，計算斷面性質應將空套管面積扣除，先拉預力構材及後拉預力構材套管灌漿後，已粘附之預力筋件及鋼筋可用以計算變換斷面積。

第四百八十二條　（容許應力）

一、混凝土施預力損失前，其撓曲應力不得大於下列規定：

　　（一）壓應力不得大於混凝土施預力時規定壓力強度（f'_{ct}）之百分之六十。

　　（二）拉力區無輔助筋，拉應力不得大於（$0.795\sqrt{f'_{ct}}$），超過此值時，必須依不裂面假定，計算混凝土全部拉力並依之配加鋼筋。

二、全部預力損失減除後，承受使用載重時，撓曲應力不得大於下列規定：

　　（一）壓應力不得大於混凝土規定壓力強度（f'_c）之百分之四十五。

　　（二）拉力區預加壓後之拉應力不得大於（1.59

$\sqrt{f'_c}$）。

（三）拉力區預加壓後拉應力，係依構材變換裂
　　　面計算，其直線及曲線的彎矩撓度關係顯
　　　示卽時及長時撓度均符合本章第三節有關
　　　規定，不得大於（$3.18\sqrt{f'_c}$），如經試驗或
　　　分析證明實用不致傷害，本條第一、二款
　　　容許應力得予超過。

三、預力鋼材施預力時容許應力不得大於預力鋼材極
　　限強度之百分之八十、亦不得大於製造者所規定
　　之預力鋼材及端錨之容許最大值。

　　先拉預力筋件傳遞預力時或後拉預力筋件錨定時
　　容許應力不得大於百分之七十。

第四百八十三條　　（預力損失）

一、下列預力損失來源應於計算有效預力時考慮之:

（一）預力鋼材在錨定處之滑動。

（二）混凝土之彈性縮短。

（三）混凝土之潛變。

（四）混凝土之收縮。

（五）預力鋼材應力之鬆弛。

（六）預力筋件之磨擦損失。

二、後拉預力鋼材之磨擦損失，應依實物以試驗計算
　　其直線擺動及其曲線係數，並於施預力時證實其
　　準確性，係數及施預力容許公差與預力鋼材伸
　　長，均須繪注設計圖上。

　　磨擦損失應依下列計算:

$$P_s = P_x e(Kl + \mu\alpha)$$

如（Kl＋$\mu\alpha$）不大於〇·三，可依下式計算：

$$P_s=P_x(Kl+\mu\alpha)$$

其中（P_s），施預力端之預力。

（P_x），任一點（ x ）之預力。

（K），直線擺動磨擦係數。

（ l ），由施預力端至任一點（ x ）之預力鋼材長度。

（μ），曲線磨擦係數。

（α），弧度由施預力端至任一點（ x ）之預力鋼材轉角變度。

（e），訥氏對數之底數。

第四百八十四條　（撓曲強度）

一、構材之撓曲強度，應依本章第五節強度設計法計算，以設計載重需強度之預力鋼材計得應力（f_{ps}）代替鋼筋降伏應力（f_y）。

如未以相合應變準確計算（f_{ps}），且（f_{ps}）不小於預力鋼材極限強度（f_{pu}）之一半，可依下列近似值：

（一）構材中用粘附預力筋件。

$$f_{ps}=f_{pu}\left[1-0.50\rho_p\left(\frac{f_{pu}}{f_c{'}}\right)\right]$$

（二）構材中用不粘附預力筋件。

$f_{ps}=f_{se}+700+(f_c{'}/100\rho_p)$，但不大於（$f_{pv}$）或（$f_{se}+4220$）

（ρ_p），拉力區預力鋼材面積（A_{ps}）與斷面（b_d）之比。

（f_{se}），　預力損失後預力鋼材之有效預力。

（f_{py}），預力鋼材規定降伏強度。

符合本編第三四一條之竹節鋼筋，且降伏應力超過四二〇〇公斤／平方公分時以應變百分之〇‧三五之應力爲降伏應力，如與預力鋼材合用，可以分擔構材設計彎矩之拉力等於其斷面積與其降伏強度之積，其他非預力鋼筋須依應變相合之應力計算分擔之拉力。

二、計算撓曲強度之預力鋼材與非預力鋼筋之比，須使其指數（ω_p）、（$\omega+\omega_p-\omega'$）、（$\omega_w+\omega_{pw}-\omega'_w$）三者均不得大於〇‧三。

$$\omega_p=\rho_p\left(\frac{f_{ps}}{f'_c}\right), \qquad (\rho_p), (f_{ps}) \text{如本條第一款。}$$

$$\omega = \rho\left(\frac{f_y}{f'_c}\right), \quad (\rho)\text{爲拉力筋斷面比，卽}\left(\frac{A_s}{b_d}\right)$$

$$\omega'=\rho'\left(\frac{f_y}{f'_c}\right), \quad (\rho')\text{爲壓力筋斷面比，卽}\left(\frac{A_s}{b_d}\right)$$

（ω_{pw}）、（ω_w）、（ω'_w）爲相當於（ω_p）、（ω）、（ω'），用於翼緣斷面時之指數，惟有關式中之（b）應爲其腹部寬。

其預力鋼材與非預力鋼筋比，只須依其腹部斷面所承受之壓力強度計算之。

前項指數大於〇‧三時，設計彎矩不得大於依抵

抗力偶之壓力部分所求得之彎矩強度。預力鋼材
與非預力鋼筋合用量須使構材承受撓曲之設計載
重至少爲依破裂模數計得開裂載重之一・二倍以
上。

第四百八十五條　（最小鋼筋量）撓曲構材預加壓之拉力區所用預力鋼
材如爲不粘附者，應在拉力區靠近拉力外緣均勻加用
鋼筋，梁及單向版之最小鋼筋量須依下列規定：

$$A_s = \frac{N_c}{0.5f_y} \text{ 或 } A_s = 0.004A \text{ 之較大者。}$$

（A）爲撓曲拉力面與全斷面重心線間斷面積。

（N_c）爲在（D＋1.2L）載重下混凝土之拉力。

（f_y）爲鋼筋降伏應力，不得大於 四二〇〇公斤／平
方公分。

兩向版亦如上列規定，如在使用載重下預加壓力區之
拉力爲零時，可減少用量。

第四百八十六條　（連續構材）

一、連續梁及其他靜不定結構之設計應使 有 適 當 強
度，並依彈性分析計入因預力而生之反力、彎
矩、剪力與軸力，以及溫度變化、潛變、收
縮、彈性縮短、附屬構件之束制及基礎沉陷等所
生之影響。應用粘附預力鋼材且能控制開裂之預
力混凝土連續梁，承受各式排列之靜載重與活載
重，依彈性理論計得之支承處負彎矩，可以增減
$20[1 - (\omega + \omega_p - \omega')/0.30]\%$以下，惟調整後
負彎矩亦須用以計算相同載重跨度內其他斷面之
彎矩。

此項調整只能用於彎矩減少並且設計使其指數

(ω_p)、$(\omega + \omega_p - \omega')$、$(\omega_w + \omega_{pw} - \omega'_w)$ 等於或

小於〇‧二之斷面，　符號依本編第 四八四 條規

定。

計算設計彎矩時，彎矩由於預力之影響，可以不

計。

二、兩向版須依柱勁度，版與柱連接之剛度及預力之

影響，按前款分析設計之。不得應用鋼筋混凝土

版過去通用之彎矩係數。

第四百八十七條　（壓構材）

一、壓構材之平均單位預力（有效預力除以混凝土全

斷面積）如小於十六公斤／平方公分，柱斷面鋼

筋不得小於本編第四二二條規定，牆中鋼筋不得

小於本編第四二七條規定。

二、預力混凝土構材承受軸力與撓曲，無論另加鋼筋

與否，須依本章第五節強度設計規定設計之，並

須將預力、收縮及潛變之影響計入，如有效預力

大於十六公斤／平方公分，不須依本編第四二七

條規定，依結構分析能有適當強度與穩固即可。

三、除牆外，　預力鋼材須依本編第 三七一 條應用螺

筋，或應用十公厘直徑以上箍筋，箍筋間距不得

大於四十八倍箍筋直徑或柱最小尺度，距離版面

或基腳面不得大於間距之一半，距離版下或柱頭

版下鋼筋亦不得大於間距之一半，如柱四周均有

梁或托架，箍筋距離梁或托架下筋不得大於七‧

五公分。

第四百八十八條　（反復載重）　構材如用不粘附預力筋件承受反復載重，須特別注意端錨或接線錨由於疲勞損壞之可能。構材承受反復載重在可以料到較小應力發生斜拉裂隙之可能應予計入。

第四百八十九條　（預力筋件）不粘附預力筋件須用確能防止銹蝕之漆層包護之。包裹不粘附區內預力筋件必須連續，並須能防止水泥漿侵入或因澆鑄而損害保護層。

在預力鋼材附近進行焊接等高溫工作時，應小心從事，以防止預力鋼材感受過高溫度、焊接火花及接地電流之影響。

預力筋件施預力時須計量其伸長，並須與千斤頂力所附業已校準壓力計核對，如相差百分之五以上應予查究其原因應予以改正，伸長應由所用預力鋼材之載重伸長曲線圖依所施之力計算之。

先拉預力構材由預力床傳遞預力至構材時，如須燒斷預力筋束，燒斷位置及燒斷次序應先預計以免產生不妥臨時應力，預力筋束暴露長度較多時，宜在近構材端位置燒斷以減少震動。由於斷裂而不能更換之預力筋件所引起之預力損失不得超過總預力百分之二。

第四百九十條　（套管及灌漿）預力筋件之套管須緊密不致為水泥砂漿侵入，且不致與混凝土、預力筋件或灌漿物發生反應。

套管內徑至少須比預力筋件大六公厘，或其面積大於預力鋼材全部面積之兩倍。

灌漿可用水泥漿或水泥砂漿並可用不致損傷預力鋼材及混凝土之摻合劑以增加工作性減少浮水及收縮，氯

化鈣不得應用。

灌漿材料配比應於工作前依新製及硬化試驗結果決定，所用水分應爲灌漿流動最低必須，依重量不得超過水泥之一半。灌漿材料須以高速拌攪均勻，並經過濾器，以壓力連續壓入套管中。

灌漿時溫度應在攝氏十度以上，並須保持此溫度至少四十八小時。

第四百九十一條 （端錨及錨定）不粘附預力筋件之端錨及接線錨須能承受預力筋件之規定極限強度而不超過預計陷量。粘附預力筋件之端錨依不粘附情形試驗時，須能承受預力筋件規定強度百分之九十而不超過預計陷量，但粘附後須能承受百分之百，接線錨位置須經監造人同意，並應圍蓋使施預力時能有需要之滑動。

端錨及其在端部配件均須保護防止銹蝕。

不粘附預力筋件之錨定配件傳遞預力至混凝土，須能承受靜定及反復載重。

端錨及其支承混凝土，須設計使施預力時混凝土強度能承受最大預力之壓力，端錨處混凝土須設計能承受預力筋件極限拉力強度，（ϕ）爲〇‧九〇。

端錨處須能支承並能分布集中預力之壓力。

端錨處能加用鋼筋使錨定時不致爆裂、橫劈或裂碎，構材斷面變化較大處應加用鋼筋。

陸、弧版及摺版

第四百九十二條 （薄殼構造）薄殼混凝土構造之薄殼部分應依本節規定設計之，本章規則與本節不牴觸者均可適用之。

厚度較其他向尺度爲小之弧版或摺版均屬薄殼，薄殼之特性爲能承受三向之載重。

薄殼邊通常用支持構材及邊構材，以加強殼版強度並與殼版合成承受並傳布載重。

第四百九十三條 （薄殼設計）薄殼設計可用彈性分析，亦可用適當假設以簡化之；使其能計算薄殼應力、變位及穩定性，並須核計內應力與外力之平衡。

採用近似分析法不能符合應變與應力相合之規定時，而依過去經驗使用證明確屬安全者，得依之設計。

以彈性模型試驗，其結果經主管建築機關同意，得依之設計。薄殼之構體有效強度，須能承受本章規定設計需要強度。支持構材須依本章適用條款設計之，殼版可依本編第三八四條規定作爲支持構材之翼緣，並依之排置橫向鋼筋。

計核薄殼之穩定性時，須顧到由於較大撓度，潛變影響及殼面實際與理論偏差而致減少屈曲能力。

第四百九十四條 （設計強度）混凝土設計規定壓力強度不得小於二一〇公斤／平方公分，鋼筋規定降伏應力不得大於四二〇〇公斤／平方公分。

第四百九十五條 （薄殼配筋）

一、殼版每公尺寬應用鋼筋面積不得大於$(260hf'_c/f_y)$或$(17000h/f_y)$平方公分，（ h ）爲構材深度，如鋼筋與主應力方向偏角差十度以上，鋼筋最大面積應爲上述規定之一半。

二、鋼筋間距不得大於殼厚五倍或四十五公分，如所計得混凝土主拉應力超過$(1.06\phi\sqrt{f'_c})$，　間距不

得大於殼厚三倍。

三、鋼筋須用以抵禦全部主拉應力，且不得少於本編
第三七三條規定，排置於殼版中間面，可平行於
主拉應力方向或兩三向直線交置，在高拉力區必
須順主拉應力方向應用。

四、鋼筋與主應力方向偏角差如不大於十五倍，可作
爲與主應力平行，如應用超量鋼筋，鋼筋應力在
降伏應力以下每減少百分之五，可以增加一度，
殼版斷面由於彎矩而致主應力方向變動，不須用
以計算偏差。

五、鋼筋排置於一個以上方向時，須能承受主應力在
該方向之分應力。

六、如殼版內之拉應力相差甚大時，用以抵禦全部拉
力之鋼筋可集中用於最大拉應力區，但拉力區任
一部分之鋼筋與混凝土面積比不得小於〇·〇〇
三五。

七、設計用以抵禦彎矩之鋼筋，應考慮軸力之影響，
主拉力鋼筋疊接須符合本編第三六六條至第三六
九條規定。

八、殼版鋼筋在殼版與支持構材處須以埋置長、彎鈎
或錨定物依鋼筋之握持規定錨定之。

生活無處不科學

潘震澤　著

◆ 科學人雜誌書評推薦
◆ 中國時報開卷新書推薦
◆ 中央副刊每日一書推薦

　　本書作者如是說：科學應該是受過教育者的一般素養，而不是某些人專屬的學問；在日常生活中，科學可以是「無所不在，處處都在」的！

　　且看作者如何以其所學，介紹並解釋一般人耳熟能詳的呼吸、進食、生物時鐘、體重控制、糖尿病、藥物濫用等名詞，以及科學家的愛恨情仇，你會發現──生活無處不科學！

兩極紀實

位夢華　著

◆ 行政院新聞局中小學生課外優良讀物推介

　　本書收錄了作者一九八二年在南極和一九九一年獨闖北極時寫下的科學散文和考察隨筆中所精選出來的文章，不僅生動地記述了兩極的自然景觀、風土人情、企鵝的可愛、北冰洋的嚴酷、南極大陸的暴風、愛斯基摩人的風情，而且還詳細地描繪了作者的親身經歷，以及立足兩極，放眼全球，對人類與生物、社會與自然、中國與世界、現在與未來的思考和感悟。

武士與旅人──續科學筆記

高涌泉　著

◆ 第五屆吳大猷科普獎佳作

　　誰是武士？誰是旅人？不同的風格湯川秀樹與朝永振一郎是 20 世紀日本物理界的兩大巨人。對於科學研究，朝永像是不敗的武士，如果沒有戰勝的把握，便會等待下一場戰役，因此他贏得了所有的戰役；至於湯川，就像是奔波於途的孤獨旅人，無論戰役贏不贏得了，他都會迎上前去，相信最終會尋得他的理想。　本書作者長期從事科普創作，他的文字風趣且富啟發性。在這本書中，他娓娓道出多位科學家的學術風格及彼此之間的互動，例如特胡夫特與其老師維特曼之間微妙的師徒情結、愛因斯坦與波耳在量子力學從未間斷的論戰……等，讓我們看到風格的差異不僅呈現在其人際關係中，更影響了他們在科學上的追尋探究之路。

科學讀書人——一個生理學家的筆記

潘震澤　著

◆ 民國 93 年金鼎獎入圍，科學月刊、科學人雜誌書評推薦

「科學」如何貼近日常生活？這是身為生理學家的作者所在意的！
透過他淺顯的行文，我們得以一窺人體生命的奧祕，且知道幾位科
學家之間的心結，以及一些藥物或疫苗的發明經過。

另一種鼓聲——科學筆記

高涌泉　著

◆ 100 本中文物理科普書籍推薦，科學人雜誌、中央副刊書評、聯合報
讀書人新書推薦

你知道嗎？從一個方程式可以看全宇宙！瞧瞧一位喜歡電影與棒球的物
理學者筆下的牛頓、愛因斯坦、費曼……，是如何發現他們偉大的創見！
這些有趣的故事，可是連作者在科學界的同事，也會覺得新鮮有趣的
咧！

說數

張海潮　著

◆ 2006 好書大家讀年度最佳少年兒童讀物獎，2007 年 3 月科學人雜誌
專文推薦

數學家張海潮長期致力於數學教育，他深切體會許多人學習數學時的挫
敗感，也深知許多人在離開中學後，對數學的認識只剩加減乘除；因此，
他期望以大眾所熟悉的語言和題材來介紹數學，讓人能夠看見數學的真
實面貌。

人生的另一種可能
台灣技職人的奮鬥故事

吳　京 主持
紀麗君 採訪
尤能傑 攝影

本書由前教育部部長吳京主持，採訪著十九位由技職院校畢業的優秀人士。這十九位技職人，憑藉著他們在學校中所習得的知識，和其不屈不撓的奮鬥精神，在工作崗位、人生歷練、創業過程中，都獲得了令人敬佩的成就。誰說只能大學生才有出頭天，誰說只有名校畢業生才會有出息，從這些努力打拚的技職人身上，或許能讓你改變名校迷思，從而發現另一種台灣英雄的傳奇故事。

- ■ 電玩大亨**王俊博**——穿梭在真實與夢幻之間
- ■ 紅面番鴨王**田正德**——挖掘失傳古配方　名揚四海
- ■ 快樂黑手**陳朝旭**——為人打造金雞母
- ■ 永遠的學徒**林水木**——愛上速限十公里的曼波
- ■ 傳統產業小巨人**游祥鎮**——用創意智取日本
- ■ 自學高手**廖文添**——以實作代替空想
- ■ 完美先生**張建成**——靠努力贏得廠長寶座
- ■ 木雕藝師**楊永在**——為藝術當逐日夸父
- ■ 拚命三郎**梁志忠**——致力搶救古文物
- ■ 發明大王**鄧鴻吉**——立志挑戰愛迪生
- ■ 回頭浪子**劉正裕**——從「極冷」追逐夢想
- ■ 現代書聖**曹國策**——執著當眾人圭臬
- ■ 小醫院大總管**鄭琨昌**——重拾書本再創新天地
- ■ 微笑慈善家**黃志宜**——人生以助人為樂
- ■ 生活哲學家**林木春**——奉行兩分耕耘，一分收穫
- ■ 折翼天使**李志強**——用單腳追尋桃花源
- ■ 堅毅女傑**林文英**——用眼淚編織美麗人生
- ■ 打火豪傑**陳明德**——不愛橫財愛寶劍
- ■ 殯葬改革急先鋒**李萬德**——讓生命回歸自然